复合型林荫大道的历史、演进与设计

The Boulevard Book：History，Evolution，Design of Multiway Boulevards

复合型林荫大道的历史、演进与设计

The Boulevard Book：History，Evolution，Design of Multiway Boulevards

艾伦 · B. 雅各布斯 | Allan B.Jacobs
伊丽莎白 · 麦克唐纳 | Elizabeth Macdonald　著
约丹 · 罗夫 | Yodan Rof é
王洲　王一婧　李哲　　译

天津大学出版社
TIANJIN UNIVERSITY PRESS

图书在版编目（CIP）数据

复合型林荫大道的历史、演进与设计 /（美）雅各布斯，（美）麦克唐纳，（美）罗夫著；王洲，王一婧，李哲译. —天津：天津大学出版社，2015.6

ISBN 978-7-5618-5356-6

Ⅰ. ①复… Ⅱ. ①雅… ②麦… ③罗… ④王… ⑤王… ⑥李… Ⅲ. ①林荫道－建筑设计 Ⅳ. ① TU985.12

中国版本图书馆 CIP 数据核字 (2015) 第 156606 号

出版发行	天津大学出版社
地　　址	天津市卫津路 92 号天津大学内（邮编：300072）
电　　话	发行部：022-27403647
网　　址	publish.tju.edu.cn
印　　刷	北京信彩瑞禾印刷厂
经　　销	全国各地新华书店
开　　本	210mm×285mm
印　　张	16.25
字　　数	430 千
版　　次	2015 年 9 月第 1 版
印　　次	2015 年 9 月第 1 次
定　　价	65.00 元

目　录

致谢
ACKNOWLEDGMENTS

我们花费了很长时间在巴黎的蒙田大道（Avenue Montaigne）和巴塞罗那的格拉西亚大道（Passeig de Gràcia）上，测绘街道的各部分及沿街建筑，统计经过的汽车和行人数量，记录他们的活动，并简单地观察这些街道以及人们的行为，之后我们确信它们都是宜人的街道，并深感疑惑为何这类街道在我们所遇到的多数交通专家中口碑很差。我们将这一困惑告诉了一位交通安全领域的专家——在巴西库里提巴（Curitiba）的同人艾伦·坎内尔（Alan Cannel），并试图了解如何改变他们的这一偏见。他给出了许多中肯的建议，包括对事故的数据进行分析等。他还建议我们拍一部关于道路交叉口是如何运行的，汽车和行人又是如何通过的影片。他认为，“亲眼所见”或许会令人们明白。这便是研究想法的最初由来，而这一想法也构成了本书的基础。顺便提一句，我们同时完成了一段 20 分钟的视频，市民中的积极分子会在看过该视频后对林荫大道更感兴趣，而且该视频也在一定程度上有助于专业人士以更开放的态度来思考相关问题。

对研究过程中所获得的帮助尤其是来自各地专家的帮助，我们始料未及。人们不断自愿地向我们提供信息，帮助收集数据，使研究变得更有意义。在此我们一并列出并深表感谢，他们是：来自奇科市工程服务局（Engineering Services Department of Chico）的马修·汤普森（Matthew Thompson），来自奥姆斯特德保护基金会（Olmsted Conservancy Foundation）的苏珊娜·拉德马赫（Suzanne Rademacher），来自路易斯维尔市政局（Louisville Public Works Department）的吉姆·帕什科夫斯基（Jim Pasakowski）和菲利普·威廉姆斯（Philip Williams）以及同样来自路易斯维尔的杰夫·阿克曼（Jeff Ackerman），乔·帕斯诺（Joe Passaneau）为我们提供了有关华盛顿 K 大道的有趣材料，而拉希德·斯丽密（Rashid Sleemi）则提供了相应的交通和安全数据，纽约市交通局（New York City Department of Transportation）的布莱恩·利斯（Brian Leys）和康载（Jae Kang）为我们提供了他们报告的数据及草稿，而来自纽约州交通局（New York State Department of Transportation）的杰克·诺尔（Jack Knoll）则为我们提供了相关的事故数据，菲尔（Phil）和泰·齐格勒（Ty Ziegler）则为我们送来了波士顿地区的潜在街道地图以供研究。

在纽约调研期间，托德·布莱希（Todd Bressi）带着我们乘坐地铁来回穿梭，并“拜访”了远多于我们想象的街道。而当遇到糟糕天气而受阻时，他还做了不少实地研究作业。在我们第二次身处纽约期间，托德又协助我们统计了街道的交通量。

项目伊始，我们主要担心的是在欧洲采集数据与信息时会遭遇语言障碍。事实证明我们多虑了。在巴黎，我们得到了艾米·雅各布斯 - 科拉斯（Amy Jacobs-Colas）、多米尼克·科拉斯（Dominique Colas）以及巴黎城市规划研讨会（Atelier Parisien d'Urbanisme）的雅克·斯蒂夫尼（Jacques Stevenin）的极大帮助。而在巴塞罗那，则有乔迪·博尔哈·艾·塞巴斯蒂安（Jordi Borja i Sebastian）、阿马多尔·费雷尔·艾·艾萨拉（Amador Ferrer i Aixala）、胡里奥·加西亚·拉蒙（Julio Garcia Ramon）以及莫妮卡·萨拉德（Monica Salada）为我们扫清这一障碍。在里斯本，雨果·卡瓦略（Hugo Carvalho）通过网络通信为我们耐心地指路，并提供了相关的历史信息。在巴勒莫，新结识的朋友与优美的林荫大道同样令我们不虚此行。科拉多·马里诺（Corrado Marino）、西蒙娜·巴里斯蒂尔瑞（Simona Balistieri）和马里纳·马里诺（Marina Marino）为我们提供了地图和相关信息，马里纳还陪同我们在里斯本统计了街道的交通量。

在伯克利期间，我们有幸得到了加利福尼亚大学交通中心（University of California Transportation Center）主任梅尔·韦伯（Mel Webber）的建议；阿迪博·卡纳法尼（Adib Kanafani）、沃尔夫·洪伯格（Wolf Homburger）和罗伯特·切尔韦罗（Robert Cervero）对我们早期的部分概念做出了积极回应，他们鼓励并批判性地帮助我们拟定并改进了我们的工作方案。为帮助我们完善初稿，沃尔夫热心地浏览了全文并做出评论。他甚至为我们发来了墨尔本林荫大道的照片。不过显然，我们的研究成果所带来的任何后果与我们的同人无关。

我们进行了一系列关于现有及潜在复合型林荫大道的案例研究，这也在一定程度上有助于了解专业人士对此的反应。我们尤为感谢曾帮助我们寻找合适人选并安排会议的朋友。他们是：弗里蒙特（Fermont）的城市工程师迪克·阿西莫斯（Dick Asimus），运输委员会专员办事处（office of the Transportation Commissioner）的工作人员弗兰克·阿迪欧（Frank Addeo），纽约市城市规划项目的助理委员杰拉德·索菲安（Gerard Soffian），萨克拉门托市政工程副主任迈克尔·柏木（Michael Kashiwagi），旧金山的丽贝卡·科斯坦德（Rebecca Kohlstrand）以及西萨克拉门托的城市工程师约瑟夫·鲁普（Joseph Loop）。当然除此之外，我们还需要感谢参与我们评论的众多城市工作人员。

一日，毕马尔·帕特尔（Bimal Patel）经过我们的办公室，看到了关于林荫大道的部分工作，于是邀请我们前往他居住的印度艾哈迈达巴德（Ahmedabad），与他一起设计一条复合型林荫大道——C.G.大道。时至今日，这条林荫大道依旧完好，这要感谢毕马尔的工作。

来自萨克拉门托州立大学的科塔斯·克勒（Cortus Koehler）曾是雅各布斯（Jacobs）在萨克拉门托研究旧金山林荫大道时的同事，他为我们的研究提供了种种便利。何塞·乌雷尼亚（Jose Ureña）曾协助我们在马德里调研了一条林荫大道，之后又带领我们前往另一条林荫大道，并花费一下午的时间协助测量街道的各物理信息及交通流量。

我们无法“拜访”所有拥有复合型林荫大道的城市，尽管我们非常希望如此。因此，一旦得知同事前往的城市有复合型林荫大道的现存案例时，我们便会向他们请求帮助。克拉克・威尔逊（Clark Wilson）热心地为我们调研了胡志明市和新德里的林荫大道。这对我们帮助巨大！谢丽尔・帕克（Cheryl Parker）则为我们拜访了奥姆斯特德（Olmsted）于布法罗（Buffalo）设计的林荫大道。在我们位于沃斯特大厅（Wurster Hall）内的地下工作室中，谢丽尔还重拾画笔，采用点绘法绘制了大量的街道平面图。罗伯特・约翰・亚当斯（Robert John Adams）也热忱地为我们提供了墨尔本的街道信息。

彼得・波塞尔曼（Peter Bosselmann）作为我们的同事、老师和朋友，从最初便担任我们的顾问。他耐心地讲解电影、录像、摄影等艺术，不厌其烦地研讨、评论我们的工作，并帮助制定了此书的部分关键概念。在我们看来，他与麦克唐纳（Macdonald）重新进行了阿普尔亚德（Appleyard）有关"宜居街道"（Livable Streets）的研究，是我们研究的关键所在。在很多方面，彼得都是最好的伙伴。我们对他由衷地感谢。

在编撰此书期间，杰克・肯特（Jack Kent）过世了。我们曾在午餐时多次向他提及本书。我们清楚他支持我们的工作。理查德・班德（Richard Bender）则在本书的内容及出版方面不断提供建议。而保罗・切卡雷利（Paolo Ceccarelli）则带我们参观了菲拉拉（Ferrara）的复合型林荫大道。在库里提巴，杰米・勒纳（Jaime Lerner）为我们咨询了通往巴拉那瓜（Paranagua）的主要道路，并介绍了里约的林荫大道。

就合著而言，注明各人在研究过程及成果中承担的工作十分有益且必要。书中各章节均是团队合作的成果。雅各布斯是最初研究的发起人及核心人物，相应的成果也是在其带领下完成的。相关的研究项目及结论也是在群组会议与共同讨论中产生与完善的。大部分野外作业均由大家合作完成。起初，我们每人负责各自研究部分的初稿撰写，随后汇总为书中的各章节部分。我们决定共同起草一本基于早前研究和发现的著作。导言与结语部分的作者为雅各布斯，他还审校了全书的初稿。麦克唐纳则撰写了巴黎、巴塞罗那、布鲁克林的林荫大道历史及研究部分。安全、专业标准及官僚体制、设计指南和政策指引等章节的撰写由罗夫（Rofé）完成。团队的每位成员均参与了林荫大道简编这一部分的工作，但最终的撰写由雅各布斯和麦克唐纳完成。我们三人共同修改、完善了倒数第二稿。而最终的书稿则由雅各布斯和麦克唐纳编辑完成。书中大部分平面图和剖面图由雅各布斯和麦克唐纳共同绘制，大部分观点由雅各布斯提出，而大部分图表则由麦克唐纳绘制。

艾米・雅各布斯 - 科拉斯完成了校正及编译工作，这也是她父亲的第四本书。凯伊・博克（Kaye Bock）则一如既往地、不厌其烦地帮助我们审核了各版本的书稿。

加州大学交通中心批准给予了两笔经费帮助我们展开奠定了本书基础的研究，这两笔经费分别来自美国交通部和加州交通局。显然，离开这些资助，本书无法面世。加州大学伯克利分校的城乡发展机构为我们审查了授权程序并率先出版了我们的成果。该部门的芭芭拉·海登菲尔德（Barbara Hadenfeldt）也为相关研究提供了便利。加州大学伯克利分校研究委员会提供的小额经费用于聘请研究助理人员，协助进行工作。而格雷厄姆基金会（Graham Foundation）提供的经费主要用于我们在布宜诺斯艾利斯、里约热内卢以及里斯本的研究。基金会中一部分经费则与加州伯克利的景观建筑学院慷慨捐赠的贝亚特里克斯·法兰德基金（Beatrix Farand Fund）共同用于提高本书的出版质量。在此向所有帮助过我们的人表示由衷的感谢。

复合型林荫大道的
历史、演进与设计

The Boulevard Book：History，Evolution，
Design of Multiway Boulevards

导言
INTRODUCTION

Esplanade, Chico, Cal.

滨海大道，奇科市，加利福尼亚

位于美国北加州的奇科市（Chico）是一座默默无闻的小城，人们对它知之甚少，但其市内的滨海大道（The Esplanade）却声名在外。这条优美的街道足以吸引你为了一睹其真容而专程拜访这座城市。驾车从市区出发，以 35 或 40 公里 / 小时的平缓速度在滨海大道上行驶，映入你眼帘的是两旁排列整齐的行道树和低灌木，仿佛置身于公园的林荫道中。沿着大道行驶，你会注意到在行道树的外侧还有平行于主干道的辅道。兴许仅仅受好奇心驱使，你都会绕到这其中的某条辅道上去体验一番。而单向行驶的辅道上呈现的情景也与中心主干道截然不同，这里有停放的车辆、人行道和成排的高大树木，有小型的公寓楼和独栋住宅，还有学校、悠闲漫步的行人。沿街的商店中还有对着街道敞开的饭店。不时会有汽车和单车在此缓慢经过，当然偶尔也会有违章行为发生。斑驳的阳光透过头顶的树叶在路面上来回作画。设想一下，于某个夏夜在此惬意地漫步，无论是否有冰淇淋甜筒享用都是美事一桩。辅道上悠闲、惬意的生活与中心车道上快速、繁忙的车流交相辉映，共同构筑了滨海大道的优美景象。

如果你确实对街道有所关注，就会有类似的感受：相对于一些普通的街道，人们在出行时更倾向于选择那些令游览、购物、访友活动更加舒适的街道。那么滨海大道显然不会让你失望。奇科市民显然也认同这一观点 —— 每一次的市内街道评选中，滨海大道都占据着头把交椅[1]。

本书涉及的即是类似滨海大道的一类特殊的林荫大道，我们称之为复合型林荫大道。书中从多个角度颂扬了这类雄伟的街道在营造宜居的城市环境中始终扮演的多重积极角色。但需要指出的是，本书并不仅是带领读者进行一次复合型林荫大道的探索之旅（类似于向外人介绍奇科市的滨海大道），或是再现一种街道类型。同样，书中内容也远不止对这些街道及其尺度进行罗列、比较。滨海大道、布鲁克林的东公园大道（Eastern Parkway）与海洋公园大道（Ocean Parkway）、巴塞罗那的格拉西亚大道（Passeig de Gràcia）、巴黎的富兰克林·罗斯福大街（Avenue Franklin Roosevelt）、萨克拉门托的旧金山大道（San Francisco Boulevard），这类林荫大道在当今及未来的城市环境塑造中都扮演着至关重要的创造性角色。在宏观层面，它们赋予整个大都市区域形态，决定了都市基本的实体结构；在微观层面，它们为居民日常生活提供了必要的出行交通道路 —— 它们的作用在不同层面均有所体现。本书的内容包括：研究这类林荫大道是如何形成并运转的；如今许多负责城市街道设计的专家对这些道路存有疑虑的原因；这类杰出的街道是如何兼顾功能性和美观性的 —— 这也是本书最重要的部分。最后，本书将介绍如何设计这些使人们社区生活更美好的复合型林荫大道。

不同于其他有着悠久历史的复合型林荫大道，滨海大道的修建年代较晚，始于 20 世纪 50 年代。它的出现是上帝的恩赐。或许是街道当初的设计师与时代的潮流脱节，并不清楚在其交通工程师同行的眼中，他们设计的这种街道危险且不实用。抑或实际情况恰恰相反，他们的才能远远领先于时代。

在 20 世纪 50 年代之前的很长一段时间里，人们对于复合型林荫大道这种街道形式的认可度不断下降。随着在街道设计中首要关注车辆能否顺畅通行的趋势的盛行，复合型林荫大道成了这一缺乏远见的设计理念的牺牲品。人们不再修建类似于布鲁克林的东公园大道和海洋公园大道的街道。原有的复合型林荫大道也因重新规划或随着“街道升级”而消失殆尽，而在新建道路时，人们甚至直接忽视了这种街道类型的存在。诚然，在欧洲，复合型林荫大道的现存实例仍是城市中最迷人的景点。可惜在美国它们已风光不再。

尽管林荫大道起源于 16 世纪的意大利，尤其是罗马的城市轴线规划，但其直接依据的原型却来自 19 世纪下半叶巴黎改造后的巴黎街道。这是路易斯·拿破仑（Louis Napoleon，1808—1873，即拿破仑三世）和乔治 - 欧仁·奥斯曼男爵（Baron Georges-Eugène Haussmann，1809—1891，法国城市规划家）的巴黎大改造项目的一部分。为了美化城市环境、维护公共建筑的城市职能，新建的街道需要在拥挤不堪的中世纪城市肌理环境中，满足人流和物流的通行；需要增加公众交流场所；

需要增加卫生设备管道和其他公共设施系统；同时还要能使警察和军队迅速到达那些潜伏着社会动荡因素的拥挤社区。

林荫大道还为当时的城市留出了远期发展用地，满足了新兴的中产阶级对于城市住宅、餐饮和酒店的需求。城市随着工业化的推进不断扩展变化，林荫大道更是为整座城市提供了合理的结构和内涵 —— 这也是它最重要的功能。它们将城市中的重要节点彼此相连，成为了不朽的街道[2]。

19 世纪末，随着城市公园运动的兴起，林荫大道被引入美国，并迅速成为 20 世纪初城市美化运动中的主要语汇。而随着城市的迅速扩张，它们逐步与新城的发展紧密相连，甚至超过了与旧城区街道的联系。它们已经成为推动土地开发不可或缺的一部分。这类林荫大道通常十分宽阔，两侧绿树成荫，茂密的草坪背后是大型的住宅，宁静的街道、悠远的气质与欧洲的林荫大道上呈现出的喧闹、拥

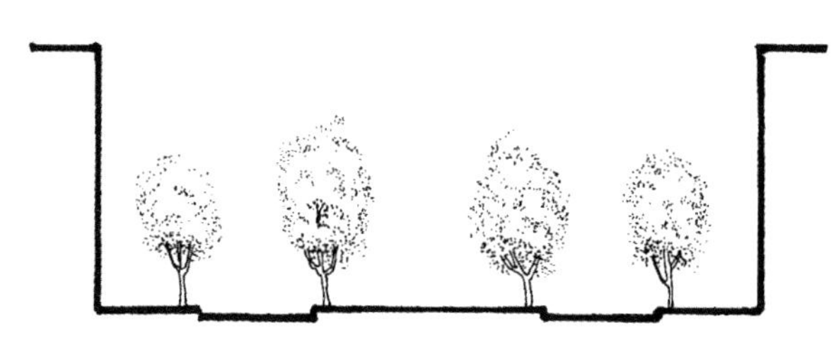

中心分隔带型林荫大道

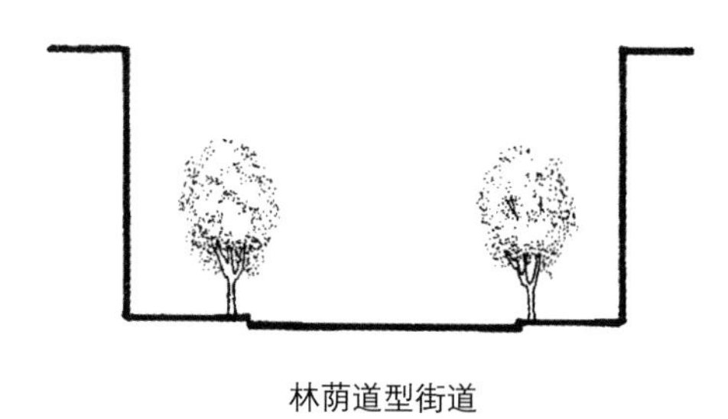

林荫道型街道

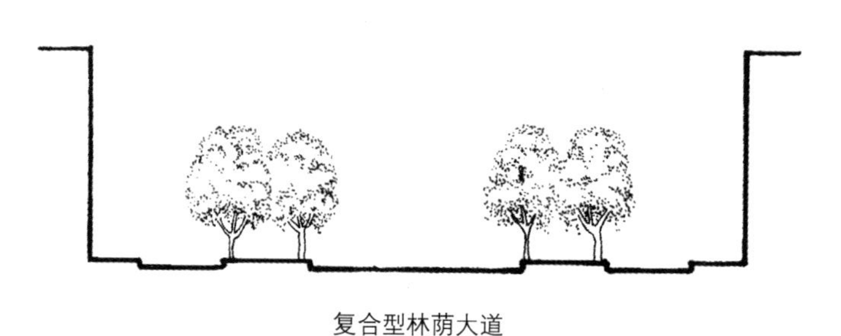

复合型林荫大道

三种类型的林荫大道的简单图示

挤的景象截然不同。通常，这类街道的周边都是成片的高档住宅区，街道设计师力图为居住于此的人们营造舒适的生活环境。

事实上，人们对林荫大道的定义不一而足，但主要可以分为三种类型。常见的一种类型是马路中间设有一条绿化分隔带，两侧则是车行道和人行道。中央分隔带可以是人行步道，也可以只是简单地种植些花草灌木。有轨电车的轨道和马车道多位于此。里士满市（Richmond）的纪念碑大道（Monument Avenue）、克利夫兰高地市（Cleveland Heights）的费尔蒙特大道（Fairmount Boulevard）以及旧金山的多洛雷斯大街（Dolores Street）是该类型林荫大道众多实例中的三处典型代表。

第二种类型的林荫大道在许多人看来，无非是马路中间设有一条宽敞的车行道，两侧则是沿途种有行道树的人行道。提及这类林荫大道，人们脑海中会立刻浮现出尺度宜人的行道树、宽敞的人行道以及街旁不时可见的优美建筑，而在一些实例中，人们更多的是将这类林荫大道与高端的场所联系起来，而并非其精心的设计。这类林荫大道以巴黎的圣米歇尔大道（Boulevard Saint-Michel）和奥斯曼大道（Boulevard Haussmann）为典型代表。

而我们这里将展开讨论的第三种类型的林荫大道明显不同于前两种类型。这类复合型林荫大道旨在将过境交通与街区交通彼此分开，而且通常设有绿树成荫的、颇具特色的人行林荫小路。与其他类型的街道一样，这类林荫大道为周边建筑提供了可达性。然而，不同于其他街道的是，它们通常还是市民们娱乐休闲的场所。这类街道的显著特征是承载快速交通和远程交通的中心主干道至少为四车道。中心主干道的两侧是单向行驶的辅道，种有行道树的分隔带将之与中心主干道隔开。分隔带的设置灵活多变：小尺度的分隔带或许仅是一条窄长的种植带；而较大尺度的分隔带中，除了种植带，还设有步道、长椅、公交车站台，甚至有马车道和自行车道。这类林荫大道的人行道上有的种有行道树，有的则没有。而辅道上通常会留出 1 或 2 排停车位和一条车道。

复合型林荫大道的独特之处在于中心主干道与辅道彼此平行，却发挥着截然不同的交通作用。它直面城市主干道上过境交通和街区交通共存所引发的功能性问题，使得这两类在城市生活中均发挥重要作用、看似矛盾但又互为补充的交通形式在同一街道空间并存。

然而，随着其在 20 世纪被大力推广，这类林荫大道却遭受了诸多非议。由于部分重要专家坚持采用这一类型的街道，城市中出现了许多复杂、烦琐又危险的路口。

如同其他原因一样，正是这种对街道全新的认识和分类导致了林荫大道在美国的逐渐消亡。

兴起于 20 世纪 30 年代的交通工程，在第二次世界大战后得到了迅速的发展。

这一新兴领域为解决快速过境交通和街区交通间的冲突，引入了“基于功能的街道分类”概念。实际上，这种交通运输规划的方法重点关注的是机动交通，并尝试依据城市道路主要承担的通行功能对道路进行专业分工。而对于各类道路其他的合理功能则不甚关注[3]。

在这种功能性分类的背景下，复合型林荫大道遭遇了尴尬，因为按照定义无法为其准确定位。就机动交通而言，它们通常承担的是城市主干道路的职能，但同时这类街道的沿途周边全程可达。在第二次世界大战后，混合用地成了城市规划和发展偏好的又一受害者；与之类似，由于自身天性，林荫大道也属于混合型的公共通道。

复合型林荫大道还深受道路建造标准不断改变之苦。在过去的年月中，车道的尺寸有逐步拓宽的趋势。大体来说，单条车道的宽度由原先的 8、9 英尺扩展到了 12、13 英尺[注]。平行车道间允许的间距也变大了，左转道和右转道成了必备配置，路口的转弯半径也加大了。停车位的尺寸被加宽，行道树种植密度的标准也被放宽，尤其是绿化种植池距十字路口的退让距离也在加大。综合来看，这些规范改变产生的影响意味着复合型林荫大道的基本形式被瓦解了，尤其是两侧保留其街道特征的街区活动空间。

而论及造成这些变化的原因时，安全因素被提及的最多。不过，安全考虑多是基于几何学与物理学的设想和应用逻辑的思维，而在观察司机和行人的实际行为时则并非必需。对于复合型林荫大道而言，安全考虑在道路交叉口尤为集中。对街道上可能存在冲突的通行活动的数量进行分析 —— 从辅道进入中心主干道的车流或是从中心主干道变道进入辅道的车流产生的冲突，中心主干道上的右转车流与辅道直行车流间的冲突，只需列举众多潜在冲突中的这一小部分 —— 似乎便足以从逻辑上说明林荫大道一定不如其他街道安全。然而，我们的试验结果却给出了不同的答案。

事实上，写作此书的初衷即在于探究人们所认为的影响复合型林荫大道安全和功能的主要因素是什么。这同样来源于我们的生活经验。20 世纪 80 年代我们在洛杉矶参与设计了一个重要的开发，该开发促成了一条大流量城市主干道的通行，我们仍建议在中心主干道的两侧修建单向行驶的辅道为街道两侧未来的商业、居住服务。以这种方式应对快速过境交通和更加有条不紊的流通以及预计发展的通道需求，似乎过于简单、直接。不过，我们很快意识到，辅道的道路宽度标准非常重要，因为这涉及我们所期望的街区特征能否保留。更重要的是我们不断被劝告 —— 这些街道上的十字路口极其危险。满足工程要求、达到规范标准的硬性要求侵占了大量的街道空间，美好的想法最终无法实现。数年后，旧金山市有关将既有城市主干道路改造成林荫大道的提议也遭遇了类似的异议。

相反，为了之前一本书的出版，我们做了许多试验。在此过程中，我们很幸

[注]1 英尺 = 0.3048 米

运地有充足时间参观了为数众多的林荫大道，主要集中于巴黎和巴塞罗那[4]。鉴于在洛杉矶和旧金山的不幸遭遇，我们决定将欧洲的林荫大道作为进一步研究的对象。我们花费了很长时间观察这些林荫大道的十字路口以及司机和路人的行为，却并未察觉这些路口十分危险。当然，十字路口交通的最主要特征还是适应，人们很自然地就适应了这里的交通情况，所以也没有危险发生。最重要的是，对行人来说，这些街道是令人愉悦的场所。街道上始终人头攒动，充满了活力与生活气息。行人、司机和路人共同组成了一幅和谐的画面。

当你身临其境，长时间近距离观察这些林荫大道时，很难想象它们会比其他的城市主干道路更加危险。你会倍感困惑：这些林荫大道当真异常危险么？与此同时，你会不禁设想：如果实际情况表明这些林荫大道并非“极度危险”，那么在今天，我们还有可能再去建造类似的街道么，甚至是在美国？在现行的规范和标准之下有可能么？从洛杉矶和旧金山的遭遇来看，情况似乎不容乐观。这无疑令人倍感沮丧，因为我们无法借鉴移植那些有价值的、居民们喜闻乐见的空间场所。当然，这类情形时有发生，有时宜人的环境无法借鉴移植也是出于其他积极因素的考虑。例如，美国市区有许多低层的木结构建筑，它们尺度宜人、建造方便，也能为人们提供舒适的居住和商业空间。然而，它们易于发生火灾的致命弱点却使其不适宜推广，而人们如今出于安全考虑，也很容易排除这类建筑方案。但是，假使这些建筑并非不安全呢？回归我们的话题，如果有证据表明现有的复合型林荫大道是安全的，或者至少并不比其他的城市主干道路安全系数低呢？难道我们还不能去建造么？

正是对这类林荫大道是否安全以及能否进行借鉴移植的思考，推动了我们对复合型林荫大道的研究。随着研究的深入，我们逐渐意识到，阻碍新的林荫大道无法建造实施以及既有林荫大道无法更新改造的罪魁祸首即是基于功能的街道分类方法。我们还同时意识到林荫大道开创了城市道路设计全新的典范：一方面，其交通组织形式复杂，各类交通方式共存，而并非仅仅限于某类交通；另一方面，其交通组织中，街道两侧业态的可达性与街道的快速通行功能同等重要。同样，就城市生活而言，行人的活动和车辆的运行亦不分主次。因此，在所有的城市道路中都应该有可供行人活动并不受干扰的空间。

第二次世界大战后的一段时期内，建造单一功能的道路有充分的支持理据，但从美国城市来看，这些理由似乎历来既不全面又缺乏力度。当时，沿街建筑的背侧即是乡村，汽车和卡车的数量急剧增加。人们乘坐机动车出远门，需要有可供高速行驶的合法车道；而既有的部分车道过于狭窄，无力同时承载慢速交通和快速交通。世纪之交，不时会有声音呼吁建造限制进入的车道以及单一功能或特定功能的街道。相比复杂的城市地段，这些观点通常在非城市环境中更具说服力，例如在大片单一功能区、工业化飞地以及大片的低密度独栋住宅区内建造一望无际的高速公路。

回过头来看，我们可以很清楚地发现，高速公路、快速路以及20世纪50年代至70年代间城市主干道路的升级改造并不总能使情况得以改观。只需看看城市环境中为快速交通而建造的数不清的主干道路（这些道路不仅宽敞而且限制进入），或是看看快速路、高速公路集聚的区域，你便会不禁疑惑——真的没有更合适的解决方案了么[5]？因此，不难理解旧金山的市民何以会在1966年掀起“公路革命”（freeway revolt，在20世纪六七十年代欧美发生了反对修建高速公路的运动），也很容易解答为何旧金山和波士顿两地的一些高速公路会被迁移。而到了世纪之交，曾经支持街道调整的城市居民已经不允许对街道进行大规模调整，尤其是调整的目的只是单纯地令机动交通更便捷。因为他们清楚单一功能的道路会集聚交通，而拓宽车道则会诱发人们超速。城市主干道路所经过的低收入区，邻里关系混乱、财产大量流失，或许还居住着同一批人，不过如今的他们更加世故，知道如何运用政治手段保卫自己的地盘。而且，客观上也缺乏足够的资金在城市中进行大面积的拆迁来建造新的车道或拓宽原有车道。

随着我们正确认识到复杂性对城市的积极作用，我们能更自觉地灵活运用所掌握的资源来适应和改变包括街道在内的实体环境，以适应人们行为活动的多样性，并满足人们的不同需求。复合型林荫大道可以同时容纳慢速交通和快速交通，并解决由过境交通和街区交通的冲突所带来的相关问题。

在讨论林荫大道的安全和重建的主要问题前，有必要进一步熟悉我们所讨论的林荫大道的种类。与其他类型的街道相同，复合型林荫大道并非一成不变。不同的林荫大道的规格、沿途业态、承载的机动车的数量和速度、使用人群、小品设施甚至设计细节均会有所不同。为使读者对它们的种类、用途、历史演变以及不同时期的人们如何看待它们有所了解，书中的第一部分将从探访巴黎、巴塞罗那以及美国境内的复合型林荫大道开始。为了便于不同案例间的比较，书中所有的图示均在同一比例尺下绘制。

为深入细致地了解这些林荫大道，我们需要回顾其发展历史——从最初文艺复兴晚期出现的防御工事中的林荫大道开始，到19世纪成为城市形态的主要构成要素，直至20世纪面临的衰退。这段历史是第二部分讨论的内容。

第三部分将通过实证研究的结果说明复合型林荫大道与其他作为参照的城市主干道路同样安全，我们将引入“行人区域”的概念，从理论上解释实证研究的结果。这一区域位于沿街建筑和中心主干道之间，包括人行道、辅道和分隔带。它位于快速通过的车流和缓慢行驶的人流之间。

研究同时发现，专业人士所提出的“林荫大道并不安全”的观点明显缺乏客观统计数据的支撑。第三部分最终以对如今强加于建造林荫大道的官僚体制约束的讨论作为结束。

第四部分是对复合型林荫大道的赞曲。它们遍布世界各地，尺度各异 —— 有大尺度的、适中尺度的，甚至是小尺度的（这看起来似乎有些矛盾）。尽管不同尺度的林荫大道存在不少共同点，它们依旧各具特色，均有可取之处。即便如此，我们也无法将这些街道的平面、剖面、细部大样和周边环境一一囊括；我们的研究不可能覆盖所有重要的林荫大道。但是，在有限的时间和资金条件下，我们还是将各类典型的林荫大道呈现给了大家，这其中还包括意大利菲拉拉市内一条狭窄的、历史悠久的林荫大道以及罗马市内两条交叉的复合型林荫大道，它们所形成的十字路口异常复杂且混乱不堪。不少案例中的林荫大道运行情况并不理想，但更多的是运行良好的案例。其中一条位于印度艾哈迈达巴德市新建的林荫大道，它的设计很大程度上源于我们为了写作这本书所做的试验。在这部分的最后有两个设计案例的研究，一个案例是对现有不安全的林荫大道进行改造的可能性研究，另一个案例则是将城市主干道路改造成能容纳轻轨等公共交通的林荫大道的可能性研究。

调研叙述至此，可以预见林荫大道的发展前景必将一片光明。的确，如果林荫大道的固有形式并非不安全的，同时它们能够继续扮演曾经的角色 —— 充满生机的、令人愉悦的、杰出的多功能城市街道。那么，现有的这些林荫大道会有而且应该有美好的未来。更具挑战性且令人憧憬的蓝图则是在城市环境的塑造中建造更多全新的、宏伟的林荫大道。那我们要在哪里建造这些林荫大道，又如何建造呢？第五部分“建造林荫大道”的第一章中包含了林荫大道的设计指南和政策指引，用以指导建造新的林荫大道。这些设计指南旨在帮助人们在自己的社区建造林荫大道时辨别各种可能，并提供街道设计中反复出现的问题的解决方案。

圣基尔达大道的沿途景象

长久以来，复合型林荫大道被各类负面报道环绕，急需人们对它重新认识。作为一类切实可行的街道模式，它可以解决城市环境中与通行和可达相关的诸多问题，尤其在寻求城市整体利益与地段局部利益之间的平衡方面，其作用明显。而且，“行人区域”这一概念的适用范围并不局限于复合型林荫大道的范畴。对于旨在重建城市特色和市民生活的城市而言，引入“行人区域”的概念并贯彻实施在每一条街道中都是必经之路。林荫大道只是将这一原则运用于城市街道设计中的一种独特的方式。

城市是各种多样性造就的杰出作品——人、物、活动、思想和意识形态都参与其中。复合型林荫大道是回应众多与城市生活密切相关问题的一种城市形态，这些问题包括宜居性、可达性、安全性、城市情趣、商业机遇、生态环境、公共交通以及市民对开放空间的需求。复合型林荫大道能为我们带来更美好的城市生活。我们一同期待。

第一部分　探访林荫大道

PART ONE　EXPERIENCING BOULEVARDS

第一章 CHAPTER ONE

巴黎的林荫大道——五彩缤纷的世界 PARIS BOULEVARDS, A GRAND VARIETY

提及对巴黎的印象，许多人脑海中会迅速浮现一个词 —— 林荫大道。某种程度上说，这个词及其所指代的物质实体共同定义了这座城市。想必看到这个词，你的脑海中便会浮现出这些景象：宽敞大气、绿树成荫的人行道，美轮美奂的建筑，诱人的商店，街角的咖啡屋，拥挤的人群和路灯下温暖的光线。

巴黎的林荫大道数量众多而且类型丰富。与城市中的其他街道相比，这些林荫大道明显更宽阔。规则排列的树木和细节丰富的建筑在高度和材质上相得益彰，并清晰地界定了林荫大道的边界。尽管绝大多数巴黎的林荫大道优雅迷人、充满了吸引力，然而并非所有林荫大道都是我们所讨论的复合型林荫大道。

尽管部分巴黎林荫大道的历史可以追溯到 17 世纪，但绝大多数还是在 19 世纪中叶在乔治 – 欧仁 · 奥斯曼男爵（拿破仑三世时期塞纳区的地方长官）的指导下修建的。这其中较晚修建的包括名声最响的那部分林荫大道都是复合型林荫大道。正是这些街道确立了世界通行的复合型林荫大道的基本形制。巴黎的许多林

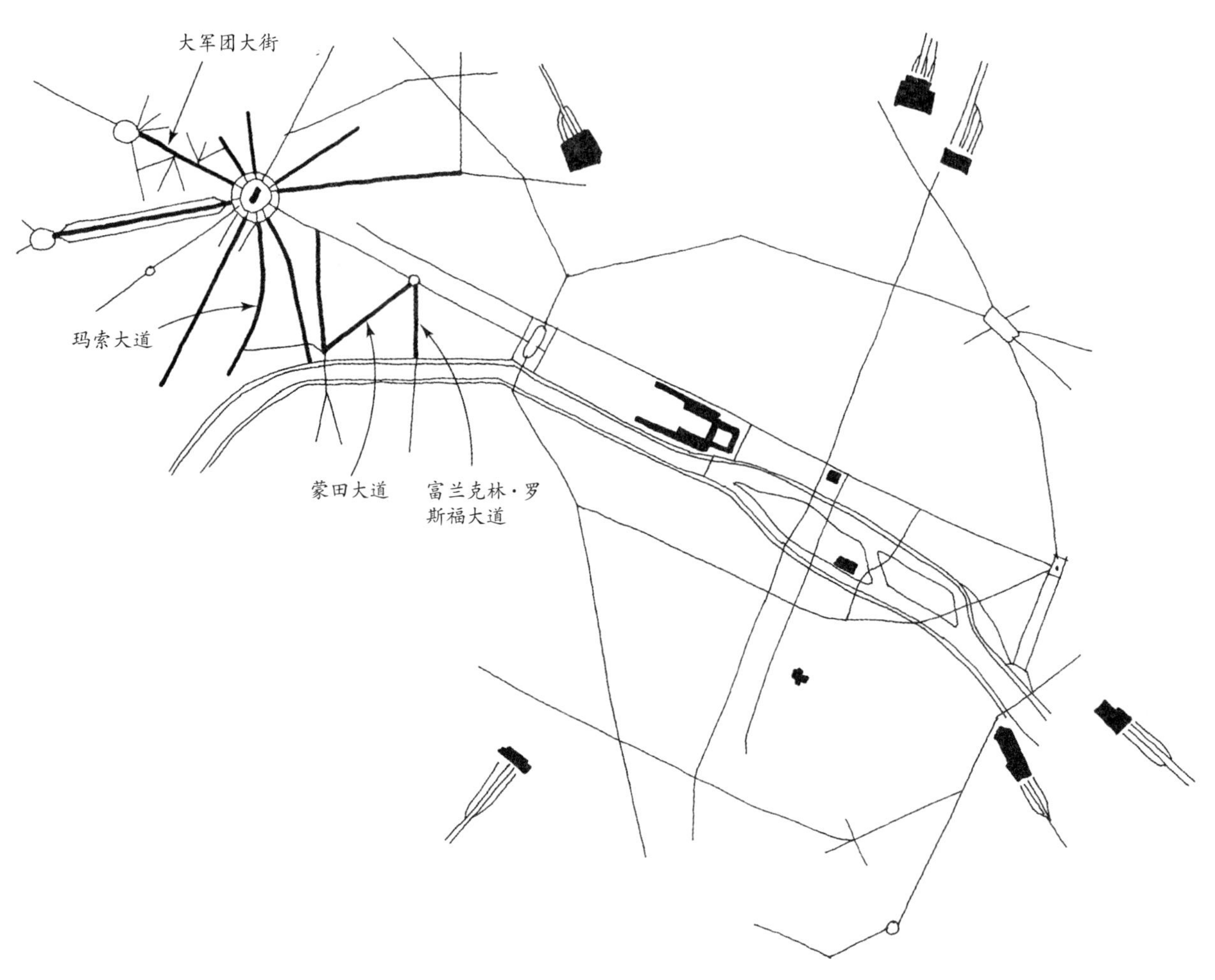

星形广场附近的林荫大道

荫大道至今仍保留了最初的形式，而在日常使用中，所有的街道都被纳入了城市的街道系统。大多数的林荫大道都受到市民的重视，并得到了妥善的保护。世上还有比巴黎更理想的研究地点么？

巴黎市内复合型林荫大道最集中的一个区域位于城市西部，共有 12 条大道汇聚于此。这一区域靠近星形广场和香榭丽舍大街（Avenue des Champs Elysées），而香榭丽舍大街直至最近的更新改造前，也是一条复合型林荫大道。从宽敞大气的大军团大街（Avenue de la Grand Armée）到相对狭窄的蒙田大道（Avenue Montaigne），这一区域的复合型林荫大道在宽度、长度、沿街用地性质、承载交通量、交通组织形式等方面千差万别。尽管绝大多数大道的基本形式和运转方式相似，但是它们各自在空间品质和用途以及设计细部上的不同还是赋予彼此清晰的个体特征。它们共同向我们展示了复合型林荫大道这种街道形式适应环境的能力。在这一章，我们将重点介绍其中的四条街道：即大军团大街、蒙田大道、富兰克林·罗斯福大道（Avenue Franklin Roosevelt）以及玛索大道（Avenue Marceau）。在第四部分“复合型林荫大道简编”中，我们还将介绍位于巴黎城其他区域的两条林荫大道。

大军团大街 | AVENUE DE LA GRAND ARMÉE

大军团大街是星形广场西侧香榭丽舍大街的延伸路段，其格局与 20 世纪 90 年代改造前的香榭丽舍大街格局十分相似。改造将香榭丽舍大街上的人行道拓宽并清除了两侧的辅道 [1]。两条大街宽敞大气，大军团大街约有 230 英尺宽 [2]。马约门（Porte Maillot）与星形广场相距 0.5 英里 [注]，约为香榭丽舍大街上最负盛名的商业路段，也就是从星形广场（Etoile）到圆点广场（Rond Point）距离的 3 倍。

街上的交通或许是大军团大街留给行人最深印象的一部分。89 英尺宽的中心主干道设有 10 条车道，每天来往于此的车辆约有 92000 车次 [3]。但街上并非仅有车行道。中心主干道的两侧是 8.5 英尺宽的分隔带，中间种有间隔 33 英尺的行道树。紧靠分隔带的是宽为 25 英尺的辅道，辅道上设有 1 条车道和 2 排停车位。宽达 37 英尺的人行道上种着与分隔带中央相呼应的行道树。由于中心车道只占不到街道总宽度的 40%，因此剩下的约 60% 都是通行节奏更舒缓的区域。

而除了交通，大军团大街上优美的街道形式，富裕人群的住宅，琳琅满目的汽车旗舰店、电子产品折扣店以及其他沿街商铺都会吸引行人的注意。如果仔细观察某个街区的沿街商铺，你会发现这里还有面包店、咖啡店、熟食店、鲜花店、服装店——这些更接地气的商铺。在人们的印象中，在这样一条繁华的街上这些店铺必不可少。

大军团大街两侧的辅道上车辆来往不息。通常，想在这里找到停车位并不容

[注] 1 英里 = 1.609 公里

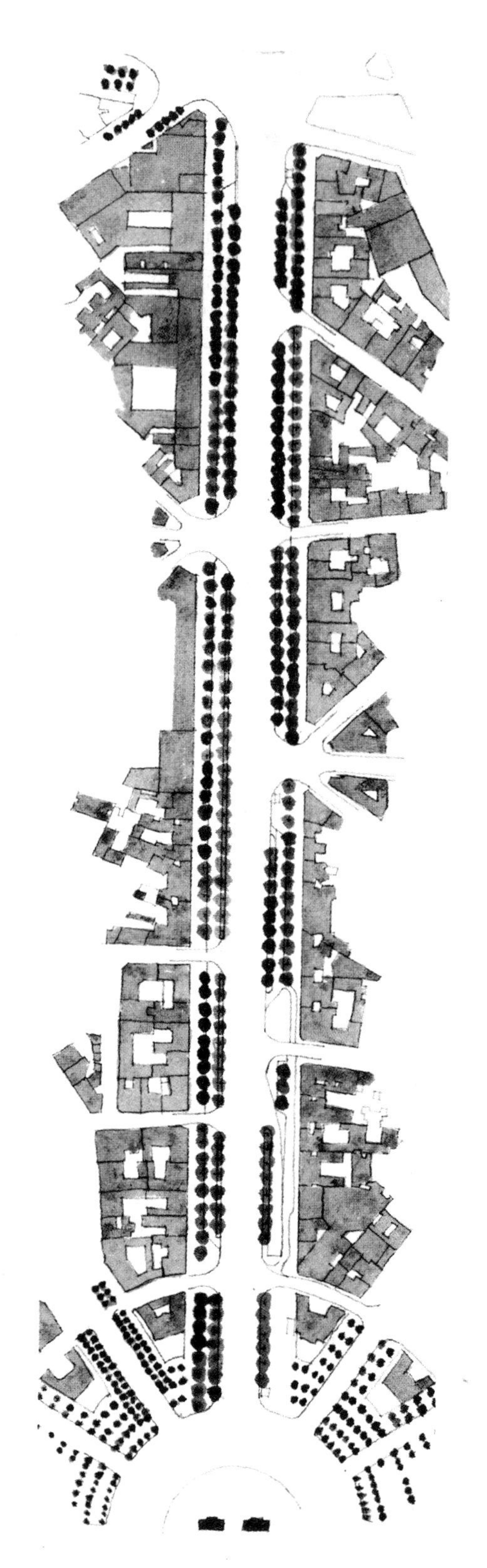

大军团大街：街道与沿街建筑周边环境
大致比例：1 英寸 = 400 英尺或 1:4800

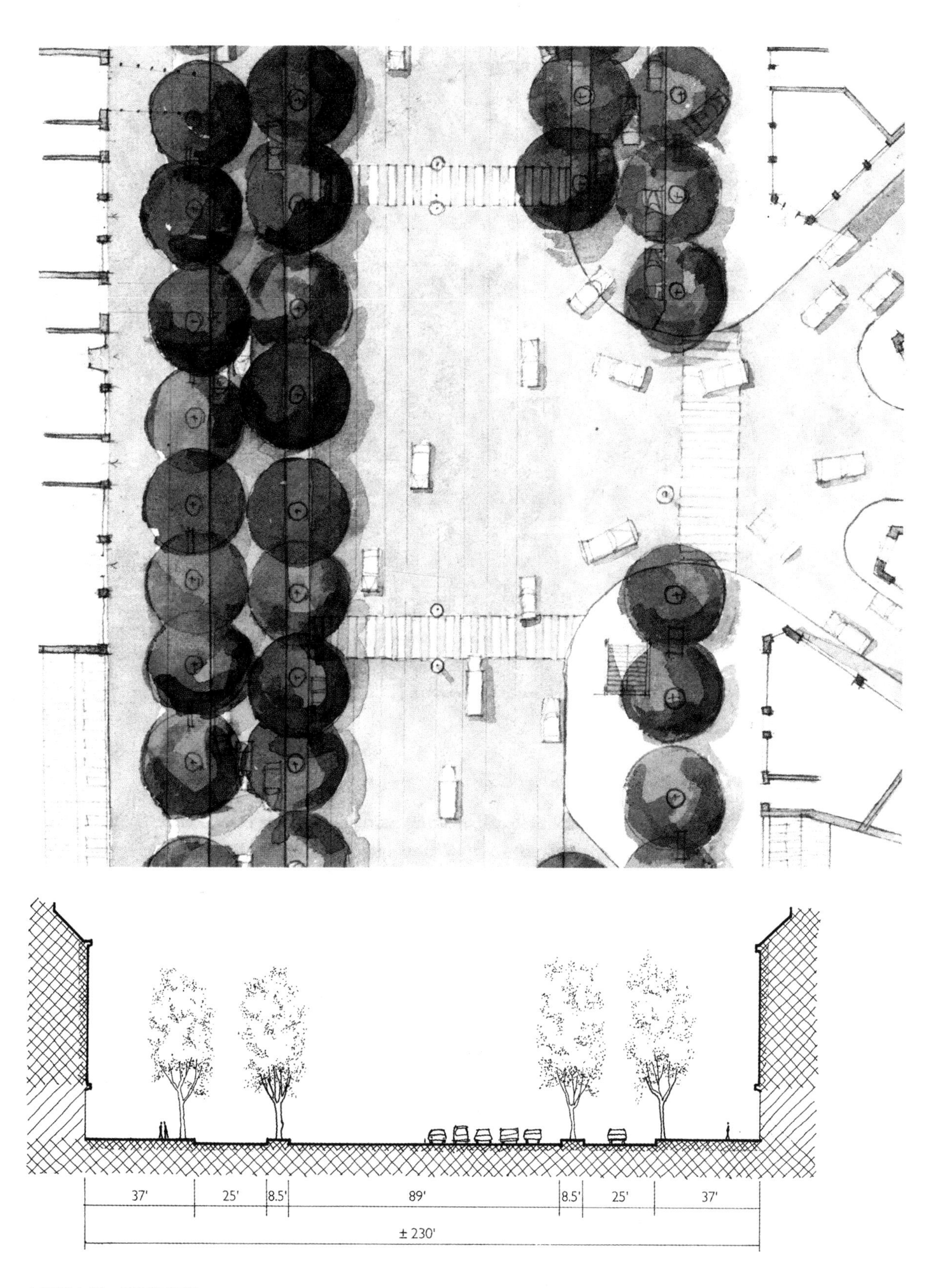

大军团大街：剖面与平面

大致比例：1 英寸 = 50 英尺或 1:600

大军团大街街景

易，但终究还是能找到的。司机会先进入辅道，查看情况。如果没有空车位，他可能会等候直至有车辆离开。不时这里就会有并排停靠的送货车阻碍来往的交通。因此，通常辅道上的交通十分缓慢。

大军团大街沿途的路口不多，但通常路口的情形都较为复杂，因为路口未限制任何交通行径。每处路口都设有红绿灯，当中心主干道上绿灯亮起时，直行的车辆便会迫不及待地疾驰而过，而转弯、掉头的车辆则会更为缓慢。辅道上的车辆在绿灯亮起时则会谨慎行驶。

大街两侧宽敞的人行道上设施繁多，有通往地铁的出入口、大型的新报刊亭、巴黎著名的圆形信息亭、长椅以及付费电话亭。尽管街上并不拥挤，但通常都会有一定数量的行人，电话亭内也始终都有人，尤其当你需要使用时。而在满足这些设施之余，人行道上仍有富余的空间——或许这便是这里也会被用于停放摩托车甚至有时是汽车的原因了。

大军团大街不仅具备香榭丽舍大街的恢宏大气，还存有后者在改造更新前的

大军团大街街景

问题。大街的尺度、街上高大的树木以及通往星形广场凯旋门的路段被抬升，使得大街相对周边环境更加突出，并具备了一定的仪式性。沿街建筑高度相仿、风格类似，显然经过精心设计。同时，中心主干道很宽，不便于行人穿过，因此街道的两侧显得有些脱节。此外，沿街的行人区域被弱化了，看起来似乎并不受重视。大军团大街比香榭丽舍大街更早出现严重的辅道停车问题，甚至有违规车辆停靠在人行道和分隔带上。

事实上，大军团大街如今的格局是侵占行人区域的结果。在其 19 世纪最初的形式中，分隔带宽达 50 英尺，种有两排行道树，而与此同时，中心主干道只有 60 英尺宽[4]。在之后的岁月中，交通需求逐步在街道的使用中占据更大比重，车辆的通行和停放成了街道的主导因素，而且这一趋势似乎仍在继续。即便如此，大军团大街也并非仅是一条快速交通长廊，它仍具备宏伟和优雅的特质。这得益于其林荫大道的形式。

蒙田大道 | AVENUE MONTAIGNE

从16世纪蒙田大道成为一条国家级街道以来，已经过去很长一段时间了[5]。大道绿树成荫的形式也早于星形广场附近大多数的林荫大道，并早在18世纪70年代就开始作为举办舞会的首选场所，夜晚人们在此载歌载舞，放松自我[6]。从19世纪末至今，它始终位居巴黎最时尚的街道之列。

蒙田大道仅仅穿过5个街区，长约2000英尺，从香榭丽舍大街上的圆点广场向西南直达塞纳河。人们可以在河边欣赏埃菲尔铁塔的美景。5个街区的长度差异明显，街上只有一处十字路口，其他的都是“T”形路口。街道两侧种着栗子树，沿街建筑形式优美，高度多在六七层，一层部分有许多设计师沙龙、咖啡馆和银行。街上还有一个大型酒店和一座大使馆。除此之外，二层以上部分全是住宅或办公楼。

就复合型林荫大道而言，蒙田大道过于狭窄，而且其交通组织形式也很特殊。两侧沿街建筑的间距约为126英尺。中心主干道为4车道，仅宽42英尺，不及大军团大街的一半。侧边分隔带约7英尺宽，中间密集地种着间距15至18英尺的栗子树。栗子树的枝干彼此交错，形成一个密集的绿屏。不同路段间的辅道和人

Central Roadway on Avenue Montaigne

蒙田大道上中央主干道的景象

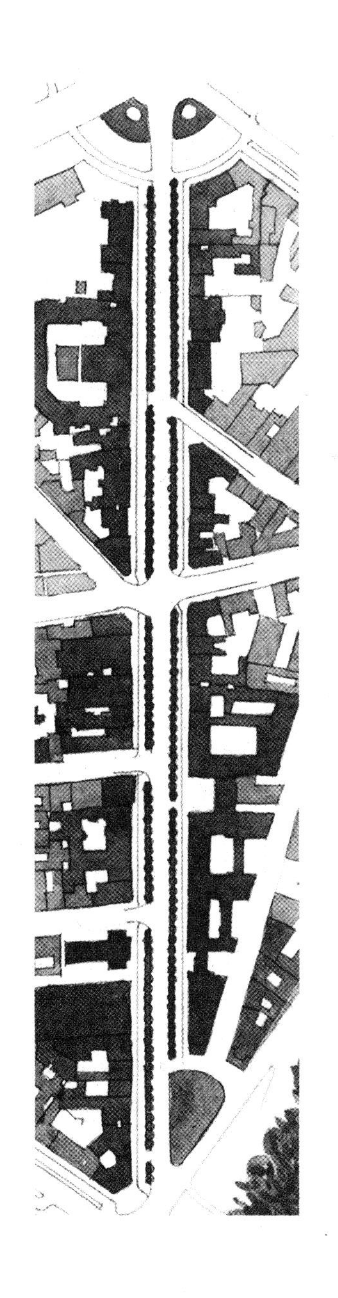

蒙田大道：街道与建筑周边环境
大致比例：1 英寸 = 400 英尺或 1:4800

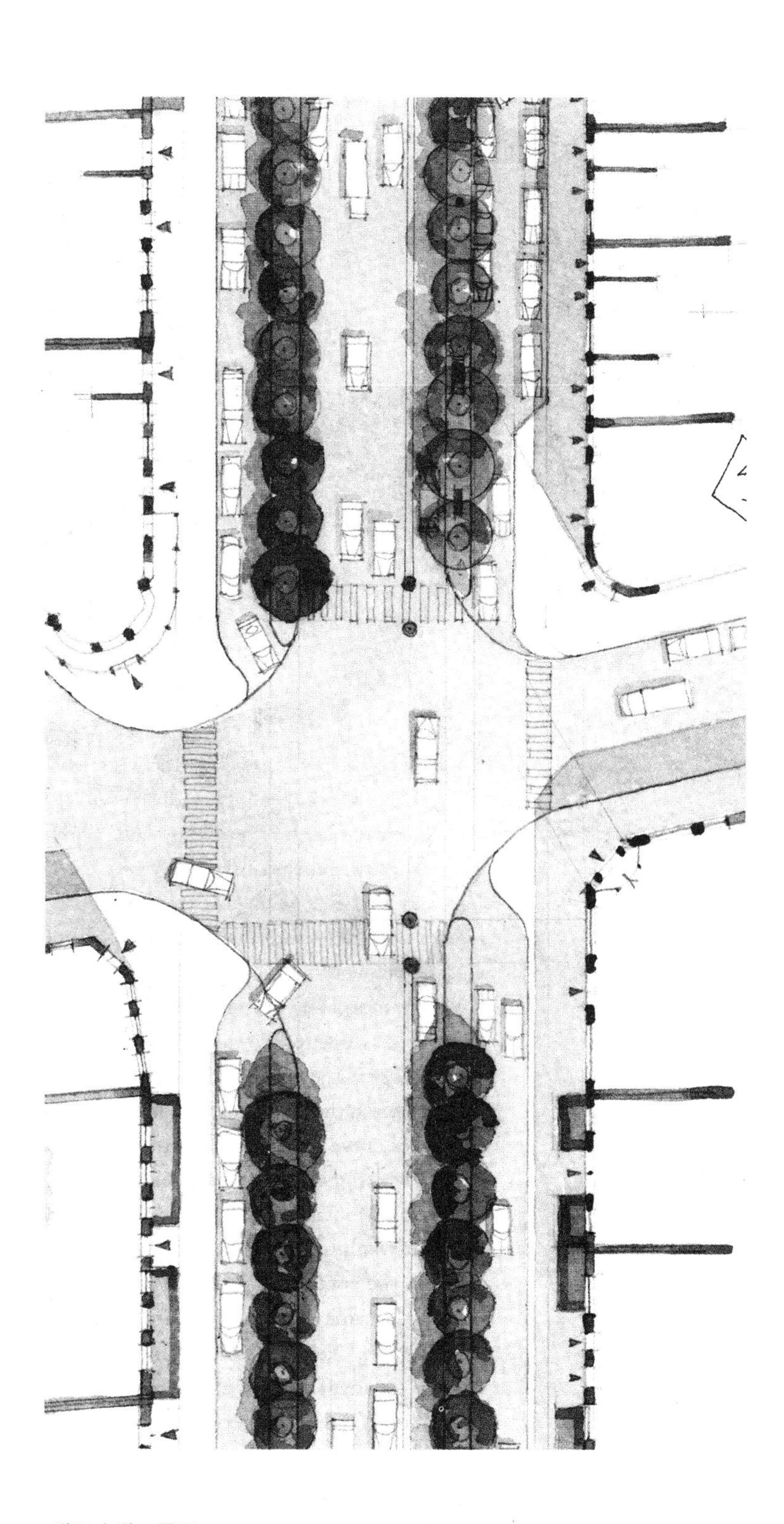

蒙田大道：平面
大致比例：1 英寸 = 50 英尺或 1:600

Avenue Montaigne, Paris

蒙田大道，巴黎

行道宽度有所不同。部分路段的辅道只有21英尺宽，设有2排停车位和1条直车道，人行道宽14英尺。部分路段的格局则恰恰相反——14英尺宽的辅道上只有1排停车位，而人行道则达到了21英尺宽。而在局部路段，为了给观赏建筑留出空间，人行道被压缩得仅有10英尺宽。绿化种植池的四周均有精致的铁制品栏杆围护。

街上的交通被组织得井井有条，所有的车道，无论是中心主干道还是两侧辅道，均朝向塞纳河方向，只在中心主干道中为巴士和出租车预留了一条通往圆点广场方向的反向车道。这种交通组织方式使得辅道、中心主干道与相交街道间的通行不受任何限制。从辅道进入中心主干道需要在十字路口转弯（人行道因此变得更宽），这意味着只能在十字路口附近进出中心主干道。

蒙田大道上的交通量巨大，主要集中于中心主干道。据统计，中心主干道上每小时的交通量约为850车次，其中约115车次位于巴士与出租车道。而同一时段内，辅道上的统计数据仅为42车次。辅道上的车辆明显比中心主干道上的车辆行驶得更慢[7]。车辆进入辅道时会减速，因为有约1.5英寸[注]的高差变化——这是许多林荫大道中都有的细部处理。车辆一旦进入辅道，司机便往往需要留意寻找停车位，而遇上前行车辆停下卸货或是其他事情，司机也都得减速缓行。而沿着辅道漫步以及不时横穿马路的行人都使得司机不敢提速。违章行为多是司机在倒车时粗心地占错了车道，或是在分隔带的端头停车以及并排停车。尽管违规行为或许不多，却足以给非专业人士造成混乱的感觉。好在街道运行良好。观察

[注] 1英寸 = 0.0254米

Access lane on Avenue Montaigne
蒙田大道上辅道的景象

显示，当车辆在辅道上行驶起来时，速度仅为32公里/小时（19英里/小时），而与之相比，中心主干道上的车速可达到48公里/小时（29英里/小时）。

蒙田大道上人流量也很大。观察数据表明，仅仅一处十字路口，每小时便有约1330人次经过这里的人行道，而同一时段穿过蒙田大道的人数约为1200人[8]。人们会在辅道走上一段，然后聚在一起聊天。年轻的妈妈则喜欢推着婴儿车在此散步。还会有人沿着分隔带散步——这里通常设有巴士及出租车站台，每条街区会设有两条或三条长椅——但一般并不用作人行道。由于分隔带会被树坑打断，因此这里没有连续的人行步道。而在等候公交的间隙，人们通常会坐在长椅上休息。

行人希望能毫不费力地横穿马路。因此，他们会不顾交通指示，从人行道走到分隔带旁，因为相对狭窄的分隔带更容易穿过。而对于不穿行的行人而言，人行道旁的护柱异常关键，它把两侧的车道隔离开来——这一简单的设计细节在巴黎的林荫大道上随处可见。

虽然蒙田大道相对狭窄，但却包罗万象——快车道、慢车道、人行道、种植带和行道树，所有一切都运行良好。车辆可以迅速地从中心主干道通过，而在其两侧区域的生活则十分惬意。蒙田大道是一处优雅、令人愉悦而又充满活力的城市空间。

蒙田大道上辅道和人行道间灵活多变的布局方式表明，即便是只有112英尺宽的林荫大道也能够运行良好，并同时承载大量的车流和人流。

富兰克林·罗斯福大道
AVENUE FRANKLIN ROOSEVELT

富兰克林·罗斯福大道和蒙田大道很相似，不同之处在于它只有一侧有辅道而非两侧都有。其西侧沿街建筑的风格与蒙田大道上建筑类似。东侧紧临的公园中有著名的大皇宫博物馆。公园外是宽阔的人行道，而对应西侧辅道的部分则种有两排行道树。之所以采取这种处理方式是因为这一侧没有沿街建筑，因而无须设置辅道。同时，也起到了把公园景观从视觉上延续至街道的积极作用。

与蒙田大道一样，富兰克林·罗斯福大道起始于圆点广场，延伸约 1400 英尺后直达塞纳河，河上便是荣军院桥。街上的分隔带与西侧辅道的尺寸和布局与蒙田大道上相似：7 英尺宽的分隔带中种着板栗树，树间隔约 15 英尺，21 英尺宽的辅道上设有一条直行道和两排停车位。13 英尺宽的人行道上则没有种任何树。

街上的辅道同样是车辆和行人共享的一处区域。经过圆点广场后的第一个街区中有不少饭店和商店，这为街道汇聚了大量的人流，尤其是在午餐时间，街上更是人山人海。当人行道过于拥挤或是出现调研中遇到的一类情形 —— 人行道因维护工作而禁止通行时，人们只能在辅道上行走，似乎（但实际情况并非如此）并不清楚这是机动车道。车辆在人群中行驶缓慢，几乎不按喇叭。司机们似乎也理解这是一处公共区域。而当漫步于此或是站在路边聊天的行人意识到有汽车经过时也会暂时避让。看上去，人们在此很享受 —— 这是属于他们的地盘。

在辅道上驾驶的司机并不喜欢在停车区进进出出。停车位很难找，因此当司机看到一个空车位时可能会做出一些奇怪的事情，例如碾过路牙从分隔带的两棵树之间穿过，或是倒车抢占刚空出来的车位。遇到前方停靠的货车，他们同样会这样做。对于习惯遵守行驶法规的外来者而言 —— 每隔四、五辆车的距离就设置标牌提示司机遵守交通规则 —— 会令他们倍感困惑，但这类情形显然已是常态。

富兰克林·罗斯福大道

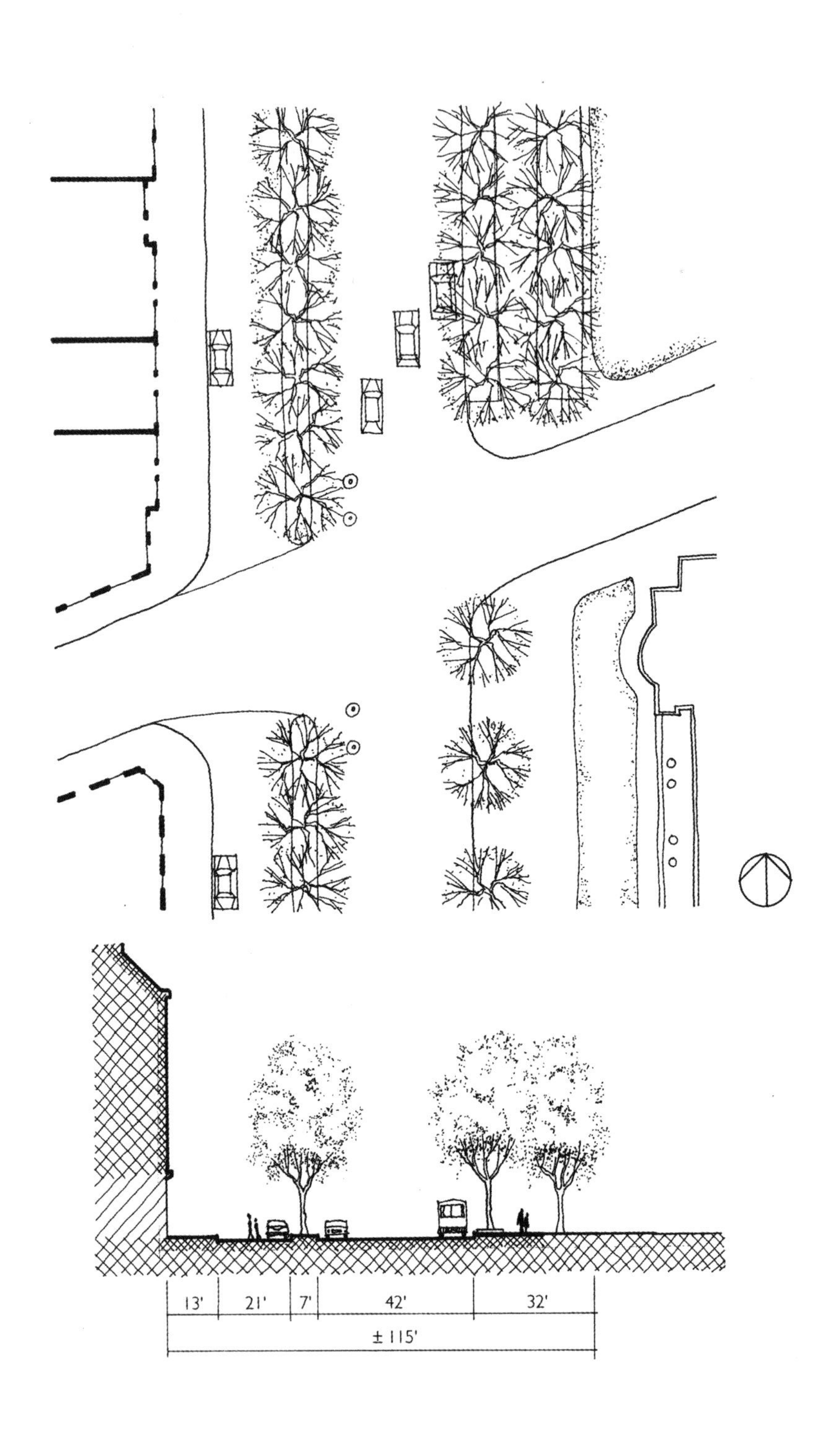

富兰克林·罗斯福大道：平面与剖面
大致比例：1 英寸 = 50 英尺或 1:600

玛索大道 | AVENUE MARCEAU

如果存在所谓的"日常的林荫大道"，那么或许玛索大道便是。它是由星形广场辐射出的 12 条街道中的一条，这其中有 7 条是复合型林荫大道。其公共通道宽度约为 134 英尺，既不算宽也不太窄。很难说街道本身有多令人难忘，它附近的其他街道，如大军团大街和蒙田大道，明显更为雄伟、优雅。即便如此，它仍是令人惊叹的巴黎林荫大道系统中不可或缺的一部分。

玛索大道全长约 3000 英尺，从星形广场经威尔逊总统大道（Avenue President Wilson）直达阿尔玛广场（Place de l'Alma）上横跨塞纳河的一座大桥。尽管玛索大道上的沿街建筑与大军团大街上的建筑在高度、体量和整体风貌上较为相似，但在底层部分，其商业比重明显更低。除了零星可见的商店，大多数沿街部分仍是楼上住宅与办公的延续。因此，街上基本没有建筑出入口和沿街活动。

过多的停车会使街道显得生硬，失去亲切感。玛索大道上绝大部分路段都设有六排停车位，两侧辅道各有两排，在中心主干道的分隔带的边缘还有两排。由于巴黎的这一区域停车位稀缺，因此通常这里车位都是满的。所以，当你沿着玛

Along Avenue Marceau

玛索大道的沿途景象

索大道行走时，会感觉自己走在一个线形的停车场。或许正因如此，不同于周边的其他林荫大道，这里几乎没有推婴儿车的行人。

所以，虽然或许玛索大道并不是一条令人印象深刻的林荫大道，也不是林荫大道的杰出案例，但是考虑到街道类型的各种可能性，它所散发出的独特日常生活气息使之价值突出。

玛索大道的基本街道格局和蒙田大道上以停车为主的路段格局并非完全不同。它的中心主干道宽 46 英尺，比蒙田大道宽 4 英尺，9 英尺宽的分隔带比后者宽 2 英尺，23 英尺的辅道也比后者多出 2 英尺。相比之下，人行道变窄了 2 英尺，只有 12 英尺。虽然这些都是细微差别，但是结合交通组织并细化设计后，最终形成了这条与众不同的街道。

玛索大道的中心主干道为双向四车道，此外还有两排停车位 —— 共比蒙田大道多两条车道。46 英尺宽的空间内是如何容纳下这么多车道的呢？事实上，如果明确画线标记的话，车道可能并没有这么多。正因为没有标记，所以当交通拥挤或者有车辆在路口转弯时，两条足够宽敞的车道就变成了四条狭窄的车道。

同蒙田大道一样，玛索大道的分隔带中也有成列的行道树和公交站台；长椅和停车取卡器。同样，细小的差别在此起到了决定性作用。首先，分隔带中的行道树间距为 33 英尺，相当于大军团大街上的两倍，因此树干对两侧道路的分隔被弱化了。其次，在分隔带中设有宽敞的车辆掉头口，每个街区都至少有一处，车辆可以在此进出中心主干道。这些掉头口极大地削弱了人们使用分隔带的兴趣。因此，玛索大道上的路人明显少于蒙田大道。

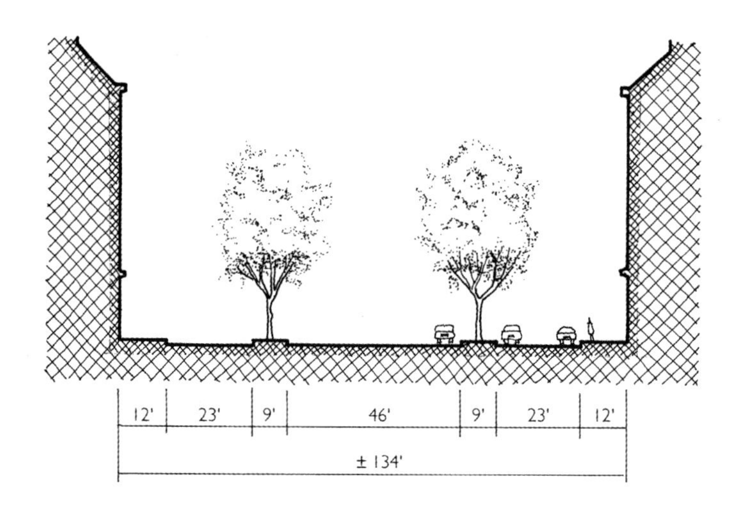

玛索大道：剖面

玛索大道上的交通量适中。与巴黎其他林荫大道相同，其主要交通集中于中心主干道：观察到的每小时近 1000 总车次中，有约 88% 集中在此，而只有 120 车次位于两侧辅道[9]。中心主干道上的交通也不如蒙田大道或者大军团大街上顺畅。因为不时便有司机沿着分隔带的边缘减速以寻找停车位，而当他们从停车位启动时，同样会影响交通。或者当他们通过掉头口变换车道时，交通也会变缓。除了停车或乘坐公交的人，辅道上通常没有别的路人。

玛索大道上特别有趣的便是其复杂的路口，在这里转弯甚至比在绝大多数复合型林荫大道上的路口转弯更为麻烦，不过这条道至今仍然运行良好。在沿街的七个路口中，只有一个路口近似于十字路口。因此，进出林荫大道的转角既有钝角，也有锐角，所以通常几条倾斜的辅道可从某侧汇入相同的交叉口。尽管路口异常复杂，辅道、中心主干道及相交街道间的联系却未受到任何限制。举例来说，在玛索大道与牛顿街（Rue Newton）、加利利街（Rue Galilée）和欧拉街（Rue Euler）相交的路口——离星形广场较远的一个路口——除了禁止在中心主干道上掉头行驶，其他的 42 条彼此独立的路径都是允许的。这里并没有设置信号灯，而只是在十字路口中间有被抬高的圆环让司机作为非正式的交通环岛使用。但包括该路口在内的所有玛索大道上的路口，事故发生率与巴黎其他主要街道并无差异。司机们清楚这里路况复杂，存有潜在危险，因此需谨慎驾驶。玛索大道的例子表明，即便是形式复杂的林荫大道，仍然可以容纳新的功能并运行良好。

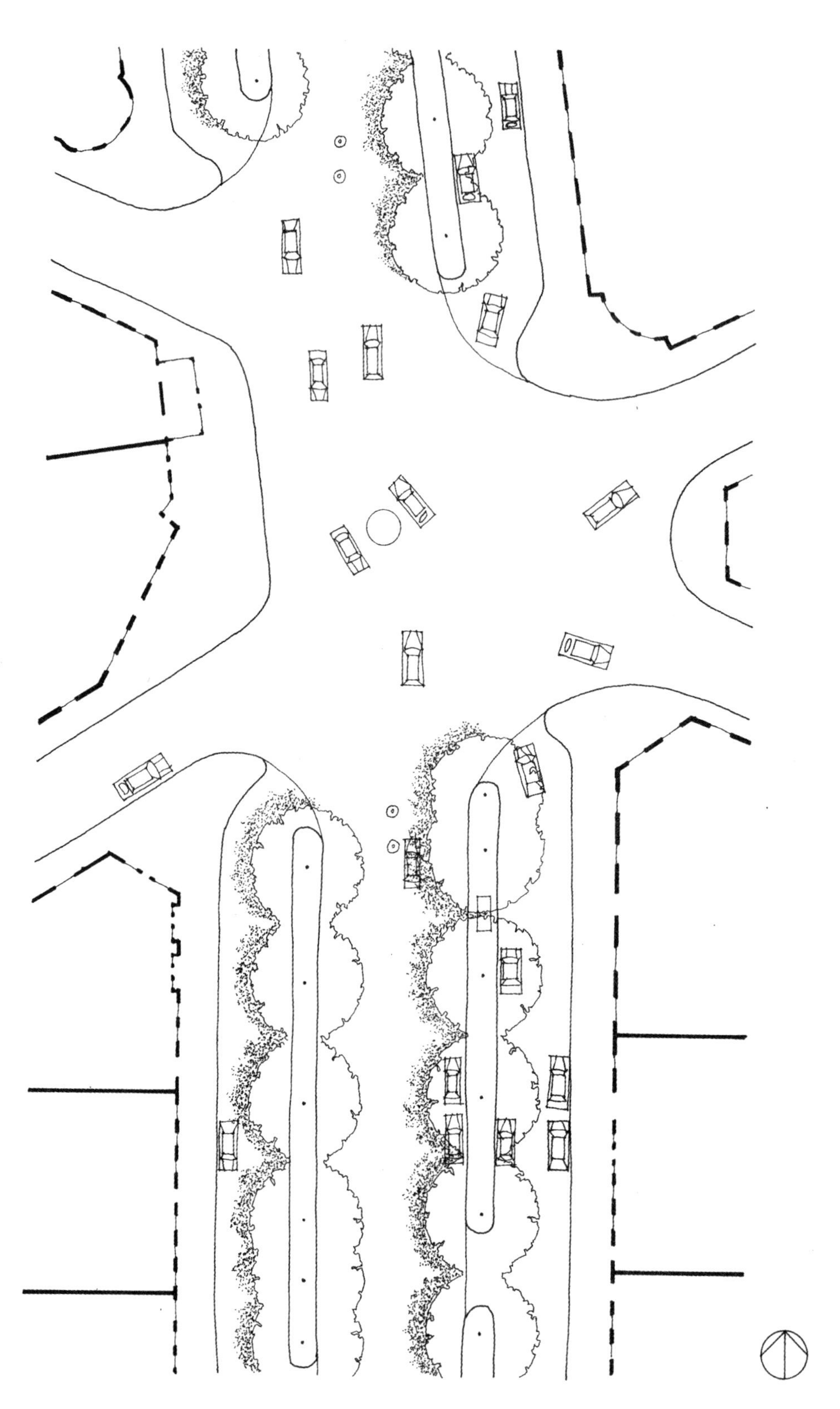

玛索大道：平面

大致比例：1 英寸 = 50 英尺或 1:600

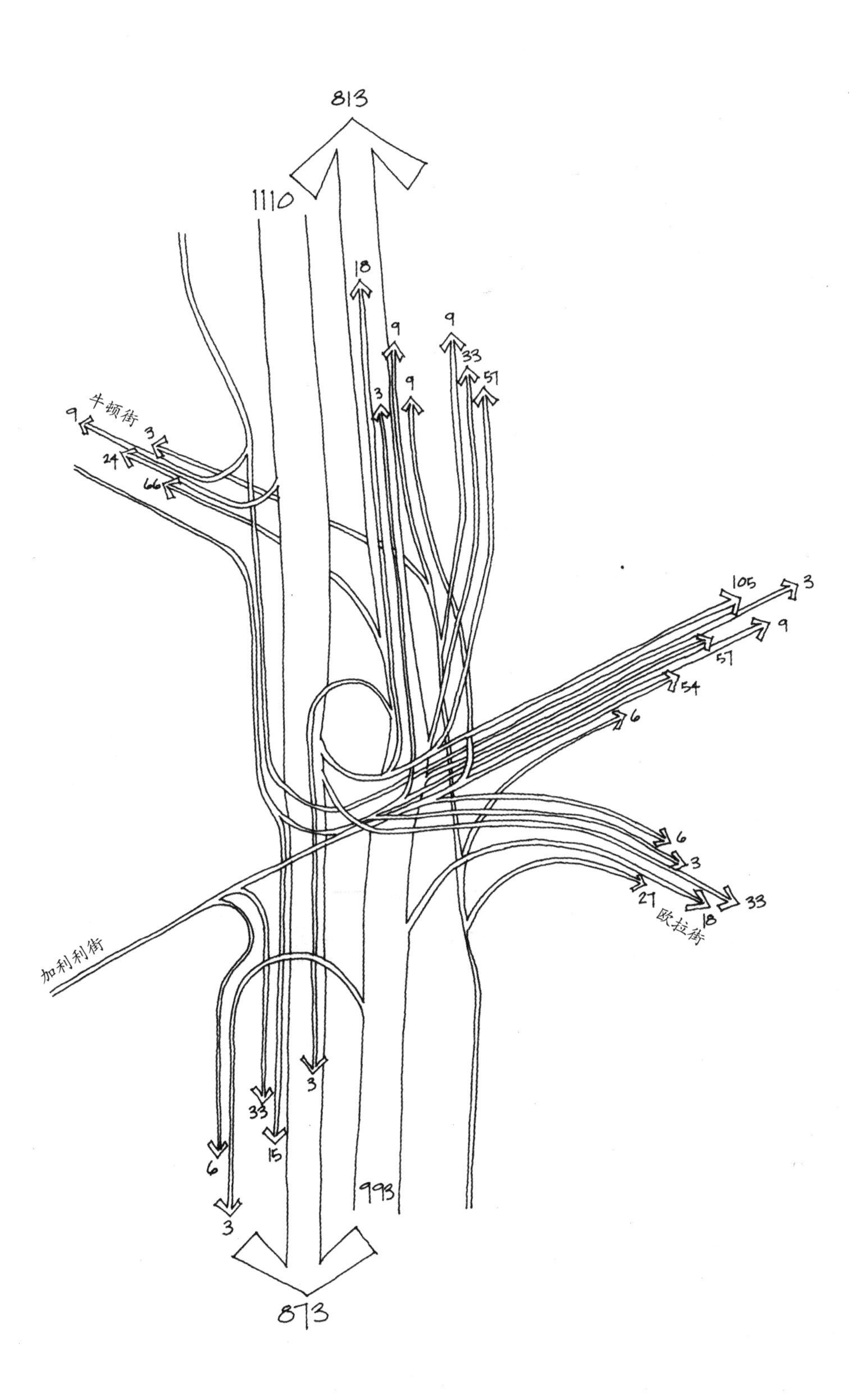

玛索大道与加利利街交叉口的交通路径

星形广场周边的林荫大道群

我们已经探访过的四条林荫大道都集中在巴黎的著名区域内。每条大道都特色鲜明，这很大程度上得益于各自特定的空间品质。值得注意的是，这四条林荫大道周边还有许多其他的林荫大道，它们也都别具风情，且大多给人难忘的积极印象。与玛索大道类似，乔治五世大道（Avenue Georges V）也存在停车位过多的问题，不过得益于沿街大多数高档商店、餐馆和旅馆带来的高人气，街道依然充满了活力。而整条大街最令人印象深刻的就是沿街的店铺。相比于乔治五世大道，途经玛索大道的耶拿大街（Avenue d'Iena）更加贴近当地居民生活的尺度要求。福熙大道（Avenue Foch）宽达400英尺，是巴黎最宽的林荫大道。其巨大的尺度容易使人们误以为它并非一条复合型林荫大道，尤其是其两条宽达100英尺的侧分隔带似乎将中心主干道和两侧辅道分成了彼此独立的街道。不过，就街道的基本形式而言，它与尺度更适宜的复合型林荫大道并无二致。

因此，可以说巴黎的复合型林荫大道大体相似却又各有春秋。尽管它们的设计远在机动交通时代来临之前，但街道至今仍运行良好。它们都是值得一去的好地方。

乔治五世大道

第二章 CHAPTER TWO

巴塞罗那——优雅却面临困境的林荫大道

BARCELONA'S ELEGANT BUT THREATENED BOULEVARDS

如果只能选择一座城市用以研究世界上最杰出的街道，或许巴塞罗那会获此殊荣。这里的街道大多绿树成荫、优雅迷人，而且有宽敞的空间供行人聚会、漫步。市内的扩建区（L'Eixample），因 19 世纪中叶城市拓展的方格网规划而著名，由伊尔德方斯·塞尔达（Ildefons Cerdá，1815—1876，西班牙规划师）设计。区内几条主要的复合型林荫大道上，路口的斜切角都令人印象深刻，如格拉西亚大道（Passeig de Gràcia）、对角线大道（Avinguda Diagonal）和加泰罗尼亚议会大道（Gran Via de les Corts Catalans）。这些林荫大道将方格网连成体系，将扩展区与老城区以明确且恰如其分的方式连接起来，同时在新区中建立了庞大的正交道路体系。

同这座城市中其他街道一样，巴塞罗那的林荫大道优雅迷人。而且，由于是这座城市中最宽的街道，它们也多为主要的交通干道——这是兰布拉大道（Ramblas）这类其他城市大道无须肩负的功能。不过近年来，或许人们对林荫大道交通功能的关注已经超过了对它本身作为步行空间的关注，这无疑是很不幸的。

格拉西亚大道 | Passeig de Gràcia

格拉西亚大道起始于加泰罗尼亚广场（Placa de Catalunya），这座城市主要的公共广场将前者与古老的哥特区以及兰布拉大道相连，并向北横跨了近 1 英里。除了街道本身优越的地理位置和约 200 英尺的街道宽度，格拉西亚大道本身还是巴塞罗那最迷人的购物街，而街上令人眼花缭乱的设计细节和丰富多彩、热闹非凡的人行活动则为格拉西亚大道增添了更多魅力。两侧的沿街建筑一眼望不到头，商店、办公楼、旅馆、剧院、餐馆和住宅小区遍布其中。人们可以在宽阔的人行道上漫步，或是坐在一排浓密的树荫下小憩。

路边的辅道上有慢车道、停车位以及地下车库的出入口。两侧的分隔带中不仅各种有一排行道树，还设有公交站台、人行道、长椅（十字路口附近），地铁站中还有城际火车和国际火车的站台，人们可以在此乘车前往欧洲各大主要城市。

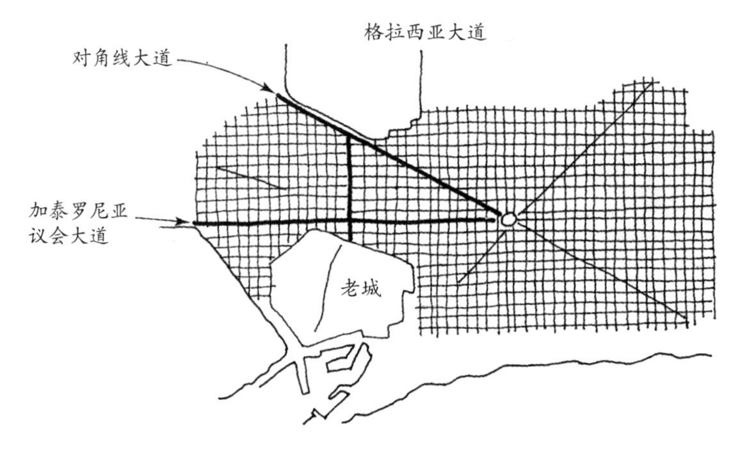

巴塞罗那的林荫大道

Passeig de Gràcia

格拉西亚大道

格拉西亚大道的中心主干道上，快车道占据了大约 60 英尺的街道宽度。尽管街上的交通组织历经数次变迁，但双向行驶的公交车似乎从未改变。我们最后一次参观格拉西亚大道时，街道在一个方向上为四车道，而相反方向则为双车道。

格拉西亚大道沿途的街区都相对较短，所以街上路口较多，相交的道路多为单行道，但也有如对角线大道和加泰罗尼亚议会大道这样的双行道。作为促进交通便利的一种尝试，交替单行道系统在整座城市随处可见。

格拉西亚大道上最错综复杂又热闹非凡的部分便是中心主干道两侧宽为 70 英尺的区域。这里的人行道很宽，有 36 英尺，而路上茂密的树木则为行人创造了一个舒适的步行环境。事实上，人行道上不仅能摆放下宽敞的咖啡座椅，而且还有可供举办书展等日常活动的空间。部分路段的人行道以种植池作为边界，池中是精心培育的灌木和开花植物。树下设有面向街道、间隔相等的长椅。路边有大量出售报纸、杂志、彩票及各类小吃的自助销售机。街角有安东尼奥·高迪（Antonio Gaudí，1852—1926，西班牙建筑师）设计的精美的圆形瓷砖长椅，长椅中间种着植物。人行道铺设的是华丽的六角形瓷砖。分隔带中有一类高迪设计的独特的瓷砖长椅，椅中会伸出一盏花边状的铁制路灯来点缀街道，每四盏路灯中至少有一盏是不同的。

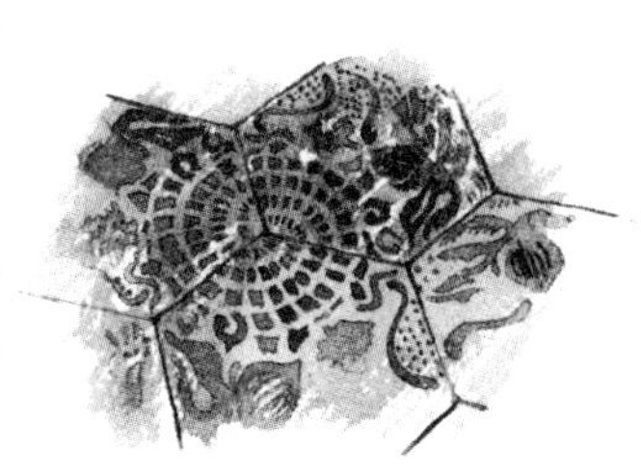

为适应不同的停车方式，不同路段的辅道宽度不同：部分路段设置的全是平

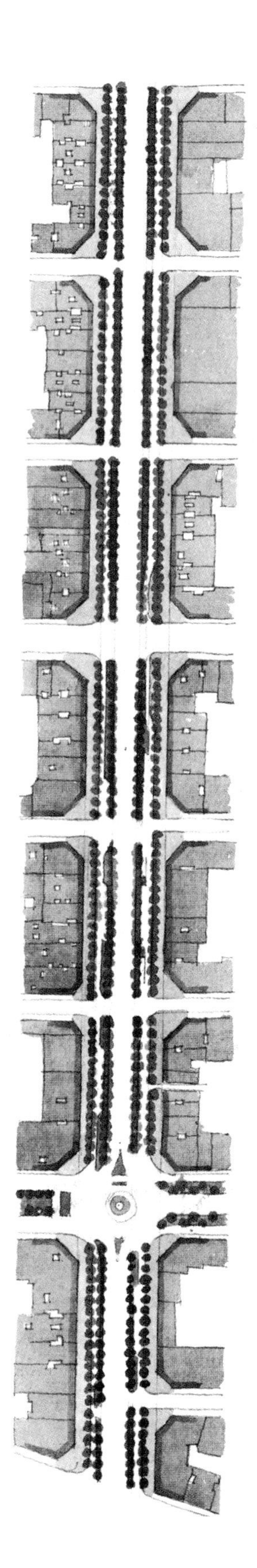

格拉西亚大道：街道及沿街建筑周边环境
大致比例：1 英寸 = 400 英尺或 1:4800

行停车位，其他路段则是既有平行停车位又有斜向停车位。不过，沿着分隔带行走总是可以处于树荫下。虽然并非所有的沿街建筑都有华丽的细部，但多数还是有的；一些建筑以悬垂于人行道上精美的飘窗为特色。街上还有由高迪和约瑟夫·普依居·伊·卡达法尔契（Josep Puig i Cadafalch，1867—1956，西班牙建筑师）设计的色彩斑斓的奇幻建筑——包括著名的米拉公寓(Casa Milà)和巴特罗公寓(Casa Batlló)。

尽管格拉西亚大道已经足够出色，但它仍能变得更好。辅道上的交通虽然看似平稳，但车速略快，平均时速接近32公里[1]。由于中心主干道上相反方向的车道数目不一致且车辆不能在中心主干道上左转，因此不少车辆只能在辅道行驶。当司机想要左转时，通常会先左转进入辅道，直行至路口接着左转穿过中心主干道。

通常，在交叉路段驶入辅道的车辆比进入主干道的车辆更多。数据显示，在一个街区中每小时有108辆车左转进入到南行的辅道，而同一时段仅有24辆车左转进入南行的主干道[2]。这些车辆多为计程车或是需要驶向地下车库的出入口。

与格拉西亚大道相交的单行道上的车流往往要比格拉西亚大道上的车流量大，其中一条名为“阿拉贡大道”（Aragó）的宽阔单行道尤为明显。数据表明，每小时有3564辆车经过于此，而同一时段格拉西亚大道上经过的车辆只有1956辆[3]。

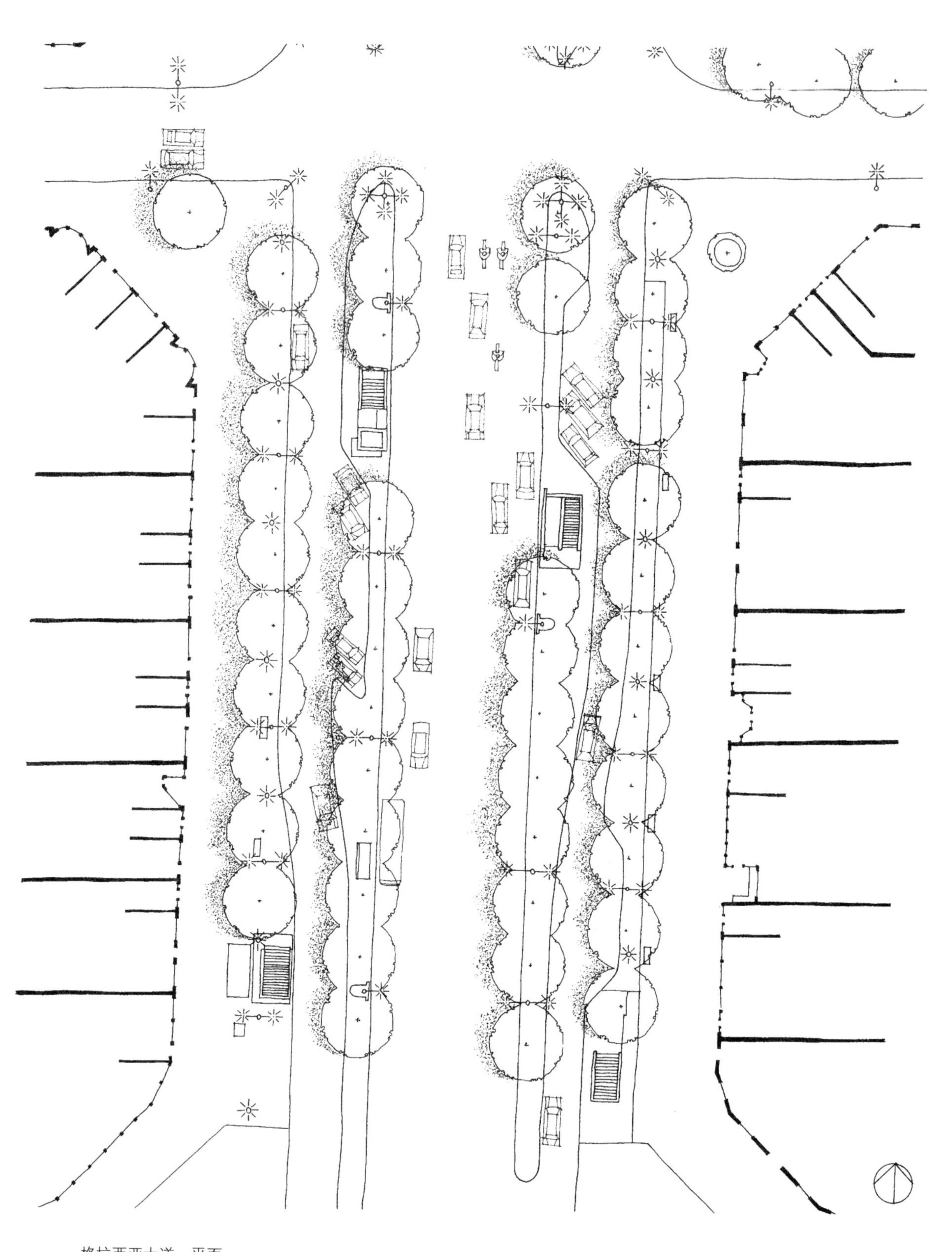

格拉西亚大道：平面

大致比例：1 英寸 = 50 英尺或 1:600

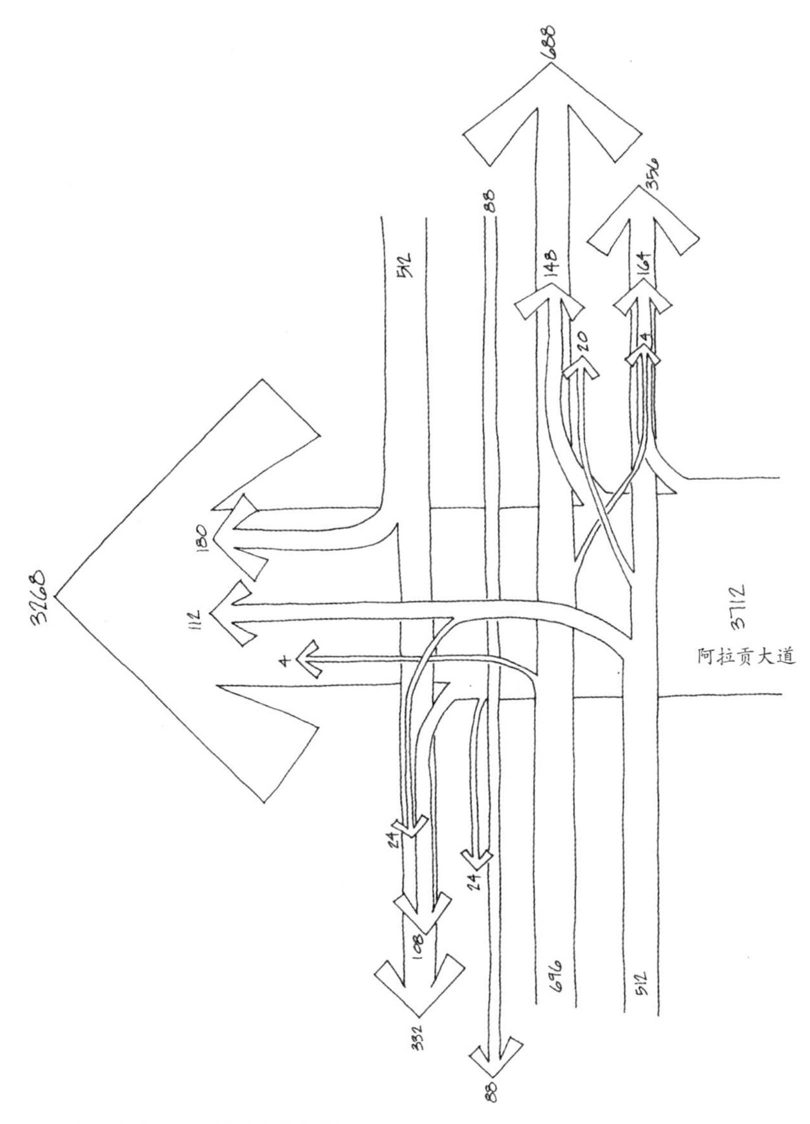

格拉西亚大道与阿拉贡大道交叉口处的交通流线

相交路段单向行驶的道路结构使十字路口的车辆在驶出辅道时形成了有趣的流线。为了能左拐驶出辅道，车辆需要先驶入分隔带端头的左转待行区，等候交通指示灯。通常在同一时段，会有六七辆汽车同时等待。

尽管辅道上不断有车辆路过，人们为了取停放在路边的车，或是去分隔带中乘坐公交、坐在长椅上休息，经常会穿梭于来往车辆中。而在十字路口附近，他们也不会无视宽阔、显眼的斑马线。格拉西亚大道上总是人山人海，有时甚至比来往的车辆还多。街道上的一个观察点的统计数据显示，一小时内共有 3304 人经过于此，而同一时段中心主干道和辅道上只有 1808 辆车经过 [4]。

Along the Median on Passeig de Gràcia

格拉西亚大道分隔带沿途景象

格拉西亚大道现有的道路断面设计不是新建的，也并非延续最初的设计。街道两侧辅道明显较窄，而两侧分隔带则较宽，并且每侧各种有两排行道树。这听起来比较好，不过在 1994 年，行道树曾遭到近乎野蛮的修剪、破坏。所以，现在所看到的和谐的一面是经过改变后形成的，或许令格拉西亚大道变得更好的方式，便是将之还原成原有的形式。在此期间，它仍是一条美妙的街道。

对角线大道 | THE AVINGUDA DIAGONAL

对角线大道在巴塞罗那也是赫赫有名的。大道起始于城市西北角的塞万提斯花园（Jardins de Cervantes），一直延伸至加泰罗尼亚荣耀广场（Placa de les Glories Catalans）和加泰罗尼亚议会大道（Gran Via de les Corts Catalans）相交的路口，全长约 5 公里。对角线大道不仅长，而且与塞尔达设计的城市网格成对角线的排列——这也是它名称的由来，这使得它与众不同、让人易于辨别和回想。沿街两侧尤其是大道与格拉西亚大道相交路段，多是 7 层及以上的商业办公建筑。

在与对角线大道非十字交叉的路口形成了许多三角形的开放空间，而在大道与其他城市主干道相交的路口则形成了三个交通环岛。这些宽阔、不规则的交叉路口，加上复合型林荫大道的形式及茂密的行道树——这本身就足够令人难忘了——使我们立即意识到对角线大道是城市中一条重要的景观走廊。尽管其 165 英尺的街道宽度，远窄于格拉西亚大道。但由于街上路口的尺度和开放性，对角线大道给人的感觉比实际尺度要宽。

不同于格拉西亚大道，对角线大道还需要承载过往的车辆交通，尽管在设计之初可能并未对此加以考虑。中心主干道只有 50 英尺宽，却划分出了 6 车道，最外侧的是为公交车和的士预留的车道。两侧辅道宽 17 英尺，各设有两条车行道而不允许停车。车辆在辅道上行驶很快，与在中心主干道上相差无几。总体而言，街道中心主干道上的车辆比两侧辅道上多，但就每条车道而言，两者则相差无几[5]。

对角线大道沿途并未设置任何机动停车位。有时人们为了赶时间而冲进沿街建筑办事会违规将车停在人行道中间，不过最近已设置了花岗岩的路障柱来杜绝这类行为。

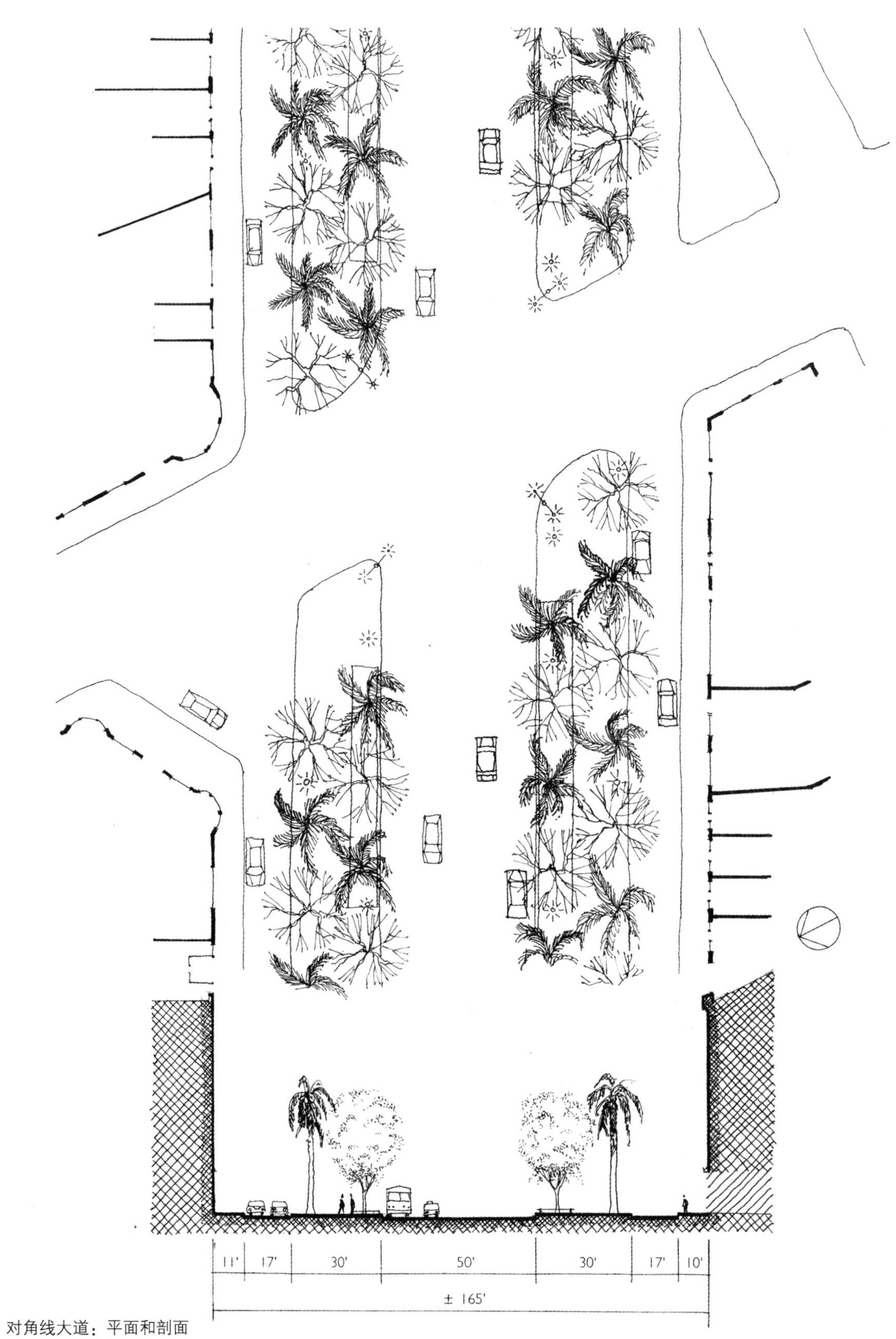

对角线大道：平面和剖面

大致比例：1 英寸 = 50 英尺或 1:600

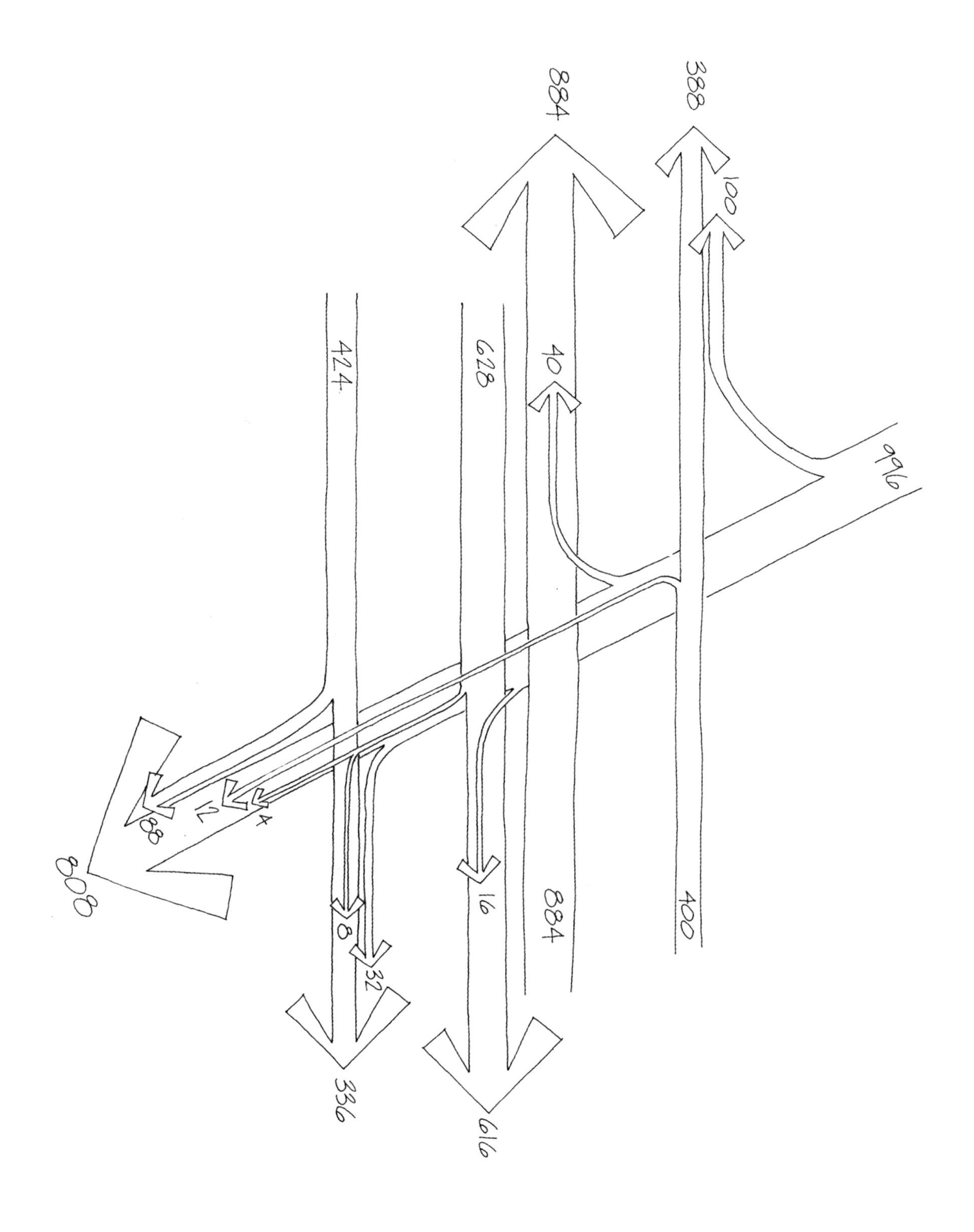

巴尔姆斯（Balmes）对角线大道路口的交通流线

很显然对角线大道是一条交通要道。考虑到大道的长度以及它在连接城市不同区域间所起的作用，这并不难理解。不过在强调它的交通要道功能的同时，大道中间宽达 30 英尺的分隔带总显得格格不入。分隔带上的行道树似乎意在提示这是为行人休闲、漫步而设计的。实际上，尽管相比于格拉西亚大道，对角线大道上行人活动不甚丰富，但沿途行人亦为数不少，只不过人们的活动看起来目的性更强而并非仅仅是为了休闲。大多数行人倾向于沿着分隔带而并非仅有 10.5 英尺宽的人行道行走，而在十字路口，他们则会走到相交道路上的分隔带中。最近，分隔带中设置了自行车道，这里成了供非机动车辆使用的区域。除此之外，很多摩托车就停放在人行道旁，但这似乎并未给行人带来任何影响。

即便如此，对角线大道上的分隔带仍设计精细，而且栽种的植物独具特色。通常人们不会把棕榈树（加拿利海枣）和悬铃木联系起来，但在这里它们却交错地种在一起。种植池距中心分隔带边缘约 1 英尺，11 英尺宽的池内还同时种有青草和灌木。青草和灌木高约 10 英寸，形成了分隔带沿途的又一道边界。这个设计细节可能是用来防止行人越过分隔带横穿马路。此外，分隔带中尺度宜人的路灯和面向中心主干道的行道树间的长椅，都充满了趣味。

漫步于格拉西亚大道比行走在对角线大道上更加惬意。因为尽管后者的分隔带很宽，看上去适合漫步，但因其道路规划定位需要承载大量的快速交通，因此在实际使用中它并不如设想中的令人满意。

Along a median on Diagonal

对角线大道沿途的分隔带

巴塞罗那市中心的另一条复合型林荫大道——加泰罗尼亚议会大道，与对角线大道在断面设计和交通流线组织上颇为相似。两者间的主要区别在于前者的走向顺应了城市网格系统而非系统的对角线，同时它的道路交叉口也没有对角线大道那么宽阔，分隔带中只种有悬铃木。同对角线大道一样，它更像是一条交通要道而不是供人休闲的道路。

巴塞罗那的林荫大道都经过精心设计，有许多值得玩味的细部，格拉西亚大道是其中的杰出代表。它充满活力，功能完备，综合考虑了沿途街区居民、过境交通、行人和司机的要求。不过在其他林荫大道逐渐转变为单一功能街道的今天，它的风光也大不如前。我们不禁为这些优美的林荫大道的未来感到担忧。

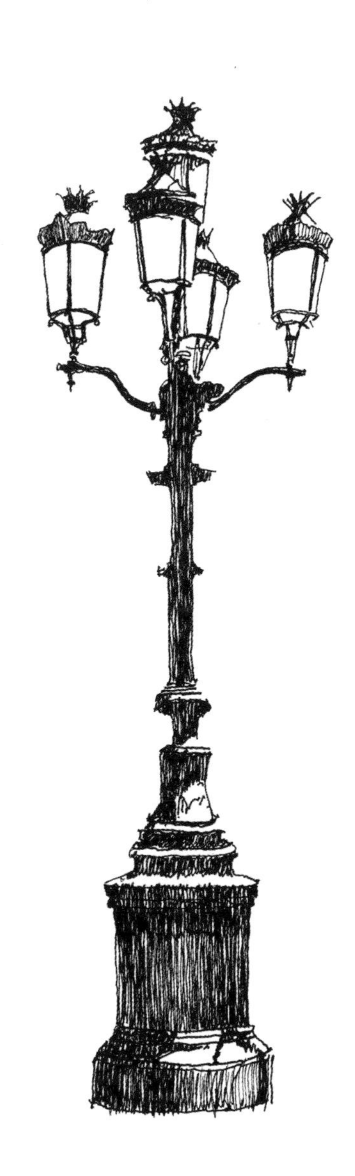

第三章 布鲁克林的古典城郊林荫大道：东公园大道与海洋公园大道

CHAPTER THREE BROOKLYN'S CLASSIC SUBURBAN BOULEVARDS: EASTERN PARKWAY AND OCEAN PARKWAY

提到纽约的城市意象，大多数人脑海中都会很自然地浮现出一幅画面——一座满是宽阔马路和数不清的街道的城市，但城市中不会有林荫大道，更别提复合型林荫大道了。或许在某些人的画面中会有公园大道，尤其是那些能回想起纽约20世纪的历史或是曾经读过罗伯特·摩斯（Robert Moses, 1888—1981, 美国建筑师）相关文献的人们。摩斯将“parkway”与出入受限的公路（limited-access highway）联系起来，并在20世纪30至50年代推广到纽约各个区，这期间他完成了大量的拆迁工作[1]。但事实上，“公园大道”在纽约的历史远在此之前，它一早就为人们所接受，并带有田园意味。摩斯只是借鉴了这一术语，它是弗雷德里克·劳·奥姆斯特德（Ferderick Law Olmsted，1822—1903，美国景观建筑师）和卡尔福特·沃克斯（Calvert Vaux，1824—1895，美国建筑师）在19世纪70至80年代设计修建美国城镇时用来描述城郊林荫大道时使用的。这项工作最初是从布鲁克林开始的。

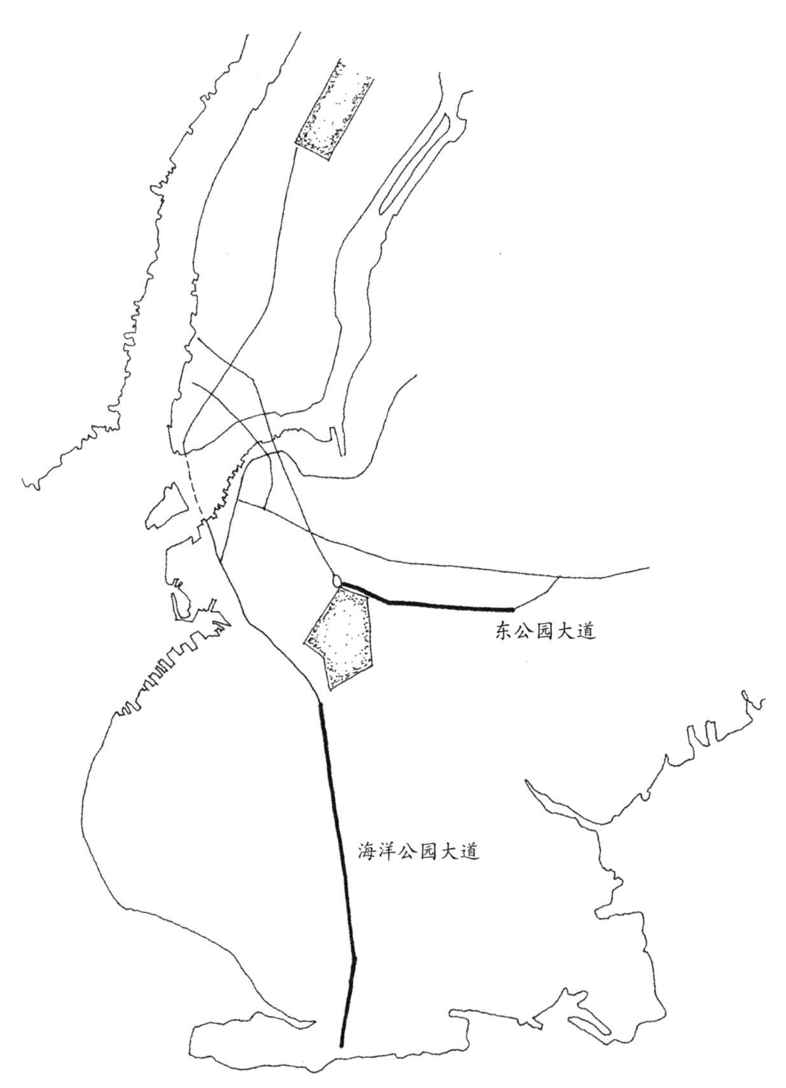

布鲁克林的林荫大道

大致比例：1:100000

布鲁克林有两条由奥姆斯特德和沃克斯设计的复合型林荫大道。东公园大道（Eastern Parkway）全长2.5英里，东起希望公园东北主入口处的盛大军队广场（Grand Army Plaza），直抵布朗斯维尔市（Brownsville）。大道建成后便成为这座城市的外围边界。海洋公园大道（Ocean Parkway）长5.5英里，从海洋公园的西南角一直绵延到科尼岛（Coney Island）。这两条街道都位于开阔的城郊，并仅在五年之内就修建完成——就21世纪初期的工程技术而言，工期非常短。尽管随着交通技术和社会规范的发展，街道的使用方式历经变迁，但是很大程度上街道的实体形式仍延续了设计和建造之初的样式。

这两条公园大道的尺度足以与巴黎和巴塞罗那的宽大气派的林荫大道相媲美：宽达270英尺，横亘在高楼大厦之间。道路自身宽为210英尺，在其两侧各有30英尺宽的绿化分隔带。东公园大道上的中心车道宽65英尺，而海洋公园大道则为70英尺。两条大道上的辅道尺度宜人，约25英尺宽。在中心车道与辅助车道之间还有宽达30至35英尺的人行分隔带，当地称之为“林荫路”。

公园大道最令人印象深刻的便是6排密植的、枝叶繁茂的行道树，整条街道沿途都有，只在十字路口处稍稍断开。两条大道上的人行道的两侧边缘都种有一排行道树，林荫路上也种有两排；树间距通常在25至30英尺。在海洋公园大道上，枫树、栎树、悬铃木交织成密集低矮的伞形树冠，而宏伟的伦敦悬铃木则矗立在东公园大道上。

两条街道上的分隔带的组织略有不同。海洋公园大道上，分隔带内侧边缘都设有间隙极小的木板条座椅，每个座椅长20英尺，朝向道路中心。分隔带的中部设有一条宽阔的水泥人行道。其西侧部分的中段有一排低矮的铁栏杆作为护栏，其中的一侧被用作自行车道。东公园大道上，两侧分隔带的树下布置着样式更新颖、间距更大的长椅，宽大的石板条步行道上则密布着装饰性的复古风路灯。许多树木都是新栽的。得益于其历史地段的身份，东公园大道近期获得了更新、改造。在其分隔带沿途还有几处地铁出入口（地铁建于20世纪初，位于东公园大道的西侧）。

这两条街道都是充满人情味的、美妙的社区场所。此刻，让我们先暂时忘记繁忙的交通，将视线投向路人。他们是公园大道的使用者。海洋公园大道上，成群的家庭成员在此漫步，妇女们推着婴儿车，老人们则安坐在长椅上悠闲地注视着街上发生的一切，慢跑的人既有独自一人的，也有成群结队的。骑行爱好者沿着西侧的林荫道悠然前行。大街的北侧端头，每天都有成群的老人围坐在长椅旁的桌边打牌。人们以此打发大量的时间。东公园大道上，人们独自或成群地坐在长椅上；林荫路上来往于地铁站出入口的人从早到晚都络绎不绝。天气晴朗的日子里，人行道、林荫路和分隔带上，到处都是成群的行人。陌生人相遇也会点头相视一笑。

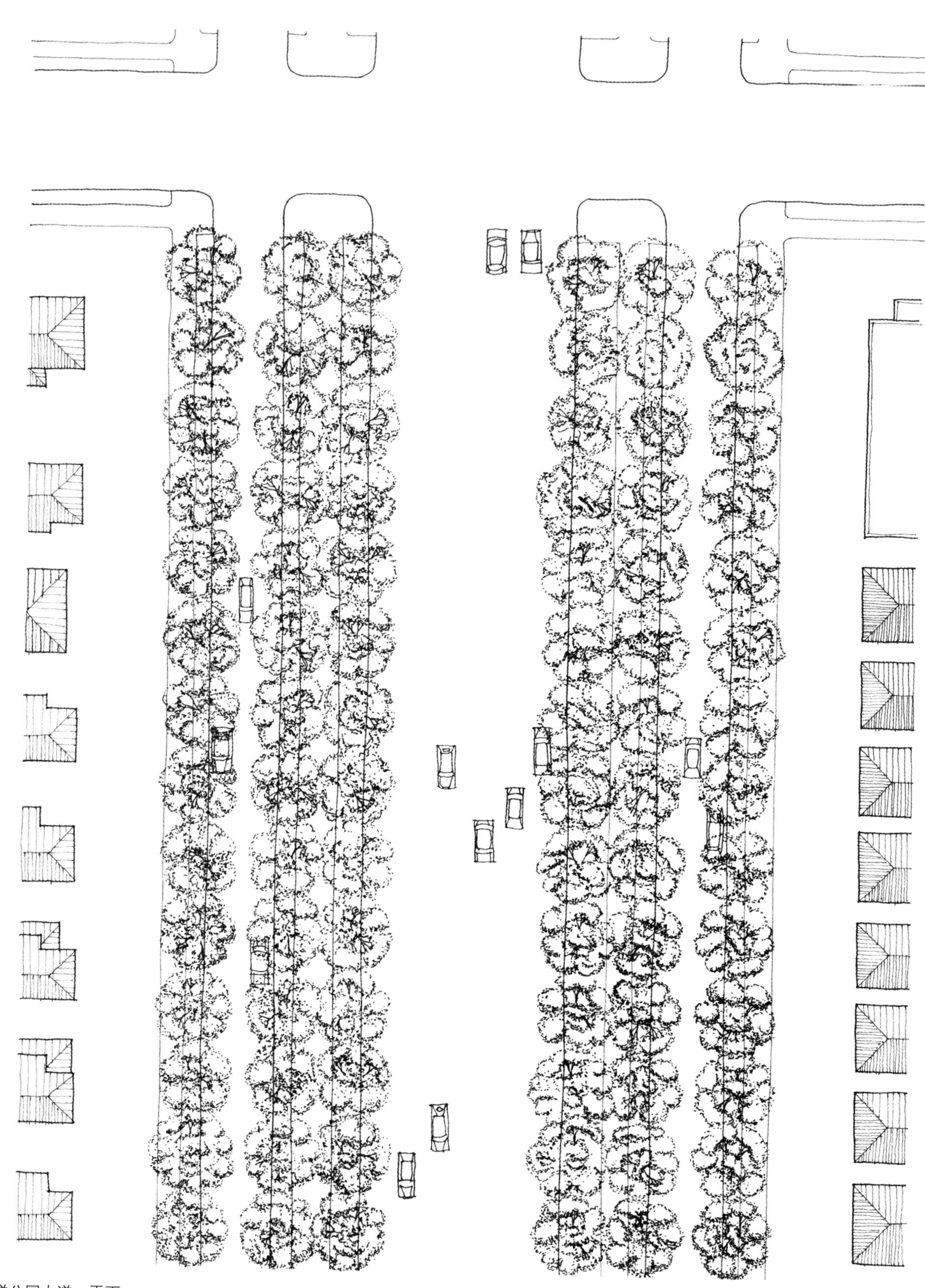

海洋公园大道：平面
大致比例：1 英寸 = 50 英尺或 1:600

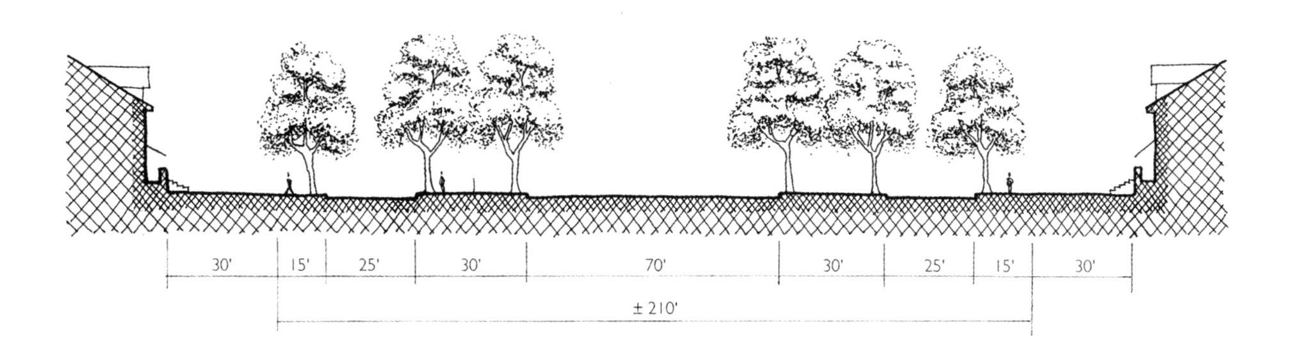

海洋公园大道：平面
大致比例：1 英寸 =50 英尺或 1:600

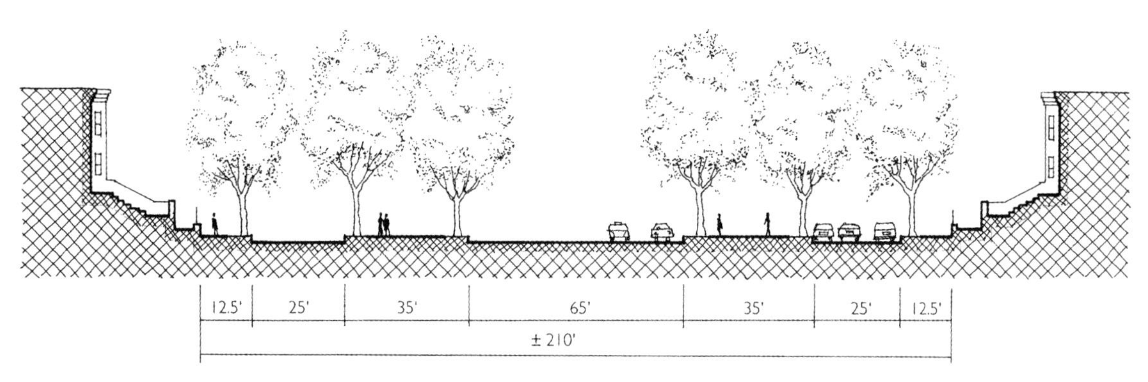

东公园大道：平面
大致比例：1 英寸 = 50 英尺或 1:600

海洋公园大道横穿了一系列大体保存完好的街区。其中一些街区的人们收入中等，另一些街区中的人们则更加富裕。为数众多的意大利和犹太家庭居住于此，因此街区中有类似“本森赫斯特”（Bensonhurst）和“米德伍德”（Midwood）这类的地名。这之中有不少人长期居住在公园大道及其附近的街区中[2]。

海洋公园大道上至今可以看到不少奥姆斯特德和沃克斯当年所设想的布鲁克林林荫大道中的城郊特征的影子。高大的公寓楼一直延伸至公园尽头的街道，这里正对的是整齐优美的两层高的双拼别墅，再往南则是大型独栋别墅。沿着大道穿过环城高速公路后，靠近科尼岛的路段又开始出现高大的公寓楼，它们面朝大海，更高、布局更紧密。海洋公园大道的沿途有许多犹太社区中心和教会学校，其中一些新建的规模很大。除了这些教育机构和众多的托儿所，大道上便只有住宅了。街道两端尽头的公寓楼里都是些新来的居民，他们最初搬来此处是因为在摩斯修建高速公路的拆迁与再开发中失去了自己的家园。在 20 世纪 50 年代，布鲁克林中部的展望快速路（Prospect Expressway）是为了缓解通往海洋公园北端的交通压力而建。布鲁克林的环形高速公路建造则略晚于前者，且几乎将这座城市与其滨水区隔开。

相比于海洋公园大道，东公园大道上则是另一番不同的景象。这里沿街排列着更密集、贴满棕色石块的联排住宅，有三四层高，大部分都有直接上到二层入口的台阶。不少联排住宅已经被改造成办公用房，但绝大部分则被划分为 3 到 4 处居民公寓。沿街还建有许多大型公寓楼，绝大多数集中在公园附近，而在一些重要的街道路口，会有一些小商店和医疗所。街上还有一处大型的犹太社区中心和几座教堂。东公园大道端头的展望公园（Prospect Park）中有两所重要的文化机

Subway Entrance on Eastern Parkway Median
东公园大道分隔带中的地铁出入口

海洋公园大道，布鲁克林，*1994*

The Sidewalk on Ocean Parkway

海洋公园大道上的人行道

海洋公园大道上的分隔带

构——布鲁克林博物馆（Brooklyn Museum）和布鲁克林大众图书馆（Brooklyn Public Library）主分馆。沿街两侧30英尺宽的绿化分隔带保存完好。东公园大道上的不少居民已经在此居住了很长一段时间。在一些褐石公寓楼中，一大家子人生活在同一屋檐下的不同楼层，而许多新婚夫妇也选择在他们成长的地方另找住所安置下来[3]。

住在东公园大道上的人们与那些生活在海洋公园大道上的人明显不同。东公园大道途经皇冠高地，那里自20世纪60年代以来便一直是一处兴旺的印第安社区。周围的居住区与其他保存完好的社区相仿，但在繁华的商业区内却弥漫着一股浓郁的异域风情。人们可以在此购买西部的印第安报纸和烤山羊。在温暖的春夏时节，店家们会推着手推车沿着东公园大道上的林荫路售卖糖浆刨冰饮料。

如今，这两条公园大道作为布鲁克林市区的主干道，承载着大量的快速交通。事实上，每天都有60000至75000车次车辆在各自中心主干道飞驰而过，但都不曾影响街道优雅的气质[4]。而大量交通带来的尾气也无法破坏公园大道所散发出的强烈的闲情气息。即便是由展望高速公路的地下出入口迅速涌入海洋公园大道的车流，都会在向南驶过一两个街区后融入街上祥和的氛围中。两条大路上的慢速区都位于绿树成荫的林荫路和辅道上。人们在此漫步徘徊，消磨时光。辅道上司机驾车在两侧停放着的各式车辆间缓缓前行，而到了路口，会有停车标志示意司机停车。通常，行人们对身后行驶的车辆毫不在意，因而汽车只能缓缓地跟在人群后面蠕动。而物流货车和辅道两侧的停车也时常阻碍本就不畅的交通。因此，通常很少会有司机在辅道上行驶超过两条街区。

Along Eastern Parkway - Brooklyn.　6/99

东公园大道的沿途景象，布鲁克林

两条大街沿街的许多地方，辅道单侧停车的限制都潜移默化地改变着辅道的人行特征。在海洋公园大道上的一片独栋别墅区内，停车的限制旨在阻止非居民停车。而东公园大道上白天限停是为了给交通警车留出行驶空间。在这些地方，因为辅道更宽敞所以车辆经常行驶得比其他地方更快。但是，行人空间的品质也随之降低了。

这两条公园大道的中心主干道上的交通都受红绿灯控制。海洋公园大道是单向三车道，在部分十字路口会增设左转车道。东公园大道上设有三条向东的车道和两条向西的车道，外加中间的转弯道。两条街道的路口均未对任何车行路径加以限制。中心主干道上的车辆可以直行，也可以转弯进入相交街道，或是拐进两侧的辅道。辅道上的车辆可以直行，也可以右转进入相交街道，或是驶入中心车道。车辆在转弯后，既可以进入辅道又可以驶入中心车道。在等候转弯指示信号时，车辆可以停在人行道边缘的油漆标出的待行区。此时，需要右拐的车辆便可以驶入分隔带边缘处，等候绿灯亮起。事实上，行人和自行车沿分隔带直线通行是受保障的。他们大多会在路口来回穿梭于相交道路的分隔带中，而这里已然成为非正式的人行横道。

东公园大道和海洋公园大道上弥漫的气息给人以这是邻里聚会长廊的感觉。大道上宽敞的公共空间为社区生活提供了场所。周日，位于东公园大道上的几座教堂门庭若市。结束了一周的工作，大家结伴出行、做礼拜，辅道和林荫路上熙来攘往。小孩子最喜欢周日，因为可以依偎在父母的身边，大一点的孩子则聚在一起，嬉戏打闹。这股欢快的节日气息，直到一家人乘车离开，成群的行人从林

东公园大道分隔带沿途景象

荫道上散去后，才逐渐消失。

周六的公园大道上随处可见去守安息日的正统犹太教不同宗派的教众。不时会有成群的教徒们围着一个拉比（犹太教的律法专家）在海洋大道上缓慢前行，每过几百英尺就停一下，一边高举着犹太律法，一边颂唱。

在劳动节，数百万的人们将东公园大道围得水泄不通。来自全纽约城，甚至更远的地方的狂欢者聚集于此，欣赏精彩纷呈的西印度群岛嘉年华游行。这绝对是美食爱好者的福音。居住于此的人们热情地介绍着游行，宣称这是他们在此安家的重要原因。高大的联排别墅构成了美丽的画面，通常亲朋好友会结伴参加这一盛大的聚会。

其他在公园大道上举办的重要年度活动便属长途自行车赛和马拉松赛了，每年这里都会作为赛程的一部分。参赛者在绿树成荫的林荫路上排成一列长长的队伍，尾随其后的警察会对沿途赛道实行交通管制。公园大道还承办日常的短途骑行赛和周末户外活动。它是布鲁克林区 / 皇后区绿荫大道的一部分，该绿荫大道是一个长达 40 英里、从科尼岛直到长岛湾的步行与骑行道路系统。

1969 年，唐纳德·阿普尔亚德（Donald Appleyard，1928—1982，美国建筑师）、马克·林特尔（Mark Lintell）和苏·格尔森（Sue Gerson）于旧金山完成了一项关于洛杉矶宜居街道的著名研究，研究衡量了居住者对交通量大的街道的反应[5]。那些居住在交通量大的街道周边的居民纷纷强烈抱怨过境交通对他们的生活质量的影响。布鲁克林的林荫大道和加利福尼亚州的奇科市的滨海大道，都是交通量大的居住性街道。不过阿普尔亚德 1997 年所做的一项研究表明，可以通过林荫大

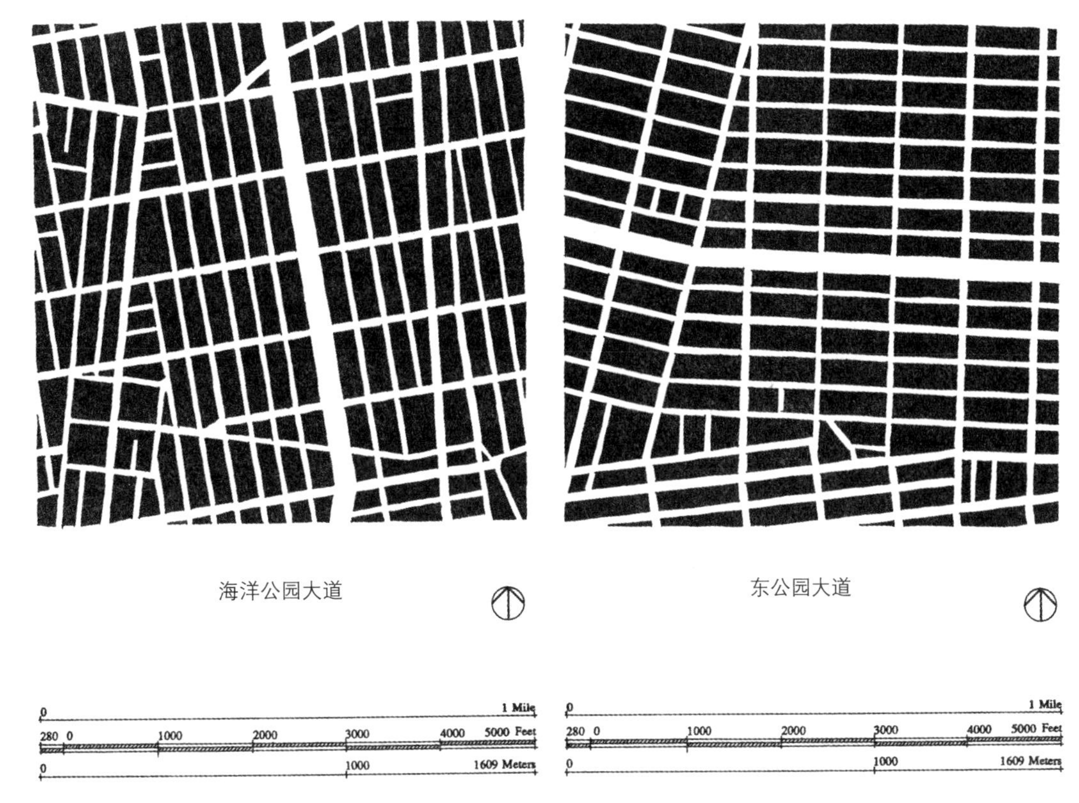

海洋公园大道，单位：平方英里[注]

东公园大道，单位：平方英里

道合理的格局设计来有效削弱大流量交通带来的不利影响，例如可以在分隔带中种植行道树来将中心主干道和辅道分隔开来[6]。在居民们眼中，这三条林荫大道都比周边其他街道更为宜人，是采用传统设计手法的交通量适中的街道。

海洋公园大道和东公园大道都是杰出的街道。它们的伟大之处在于即便被交通规划师归类为城市干道，且多年来一直承载着大量的城市交通，它们至今仍保留着复杂的形式；虽然沿途交通拥挤，它们仍是适宜居住和休闲的高品质街道。它们的社区价值也通过当地居民强烈反对联邦政府改造、重建海洋公园大道的提案得以进一步体现。这项提案意图通过削减两侧分隔带来拓宽中心主干道的车道宽度。而这些大道能成为历史遗迹，使得其基本设计格局得以保留，同样也离不开社区居民的大力支持。它们不是蜿蜒曲折的田间小道，也不是富人豪宅、花园的秀场。这些复合型林荫大道在承载大量交通的同时也是社区日常活动的中心，人们在此消遣、娱乐、聚会。它们构筑了当地的社区，同时也是布鲁克林区的城市结构的重要部分。林荫大道属于每一位市民。

[注] 1 平方英里 = 2.59 平方公里

第四章 CHAPTER FOUR

大广场街：一条亟待拯救的林荫大道

THE GRAND CONCOURSE: A BOULEVARD IN NEED OF HELP

而与此同时，纽约布朗克斯县（Bronx）的大广场街的现状则令人扼腕叹息。令人叹息的不是因为它没有希望，而是它理应比现在更好。然而颇具讽刺意味的是，大广场街现在的情形正是19世纪90年代末人们最初设想的那样——高速公路在此汇聚，不过这与设计之初工程师设想的这里是从曼哈顿到北布朗克斯公园美妙旅程的通道大相径庭[1]。但当时的生活节奏与今日不可同日而语。

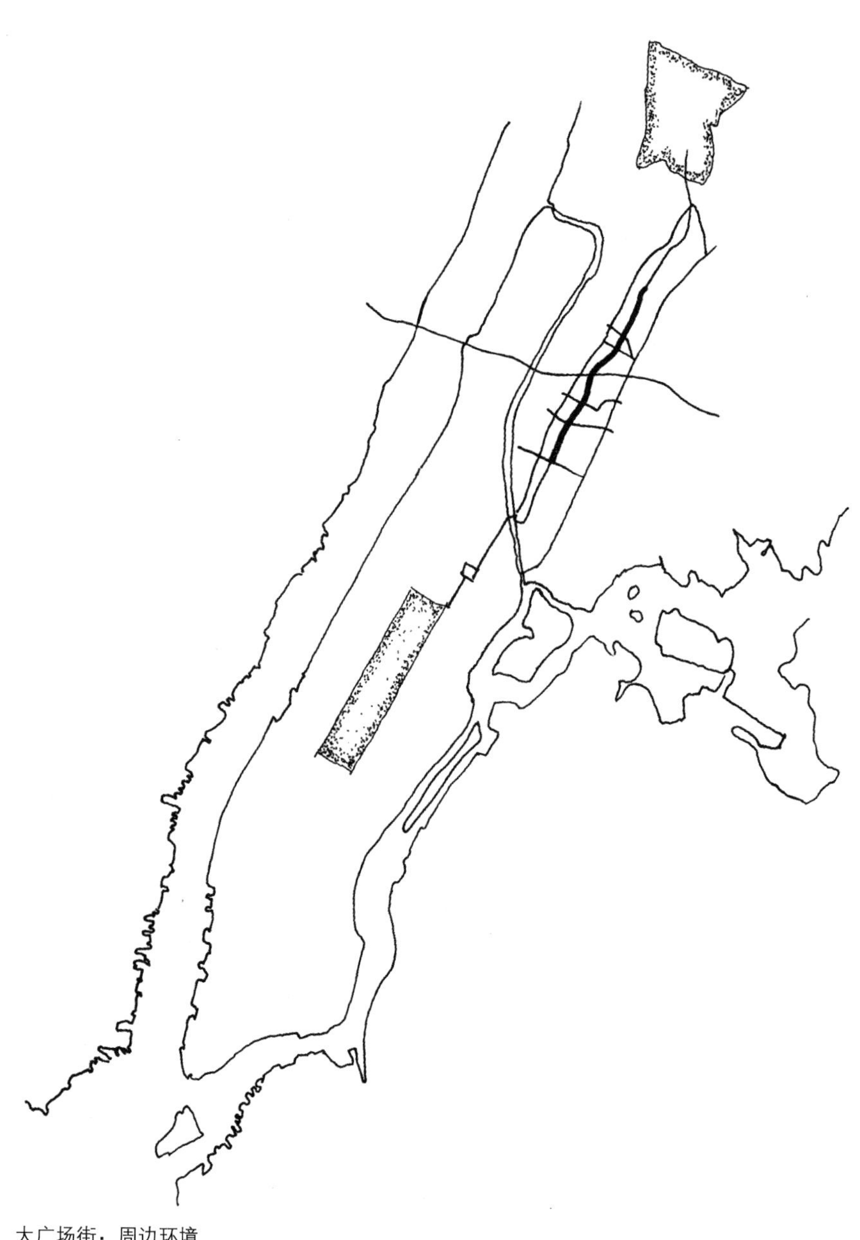

大广场街：周边环境

大致比例：1:100000

大广场街是布朗克斯县南北方向的交通要道，全长 4.5 公里。沿线大部分路段采用了复合型林荫大道的形式。街道沿着横贯布朗克斯县的山脉而建。如果曼哈顿顺着“中央公园 — 第五大道 — 公园大道”的沿线继续向北延伸，便能与大广场街直接相连，这也是设计师最初的设计构想。大广场街的位置和尺度，构筑了布朗克斯县的城市结构。其恰当的选址使得与之相交路段的交通可以从其下面的隧道经过而不受影响。

大广场街主体部分位于第一百六十一大街（161st Street）和布朗克斯县法院（Bronx County courthouse）以北、福特汉姆路（Fordham Road）以南部分间的路段。沿街建筑多为五六层的公寓楼，街角通常会有一些沿街的商铺。当地大多数的购物区都位于和大广场街相交的路段，并通过隧道与之相接。仅有的商业中心也都紧邻从大广场街地下穿过的地铁换乘站。布朗克斯博物馆（Bronx Museum）位于大广场街的最南端，而布朗克斯县政府前的乔伊斯 · 基尔默公园（Joyce Kilmer Park）也早已成为人们散步、休息、会客以及带领孩子玩耍的好去处。福特汉姆大学（Fordham University）和布朗克斯动物园（Bronx Zoo）也与街上福特汉姆路段的十字路口相隔不远，但路口的商业中心已经繁华落尽，发展停滞不前。

从社会经济学的角度来说，这一地区十分稳定。这里曾一度是中产阶级的犹太人聚集地，而如今这里则是低收入的非洲人和拉丁美洲人的地盘。尽管居住在乔伊斯 · 基默尔公园附近的人群发生了巨大变化，但他们的行为举止、衣着打扮

大广场街的沿途景象

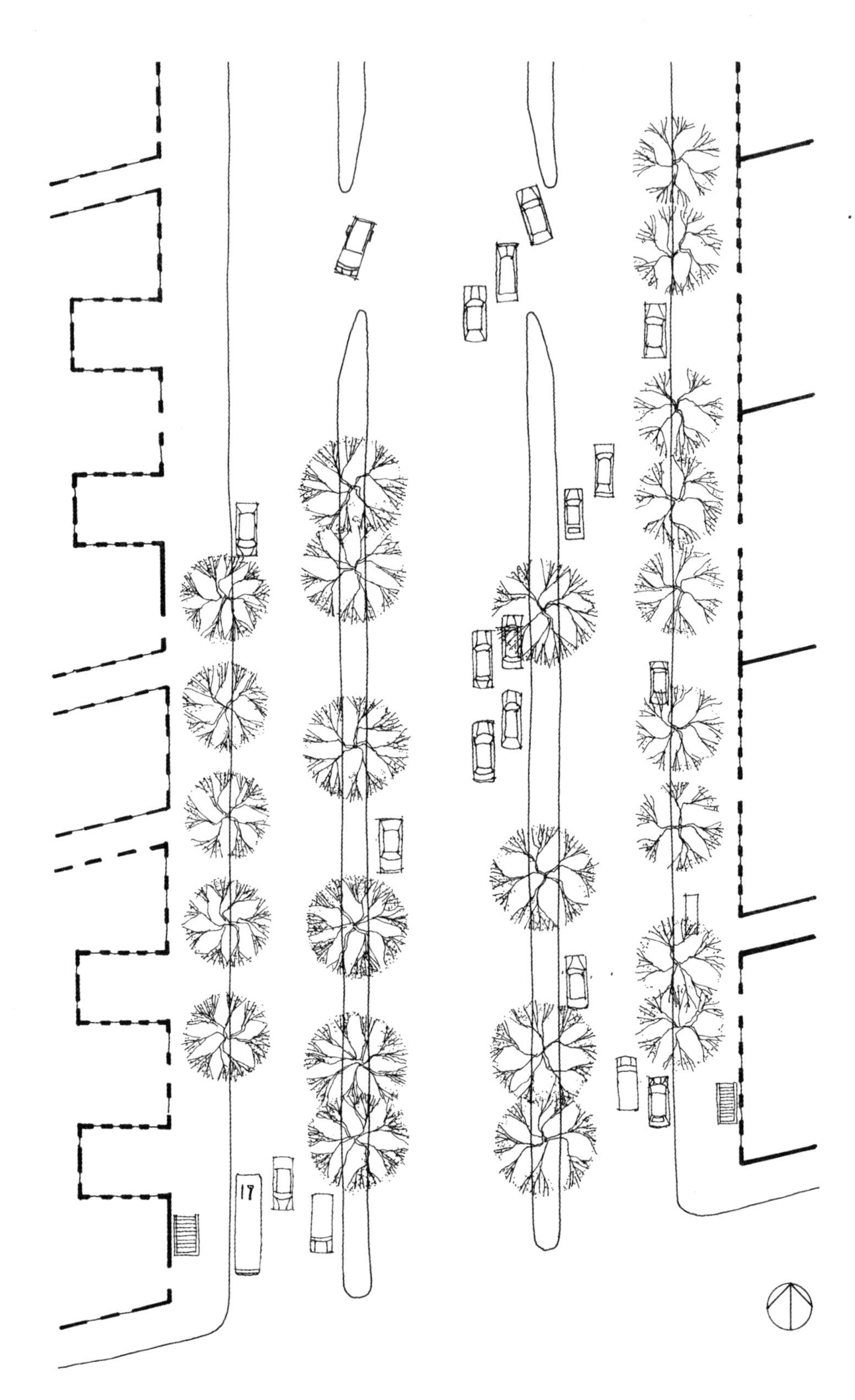

大广场街：平面

大致比例：1 英寸 = 50 英尺或 1:600

A "sleeve" from the central roadway to the access roadway on the Grand Concourse

大广场街上中心主干道与辅道间的开口

却都和20世纪50年代居住于此的人们相差无几——不过，这可能只是表面现象。

大广场街环境品质的下降源自多方面的因素——缺少必要的维护、近年来公共投资和私人投资的不足、沿途车辆活动的改变——这些都是造成这一悲剧的原因。

大广场街曾是一条非常宜人的街道。或许居住于此的市民并不富有，但这并不影响街道给人留下良好印象。沿街六层高的建筑状况良好，墙上没有涂鸦。即便它无法提供给人们巴塞罗那的格拉西亚大道和布鲁克林的海洋公园大道那般适宜漫步的浓郁氛围，但它的确是一条可供散步的街道。这一带的居民或许不会每天都从第一百六十五大街（165th Street）走3英里，到福特汉姆路的罗伊斯天堂剧院（Loews Paradise Theater）看场戏剧或是去布鲁明戴尔百货公司（Bloomingdale's）购物，但这的确是他们日常生活中的常态。分隔带中种植的树木除了巨大的伦敦梧桐，尺度都很宜人。如果人们只待在街道的一侧活动，就无须担心交通安全问题，因为辅道上的车辆行驶缓慢。

虽然人们之前横穿辅道无须担心，但如今情况发生了变化。沿途的车辆呼啸而过，非法营运的出租车来回徘徊，为了招揽生意，司机会随时提速、急刹。如今，人们路经川流不息的中心主干道时更需注意安全。分隔带中的许多树都不见了，这使得曾经连绵不断的绿化带仿佛被蛀虫咬过一般——事实上，蛀虫们（指唯利是图的人们）的确赢了。

建筑的维修是个不容忽视的问题，以第一百六十四大街（164th Street）附近

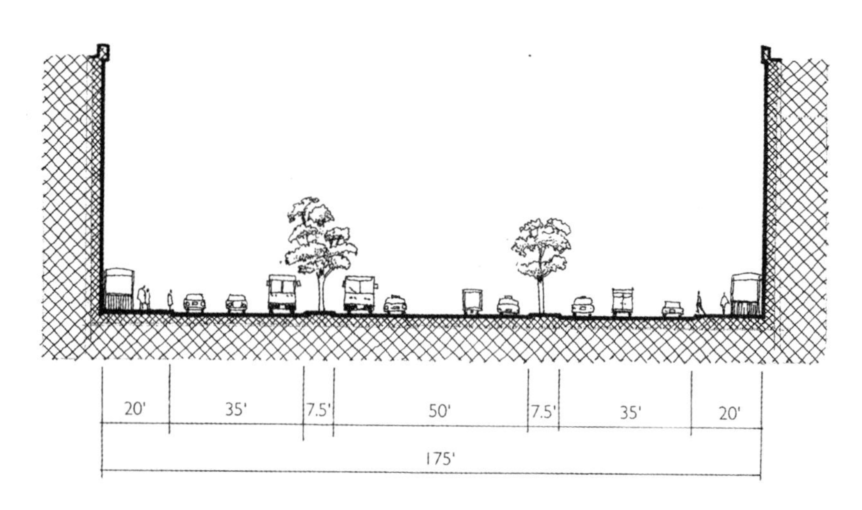

大广场街：如今的剖面
大致比例：1 英寸 = 50 英尺或 1:600

的安德鲁 · 弗里曼之家（Andrew Freeman Home）为例。这所服务老人的养老院直到 20 世纪 50 年代还在运营，它远离街区，身处一片矮墙和透明铁栅栏之间。而现在，曾经精美的房屋和场地破旧不堪，每样东西都亟待维修。

事情为何会变成这样？我们并不确定，但推断原因可能来自多方面。在 20 世纪 50 年代中期至 60 年代初，交通通行 —— 速度、大流量是街道首要考虑的因素。而且当时的负责人并没有过多关注，或者说压根没有意识到街道上的慢节奏的居民生活的重要性。人们只需回想下 20 世纪 50 年代在布朗克斯快速路（Cross-Bronx Expressway）建设时期被大规模破坏的街区就能理解当时官方的普遍态度了。自此以后，就鲜有居民关注当地的街道了。20 世纪 60 年代，布朗克斯南部的居民迁移、缩减的投资规模都不可避免地对街道沿线产生了人员溢出的影响。城市的财政收入被用于其他方面，因此相应的维修费用无法始终维持在同一水准。街道的荒废、衰败是一个缓慢的过程，但其恢复过程同样如此。或许有一天当人们再回头看时，当公众意识到这条街已经变了时，人们会认为街道变得大不如前 —— 它已经糟糕透了。

如今，大广场街成了一条城市快速通道。尽管街上仍有许多行人，但从街道的整体意象来看，行人似乎只是街道上行驶车辆 —— 这类主要使用者的附属品。如果说大广场街曾是一条多功能的马路 —— 街上有快车道、慢车道、行人、当地的公交车、散步道，甚至是栖息处，如今这一切已经成为了历史。它失去了成为这一社区的活动中心的契机。这无法不令人倍感遗憾。

大广场街宽 175 英尺，比巴塞罗那的格拉西亚大道窄 25 英尺，尽管两者看起来相差无几。街上能令人眼前一亮的细节却比后者少很多。建筑一般毗邻建筑红

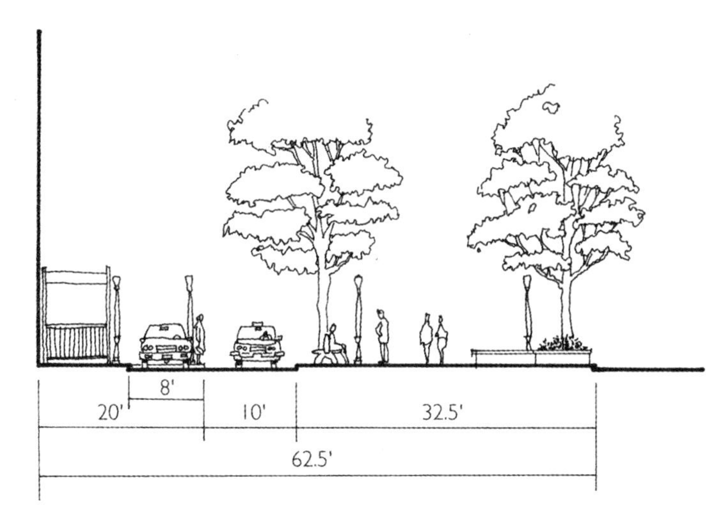

大广场街上形成“扩展的行人区域”街道格局的可能性

线而建。50 英尺宽的中心主干道是单向双车道，在十字路口增设了一条左转车道。铺砌的分隔带很窄，只有 7.5 英尺宽。中间种着看似随意实则分类清晰的、大小不一的树木。大部分的铺装都因地铁的通风管道的摩擦而毁坏。分隔带也会在局部断开，以使车辆可以在中心主干道和两侧辅道间来回变换。考虑到分隔带中设有如此多的开口和不利因素，几乎无人愿意在此行走也就不足为奇了。不过当人们在十字路口穿过整条马路的时候，还是站在分隔带的边缘避开来往车辆。

35 英尺宽的辅道上设有两条车道和一排停车位。11.5 英尺宽的车道比中心主干道上的车道更宽，无怪乎这里车速更快。巴士也在辅道上行驶（令人不解的是，美国人似乎总将公共交通归于次要地位，而并非让它处于交通系统中的核心地位）。20 英尺宽的人行道上种着不同品种的树木。通往地铁的楼梯通常也位于人行道上。

大广场街沿途的街区尺度相差很大，而且多数相交的小巷并未横穿大街。相反，它们止于辅道边缘，由于分隔带的存在，它们不与中心主干道相连。主要的相交道路上都有横穿大广场街的地下通道。同时，转弯道在广场周边交汇，形成了路口。这种交通组织方式允许甚至鼓励车辆在中心主干道上提速，而对降低辅道上车辆的行驶速度则毫无影响。

路口的活动是受限的。在这里，车辆不能从中心主干道驶入辅道，反之亦然。中心主干道上的车辆不能右转，同时辅道上的车辆不能左转。车辆的转弯想必都在分隔带的开口处。在大多数路口，中心主干道、辅道以及相交路段上的交通都是由信号灯控制的。

大广场街因位列“行人眼中最危险的纽约街道”而声名在外，榜单上另一条街道是皇后大道，它的街道组织方式与前者相似。这并不难理解。这两条街道辅道上的车流量与中心主干道上的车流量几乎不相上下。统计显示，大广场街往北的中心主干道上平均每小时行驶的车辆超过 850 车次，而同一时段辅道上约有 800 车次车辆经过[2]。大广场街的中心主干道与辅道上行驶车辆的对比值，与东公园大道或海洋公园大道上两者的对比值相距甚远。大广场街上交通量巨大，以 1992 年的一天为例，在此经过的车辆约有 58000 车次[3]。

但问题不仅出在辅道上行驶的大量车流，还出在车辆的行驶速度。在一个飘雪的冬日上午，我们乘坐出租车在大广场街一侧辅道上行驶了约 20 个街区，行驶速度控制在至少与中心主干道上的车速一致。这些辅道很宽 —— 比中心主干道还宽。那为什么在辅道上行驶就要减慢速度呢？通常来说，司机们理解并尊重在路口对车辆活动加以限制。如果有人会破坏规则，那么符合情理的推测便是黑车司机，因为他们是辅道的主要使用者。

鉴于大广场街沿途及周边的人口密度情况，不难理解这一区域行人活动会异彩纷呈[4]。考虑到十字路口到中心主干道之间的距离过长，可以想象这里会有大量的行人乱穿马路。青少年尤其喜欢乱穿马路。从根本上来说，只要人们觉得自身安全可以得到保证，都会选择以最快的速度穿过中心主干道和辅道。但人们不会沿着狭窄的分隔带行走。虽然就我们所知，巴黎的蒙田大道上的分隔带更窄，只有 7 英尺宽，但那里有长椅、公交站台、休息亭和品种繁多的树木，因此人们愿意在此活动。但大广场街上的行人显然不认为辅道与中心主干道有任何不同。在他们眼中，这两处显然都是车辆的快速通行区。

大广场街还是有希望的。1995 年春季，定期会有一批专家和市民组织会议，探讨如何解决街道存在的问题。尽管资金捉襟见肘，但毕竟迈出了第一步。所谓的“有希望”也就是说不仅可以找到途径修复街道并解决现存问题 —— 使之与之前一样好，而且还能更进一步，使之比之前更出色。大广场街如今的情形，在很大程度上是只从车辆行驶便捷这一因素出发考虑的结果，而并未对街道其他的价值、需求给予回应。大广场街需要承载大量的车流 —— 这是不争的事实，但采取现行的方式确实会增加事故发生的概率，而且是对生活于此的人的漠视。为什么类似的街道总是出现在平均收入以下的人群及有色人种、少数民族居住区呢？非要如此么？

当人们沿着大广场街行走并仔细观察时，很容易发现改善街道的可能性。由于辅道的尺度不佳，且这一区域停车需求明显，只需简单地允许两侧辅道可以停车便可以将车道由两条减少为一条，这样会迫使车速较快的车辆选择中心主干道，减轻辅道交通的压力，从而使得街道多一份宁静，更加宜人。制作新的提示牌是花费最少的方式。这是一种能在不到一个月的时间内完成，却会对布朗克斯这一区域的生活品质产生深远影响的改善方式。

但是为什么要选择这种最少的干预来改变现状呢？这里是纽约，是布朗克斯县。为什么不把大广场街建造得隆重呢？它有成为优雅的林荫大道的潜能，只需考虑沿街充满活力、丰富多彩的生活和街道的宽度，你就会认同这一点。一流的街道改造备选方案迫切需要得到认可。在我们对林荫大道探索中，对这一点的考虑也不会显得过早。

如果大广场街经过改造使辅道变窄而分隔带变宽，它会成为一条更安全、更宜人的街道。同时，改造还可能会刺激带动周边地段的复兴。由于大广场街周边建筑密布的居民区内缺少公共和私密的开放空间，更进一步的改造可以尝试将街道打造成一个线形公园和扩大的公共区域。

供快速交通使用的中心主干道可以按现状进行保留，但分隔带可以拓宽至33英尺，而辅道和人行道应该更窄一些。分隔带可以被装点成有铺装、灯具、长椅和花盆的步行走廊。在其边缘，可以种植两排紧密排列的行道树。为了防止有人在街区中段乱穿马路，分隔带的中心边缘可以与凸起的高大灌木或连续的长椅联系起来。辅道不宜超过10英尺宽，在其一侧可占据现有人行道设置连续停车位，这样人行道也将减到足够使用的10英尺宽。如果还需要更多的停车位，或许可以在不远处的商业角落的分隔带中的行道树间设置斜向停车位。这些斜向停车位的标高应略高于街道，这样分隔带的边缘仍能明显可见。经过这些改造，行人区域将占据到整条街道空间的73%，而目前这一指标只有23%。

大广场街的美丽蓝图存在的基础便是人们至今未对大街做任何毁灭性的改造。人们关注它的未来，而不是简单地从现有最好的林荫大道模式中选出一个并且适应它，布鲁克林的东公园大道和海洋公园大道的景象历历在目。唯有如此，大广场街才能经过重新设计真正地成为一条杰出的街道。

大广场街上的“横穿马路”现象

第五章 滨海大道：一条相对年轻的林荫大道

CHAPTER FIVE THE ESPLANADE: A RELATIVE NEWCOMER

位于加利福尼亚州奇科市的滨海大道是一条相对年轻的复合型林荫大道，它的出现令人始料未及，但它是绝无仅有的。

滨海大道位于一座充满魅力的小城市的中心，沿西北向延伸经过旧城的中心——著名的比得韦尔公园（Bidwell Park），然后经过城市早期的拓展区直达西十一大道（West 11th Avenue）上的林多通道（Lindo Channel）。这之后的路段不再以林荫大道的形式出现[1]。滨海大道是一条跨越 15 个街区的复合型林荫大道，总长略小于 1.25 英里。作为城市南北向的主要交通干道，它不仅服务于整座城市，其沿途的居住区也深受其利。与之平行的红树林大街（Mangrove Street），是一条重要的商业街，向东延伸约 0.5 英里可到达城市北侧的九十九号绕城高速（Route 99）。

人们不会期望能在加州北部中央峡谷这一地处萨克拉门托以北 75 英里的地区中，某个以农业为基础的小社区内发现复合型林荫大道的踪影。这种类型的林荫大道往往结构明确，其设计也有以中央为主导的强烈特征，而农业社区通常不具备这些特征。通常，林荫大道来源于此，并以这种方式设计和建造。但滨海大道并非如此。它最初是奇科牧场（Rancho Chico）——25000 英亩[注]的比得韦尔家族庄园中的一条私家道路，并首先主要供农场货车使用。但不久之后，在 1898 年它便被种上 4 排行道树并成为一条供越野车、货车、自行车和行人使用的公共道路。到了 1905 年，滨海大道上已有有轨电车，这是这座小城市的公共交通系统的一部分，该系统异常完善，向南可以一直延伸至旧金山。在庄园一年一度的坚果收获季节里，沿途也会使用轨道运输。但第二次世界大战后不久，有轨电车即被拆除，

滨海大道：周边环境

大致比例：1:100000

[注] 1 英亩 = 4046.856 平方米

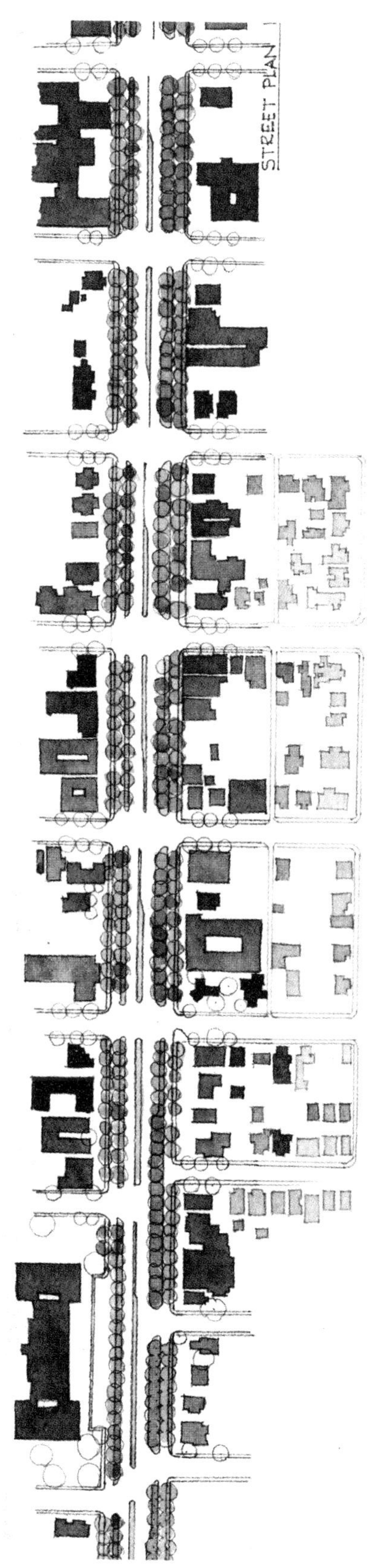

滨海大道：街道和周边建筑环境

大致比例：1 英寸 = 400 英尺或 1:4800

Along the access roadway on the Esplanade

滨海大道辅道的沿途景象

20 世纪 50 年代间，街道经过改造成了一条复合型林荫大道。它的中心主干道被加宽，并于 20 世纪 60 年代设置了交通信号灯。不过，它仍是一条经典且温馨的林荫大道[2]。此外，它还是 20 世纪末与当时废除林荫大道的趋势背道而驰的一个案例。更加重要的是，这条街道能给行走和行驶于此的人们带来欢乐。

滨海大道恬静、怡人。一旦踏上滨海大道，你便会感觉自己身处一个特殊的环境中。考虑到街道强烈的场所感，“in” 也许比 “on” 或是 “along” 更适合表明你与这条街道的关系。无论你是从车速更快、更混乱的道路北段来到滨海大道，还是从比得韦尔公园及其附近豪宅而来，抑或是穿越滨海大道上约 15 条辅道中的某条而来，都无关紧要。诚然，滨海大道看起来比奇科市内的其他街道都宽敞，相比与之相交的街道或始终与之平行的街道则更为明显，正因如此，街道有收有放。它也是城市结构的一部分。但宽度并不意味着雅致或安静。事实上，通常情况恰恰相反。我们认为，滨海大道优雅的环境源于多方面的因素，包括沿街的树木、退让街道的房屋、屋前维护良好的草坪、尺度适宜的街区长度以及既保留了自身的独立性又统一于整体环境中的两侧辅道。而无论在夏季还是冬日，透过枝叶的阳光都不仅将整条街道照耀得明亮、宽敞，也为局部地段塑造了私密感。

滨海大道沿途种有 4 排行道树，局部地段则有 5 排。树种多为英国梧桐，且大多十分高大。在奇科市的炎炎夏日里，绿树成荫的辅道上却是一幅光线柔和、清爽宜人的景象。阳光碎裂如镜片落在枝头，留下一地斑驳随着枝叶一起舞动，透过分隔带中的植物间的空隙，隐隐约约可以看到在中心主干道上飞驰而过的车辆。辅道上光线幽暗，过往的车辆都行驶缓慢。每个十字路口均有一处停车指示牌，因此即便人们迫切希望能快一点，也必须不时减速。除非是要去往街区的某处，平日里人们不大会使用这些辅道。冬日里辅道上温度更低，有时候很寒冷，因此人们喜欢不受树叶遮挡的阳光。透过枝叶洒下的阴影形成花饰窗格的图案，而树干和灌木则把中心主干道和辅道彼此分开。

或许滨海大道给你的意象是这样的：沿街的房屋都与街道保持一定的距离，房屋很大且有一定的年头，房前是修剪整齐的草坪。的确，这可能是你更细致观察前对街道的第一印象。建筑与街道间的距离通常有 20 至 30 英尺。但是除了位于南部端头和沿着街道东侧的住宅较大，独栋别墅并不大，大多数都是 1 至 3 层的小平房。这些房屋不论现在还是过去都没有给人一种富丽堂皇的感觉。它们维护得很好，但并不突出。看起来它们和周边街道上的房屋并无二致。一些较新的、两三层的公寓建筑则是例外。这些公寓离街道也很远，但没有街上的旧房子远。它们似乎是中低收入人群的住所。

街道沿途设有一些机构，其中有一所学校，它占据了街区的大部分。历史建筑比德威尔公寓（Bidwell mansion）也在其中，如今它是旅游景点。在新装修的建筑中还有一些医生的办公室，街道南端有一个小客栈和一些各方面都较新的住宅。

街上有两处商业区：一处位于街道的北入口，另一处则位于街区中段。街区中段的商业区城市特性更明显：建筑离街道更近，有大片的商店橱窗，但街边没有停车位。这些建筑看起来曾经用作当地的杂货店、药房或者乳品厂，而如今则是一家平价的餐馆和一家电器店。

中心主干道上的车辆行驶速度正常，并未超速。每隔一个街区都设有交通信号指示灯，指示灯的时间设置将车流速度控制在 28 英里 / 小时内。一旦部分车辆速度稍快 —— 达到约 31 英里 / 小时，交通指示灯便会示意司机停车 [3]。相对较慢的车速使得司机无论在行驶中还是停车等候期间，都有机会欣赏周边的景色：辅道上每侧两排行道树如卫士般耸立，远处的房屋隐隐可见，分隔带中的行道树则在中心主干道两侧的车道间树立起了一道绿色的屏障。

无论你是由城市北部的市郊而来，还是从市中心去往城市南部路经于此，滨海大道独特的街道尺度、植被和格局都无时无刻不在提醒着你注意其与众不同的

Houses along The Esplanade

滨海大道沿街的房屋

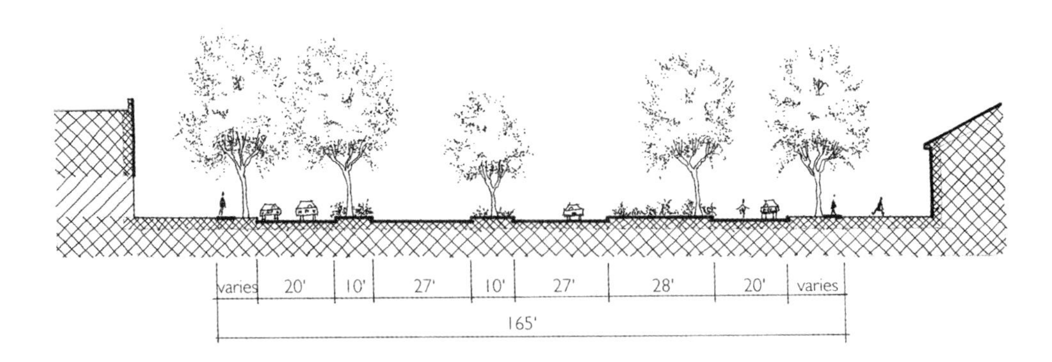

滨海大道：剖面
大致比例：1 英寸 = 50 英尺或 1:600

气质。而一旦离开滨海大道，人们便会意识到进入了另一区域，或带着一丝遗憾朝北前进，或抱着一丝希望向南出发，随着蜿蜒的道路穿过比得韦尔公园，去往市中心。

一如其他主要街道，滨海大道并不喧闹，而且似乎更安静些。原因可能是中心主干道与两侧辅道间彼此完全独立，也可能是合适的街道路权宽度、退让街道的建筑，还可能是整条街道上三段独特又彼此相连的部分，或是受这些因素的共同影响。为了对街道进行深入了解，我们需要进一步观察它的物理属性。

滨海大道的路权宽度为 165 英尺，这与我们所研究的复合型林荫大道的中心主干道部分尺度相近。64 英尺宽的中心主干道为单向双车道，每隔一个十字路口左转道就会斜切进 10 英尺宽的分隔带中。分隔带中稀疏地种植着高大的树木。

两条侧分隔带将辅道和中心主干道彼此分隔开来，侧分隔带的宽度彼此不同：西侧的侧分隔带宽 10 英尺，而东侧的侧分隔带因原有铁轨穿过约有 28 英尺宽。东侧的侧分隔带设有右转道。分隔带的路边沿线种植着间隔为 30 至 35 英尺的成熟的英桐和美桐。十字路口附近路段的树木似乎没什么种植规律。侧分隔带则因其中的浅棕色泥土和种植的植物而异常显著。不过，沿着树列随意种植的灌木则是例外，尤其是在宽阔的东侧分隔带中。它们给中心主干道上的司机造成了视觉隔断，同时还阻止了行人乱穿马路。

两侧的辅道通常宽 20 英尺，设有一排平行停车位和一条车道。而在商业路段，辅道拓宽至 28 英尺，以方便斜向停车。

尽管种植带并不连续，但 10 英尺宽的种植带将多数路段的人行道与辅道分隔开来。有些路段的种植带只有 4 英尺宽，还有部分路段上则根本没有种植带。人行道的左右两侧都种有树木，但大多集中于靠近街道的一侧。这些树木种植得比分隔带中的树木更随意，但是间距更小，因此枝条在头顶连成一片。

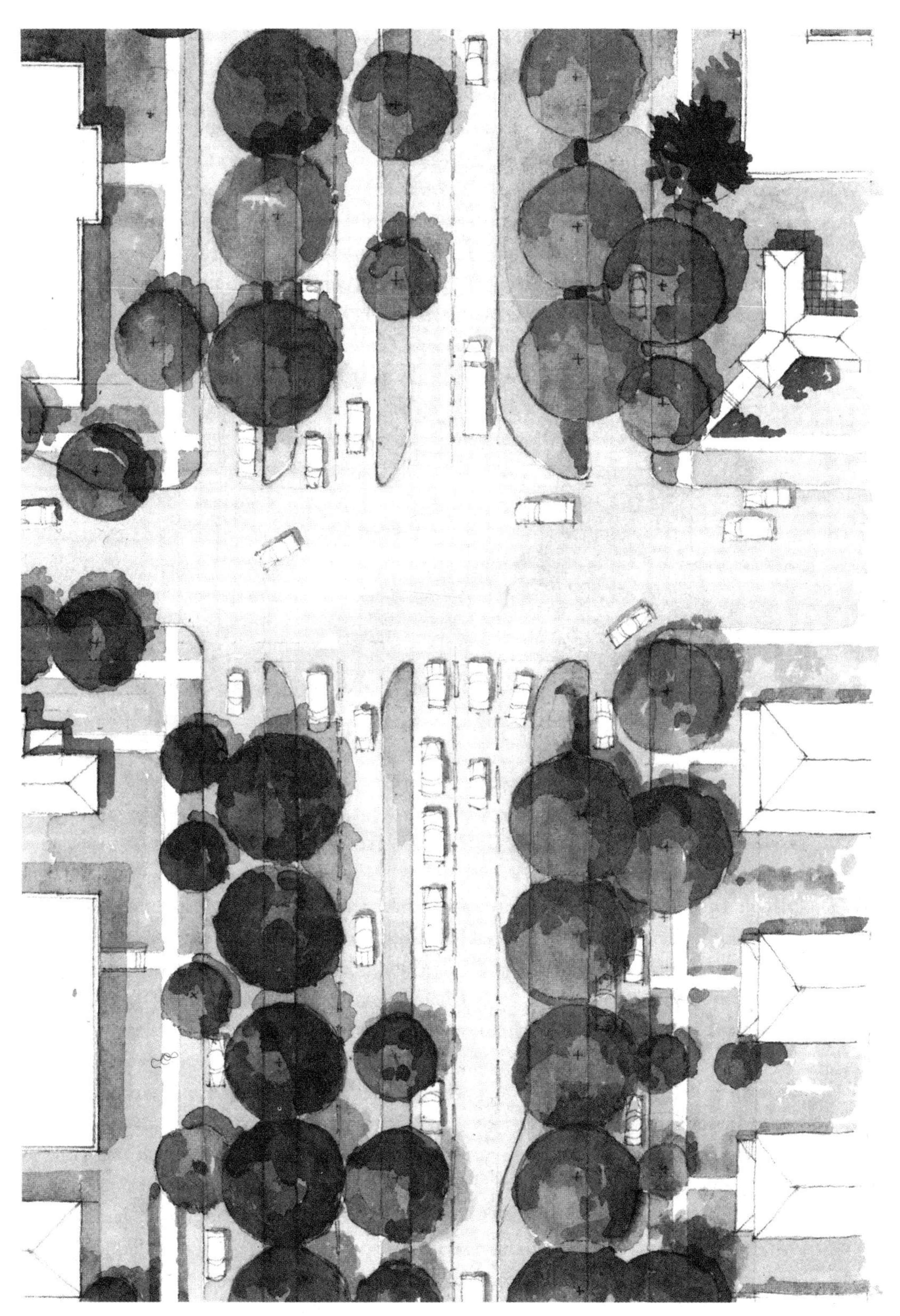

滨海大道：平面

大致比例：1 英寸 = 50 英尺或 1∶600

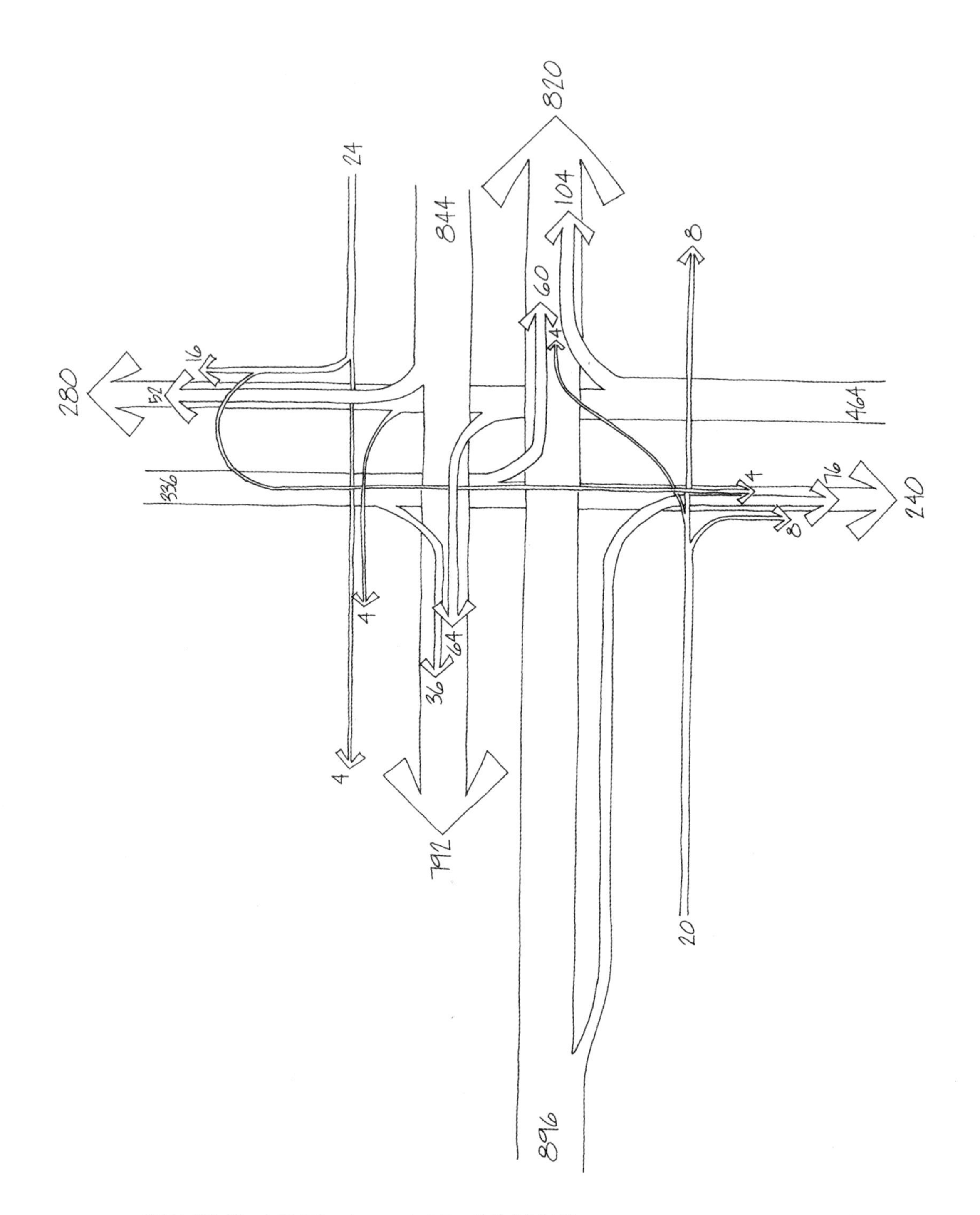

滨海大道与第一大道（First Avenue）交叉口处的交通流线

两侧辅道和中心主干道上都有当地的公交路线，但是停靠站台通常位于辅道上。街上没有专属的自行车道。

滨海大道上允许的通行方式令人震惊，无异于公然违抗交通工程学的标准规范。最明显的一点便是在路口不对车辆在两侧辅道和中心主干道间自由变道加以限制。每隔一个路口便设有一处交通信号灯，中心主干道及相交道路上的交通均受其控制。在这些路口，中心主干道上的车辆不可左转。但在未设交通信号灯的路口，则允许左转。辅道上的车辆则受另一套系统控制，每个路口都有一个停车标志。转弯车辆会在分隔带边缘的待行区等候。这里的车辆通行顺序明确，在未设交通灯的路口，中心主干道上的车辆先行，接着是相交路段上的车辆，在经过辅道时司机并不需要停车，可以直接行驶至中心主干道的边缘，通常这里会有停车标志或交通灯。而辅道上的车辆则处于通行顺序的末端，且在每处转角都得停车。通常，除了在有红绿灯的路口，行人可以在路口随意行走。

人们对滨海大道的使用与它建造之初的目标一致：几乎所有车流都集中在中心主干道[4]。很少有司机会驾车在辅道上行驶超过一个街区。原因显而易见，既然在辅道上每过 400 英尺到达一处路口就要停车，他们为何还要自找麻烦呢？观察结果也如我们所料，车辆在辅道上的行驶速度比在中心主干道上慢许多，前者的时速只有 21 英里，而后者则达到 31 英里。辅道上缺少提速所必需的距离。

理论上讲，采取这种组织方式的路口通常会有约 42 个车流冲突点，即两股车流会彼此相交。不过人们意识到这种潜在麻烦后便会谨慎驾驶。主要的车流冲突集中于中心主干道上的右转车辆与辅道上的直行车辆（几乎没有）或辅道上从停车标志处转弯的车辆之间。观察表明，通常当辅道上有车辆行驶时或有车辆驶向十字路口时，中心主干道上的司机在右转时会更加谨慎。他们会观察辅道上的司机接下来的动作，并降速等候。辅道上的司机在接近十字路口时也会异常小心，他们环顾四周比在其他街道的十字路口时更加谨慎。他们通常会扭动左肩观察身后路况，这个动作很有必要，它能帮助司机了解是否有车辆驶向中心主干道，尤其是绿灯时情况更是如此，同时司机需要确保这时不会有车辆转弯。尽管这一观察方式不同寻常，但是能帮助司机迅速了解路况，尤其是在前方道路被突然转弯的车辆挡住的情况下。

转弯车流停在中心主干道上等待绿灯亮起或是通行指令[5]。当转弯车流较大，需要等待两三辆以上的车辆才能通过，辅道上的交通便会受阻，司机则被卡在路口。这时，辅道上原本直行的车辆也许会右转。更常见的是，当等候的司机注意到这种情形后，便会将车辆转向前方左侧以使后面的车辆恰巧可以通过。当相交路段上只有一两辆车停下，阻碍了交通时，辅道上直行的车辆才会这样绕过它们。巴士经常会这样做。

Chico, Calif. Esplanade
奇科，加利福尼亚，滨海大道

滨海大道上秩序井然。车辆很少会违规行驶。人们通常并不会在意辅道是单行道，而随性逆向骑行。这里几乎没有车辆经过，但是人们似乎对此并不介意，骑自行车的人能非常自由地迅速通过。不过对行人来说，在过马路时会有一种街上无一人的感觉。街上没有人行道标志，所以没有清晰明确的行人区域。各个方向涌来的车流会让人感觉不安。不过这个小问题可以很容易解决。

如果有人坚信滨海大道会因街上的车辆转弯、掉头以及由此可能引发的冲突而变得危险，那么或许在他看来，红树林大街相对更为安全。这条与滨海大道平行的大道，向东穿越了5个街区，且每天承载的车流量与海滨大道相近[6]。红树林大街上中心主干道的宽度为65至67英尺，双向四车道，外加一条左转道。因此，两条大道上的快速车道数量相近。然而，红树林大街沿途的路口数量仅为滨海大道的一半，更为重要的是，路口潜在的车流冲突已被有效地降至零。路口设有红绿灯，保证了各主要方向的交通，尤其是左转交通的循环通行。各方向交通的通行时间不同，彼此差别很大，以将车流间的可能冲突降至最低。此外，红树林大街的沿街业态与滨海大道差别明显，这里是商业带。尽管如此，考虑到所有的潜在冲突——至少依据盛行的交通运输管理界的观点，滨海大道上发生的事故本应该比红树林大街的多。但事实并非如此，两条街道的事故发生率其实是相同的：滨海大道是0.19（除以日均交通量1000），与之相比，红树林大街上这一数据为0.18[7]。

很难确切知晓为何两条街道的事故率如此接近。我们花费一年时间，在不同的时段进行深入的调查，得出了一些解释。红树林大街上那些复杂的交通指示灯或许为司机提供了错误的安全信息（“一切情况良好，无须担心”），这使他们放松了戒备，而面对可能的危险准备不足。而且，交通指示灯的存在以及街区尺度变长可能会诱发司机提速。如果我清楚自己在转弯前需等候 3 个交通指示灯时，或许我会在灯亮时迅速冲过路口，这样做很危险。而且事实证明，这可能酿成悲剧。同时，红树林大街的沿街业态设置使得车辆可以直接进出街道，这样必然会带来过境交通和街区交通的混合。滨海大道的情况完全不同。那里过境交通和街区交通是彼此分开的。滨海大道上复杂的路口时刻提醒着人们谨慎通行并注意周边环境。

滨海大道可以变得更好 —— 有何不可呢？路口的标志牌对行人会有一定的帮助。大道北端的商业区能更紧凑些 —— 或许可以减少一些沿街的停车位。人们或许会希望能在街道中段看到冰淇淋商店。要知道，滨海大道唯一遗漏的便是在夏日夜晚，人们漫步于此，却没有冰淇淋享用。

滨海大道的沿途景象

第二部分　林荫大道的产生、演变及衰亡史

PART TWO　INVENTION, EVOLUTION, AND DEMISE: A HISTORY

*1890*年的海洋公园大道，布鲁克林

林荫大道的历史远比我们今天所知的街道现状和运行方式精彩。下面，让我们一起来回顾它最初是如何产生，又是为何被设计并最终发展为现有形式的。

最初的林荫大道 | THE FIRST BOULEVARDS

提及林荫大道，绝大多数人将之与 19 世纪中叶拿破仑三世和巴黎地方长官乔治・欧仁・奥斯曼男爵主持的巴黎改建联系在一起。当时建造了大量被称为“林荫步道”的街道，这类街道很宽敞，沿途绿树成荫，笔直地穿过中世纪建筑密布的老城区，并向外延伸至新城区。不过，无论是对当时的巴黎还是对其他欧洲城市来说，林荫大道都算不上新鲜事物。奥斯曼时期建造的林荫大道是对之前流行的一种城市街道形式的更正和现代的全新诠释。

如今，“林荫大道”一词已经失去了许多其最初的含义。城市规划师们随意地使用这个词描述各种样式的街道以试图营造出一种特殊的氛围。然而，其最初的含义是指一类位于特殊位置、形式独特的街道。

法语中的“林荫大道”一词（与英语中“bulwark”意思相近，意为“堡垒”）有一种含义源于中世纪，即城镇外城墙上高起的用于加强防御的那部分。在 16 世纪的欧洲，城市的城墙是包含内部和外部的土方工程、砖石城墙、壕沟以及塔楼的复杂防御体系。被称为“堡垒”（rampart）的宽大的内部土方高台是重型武器的暂存区。在 17 世纪防御性的城墙被废弃后，在这些堡垒基础上建造起来的绿树成荫的步行道开始被称为“林荫步道”。早在 16 世纪末、17 世纪初，一些仍能使用的堡垒沿途便被种上树木并用作有限的公共娱乐活动场所；卢卡、菲拉拉、安特卫普、阿姆斯特丹和斯特拉斯堡都有这类地方。然而，城市堡垒开始转变为重要的公共步道是源于 1670 年路易十四废弃了巴黎城墙，并下令将之改造成公共性娱乐步道[1]。

随着欧洲城市文化的兴起，人们开始有了社交和娱乐休闲的生活理念，这种公共步道逐渐成为随处可见的场景。在中世纪，大多数城市都缺少可以用作公众社交的公共空间。伴随着 16、17 世纪新兴城市中上流社会的发展，公众展示愈发成为决定个人是否属于上层社会的重要方式，同时也为社交活动创造了条件。公共步道的出现为贵族阶级和新兴的资产阶级展示自身身份、与同一阶层的人士交往提供了场所。

最初的这类步道于 16 世纪末建成，出现在封闭的私家花园中，且都采取了绿树成荫的形式。这些步道通常都是正规花园的主要结构组成部分。到了 17 世纪早期，这些步道被建在花园的墙壁之外，并在视觉上将花园延伸至周围的田园景色中。这类步道中最著名的便是香榭丽舍大街，它从皇家杜伊勒里宫（Tuileries）的中央大道延伸出来，长约 1.25 英里。大约同一时期，皇室成员和贵族们开始在

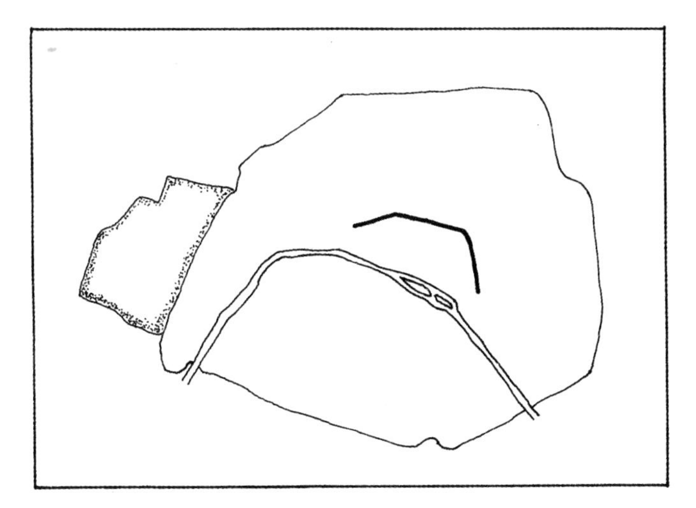

林荫大道区

私人房产中建造宽阔的、有成排行道树的道路，这类道路在法语中被称为“马道”（cours），即供马车使用的道路。其中最重要的一条是在 1622 年为亨利四世（Henri IV，1553—1610，法国国王）的第二任妻子玛丽·德·美第奇（Marie de Medici，1573—1842）建造的位于杜伊勒里宫花园西侧边缘毗邻塞纳河的皇后林荫大道。在 1660 年前后，在城墙外东侧一处名为“布洛涅森林”（Bois de Vincennes）的皇家狩猎场中，也建造了一条类似的道路[2]。

巴黎的“堡垒”改造成公共步道的过程历经多年且跨越了几个阶段。先是巴黎北部的石墙被拆除，然后周围的护城河被填平，最后保留下来的高起的堡垒上种上了多行树木。在 1670 到 1705 年之间，11 段长度在 660 到 2000 多英尺之间的步道在独立的堡垒基础上被建造起来。因为原先的堡垒宽度不一，因此 11 条步道的宽度也有所差异，但大部分在 100 至 125 英尺之间 —— 远远宽于当时巴黎的街道平均宽度（24 英尺）。步道的每一段都种有 2 排或 4 排树木，局部地段甚至多达 5 排。这些树木被用以分隔宽阔的中心主干道和被称为“边径小路”（contre allées）的较窄的受保护的人行道。

这些最初名为“马道”，然后被称为“堡垒”，最终以林荫大道区而得名的步道，与位于圣安东尼门北侧一处被称为林荫大道区的巨大堡垒息息相关[3]。过了一段时间，这些林荫大道被连通并最终在城市北方边缘附近形成了一条 3.5 英里长的半圆形的高架大道。每一段步道的最初名称都被沿用至今：博马舍大道（Boulevard Beaumarchais）、杜卡维尔大道（Boulevard des Filles du Calvaire）、神庙大道（Boulevard du Temple）、圣马丁大道（Boulevard St.Martin）、圣丹尼斯大道（Boulevard St.Denis）、布诺威大道（Boulevard de la Bonne Nouvelle）、泊松比大道（Boulevard Poissonniere）、蒙马特大道（Boulevard Montmartre）、意大利大道（Boulevard des Italiens）、嘉布遣大道（Boulevard des Capucincs）和玛德莱娜大道（Boulevard de la Madeleine）。它们最终发展为我们所熟知的“林荫大道区”（grands boulevards）。

由于这些堡垒大道都是高架道路，而且仅与少数旧城门附近的街道相接，所以它们最初并未被整合进巴黎的道路总系统中。它们的社会用途随着时代变迁不断发展，而且不同路段的功能差别很大。起初，由于地处城市边缘，它们相对独立，无人问津。不过情况在 18 世纪 50 年代得到改观，此时城市已发展扩张到其周边区域，它们顺势成为了当时时尚、前卫的聚集地。

林荫大道最初的使用是受到限制的。早期的大道只允许行人和观光车通行，而马车和商业车辆则禁止通行[4]。之后虽然各类交通均得以通行，但其使用仍受到管制。如 1763 至 1766 年间的交警法令中，即规定林荫大道中那些被称为“杜卡维尔”（Filles du Calvaire）的边径小路是供行人使用的，而道路中央的车道是供马匹使用的。马匹必须在中心道路上漫步前行，并且要与树木保持至少 6 英尺的距离以避免树木遭到损坏。马车不允许停靠在道路中间，只能停靠在路边且不能阻碍行人通行。任何样式的手推车都禁止在中心道路上通行。而在某些步道上行人甚至可以使用整条街道，至少在某些时候是这样的。1760 年，就有一场精心布置的雕刻展在步道上举办，人们徘徊于中心道路和边径小路上，树下摆放的桌子上有供人食用的食物和饮料[5]。

随着林荫大道周边城市地段的发展，沿街兴起了咖啡厅、餐厅、剧院，为街道增添了更多休闲气息。之后，西部林荫大道的周边兴建了许多高档住宅区，同时建造的还有各类纪念碑，比如为纪念战争胜利建造的圣丹尼斯凯旋门（Porte St.Denis）和圣马丁凯旋门（Porte St.Martin），便成了林荫大道出入口的显著标志。

尽管林荫大道建造之初是供人们娱乐休闲的步道，并且游离于城市的街道体系之外，这些城墙大道仍为城市北部的居民提供了一条明确的路线，并在初期承担着交通活动的功能。到了 19 世纪早期，林荫大道区的高度被降低并被整合进日常街道体系后，它们的作用戏剧性地与日俱增[6]。如今林荫大道区还保留了穿过城市北部的绿树成荫的主要路段。其中大多与如今的街道格局一致，街道两侧没有辅道而是宽阔的种有行道树的人行道。唯一的例外是博马舍大道（Boulevard Beaumarchais）（详见第四部分），它的辅道是最近建造的。

巴黎的城墙大道为 17 世纪的林荫大道样式确立了基本形式和功能用途。林荫大道开始以我们所熟知的样式闻名于世：宽阔的、绿树成荫的街道样式以及彼此独立的供行人、自行车、机动车使用的各类不同区域。它们主要为人们的休闲娱乐服务，但同时也承担交通职能。在 18 世纪，欧洲许多城市都在废弃的堡垒上建造了这类林荫大道。

19 世纪的林荫大道体系
NINETEENTH-CENTURY BOULEVARD SYSTEMS

19 世纪中期到 19 世纪末是林荫大道建造的第二个高峰。它始于 19 世纪 50 年代的奥斯曼“巴黎改建”并且在欧美的主要城市持续升温直至 20 世纪初。而这股浪潮在亚洲、拉丁美洲等地则一直持续到 20 世纪 40 年代。

19 世纪的林荫大道大多是大规模城市规划所取得的成果，设计上也与之前的城墙大道有许多相同之处：成排的树木、宽阔的路面、人车分流的道路以及街道与休闲、娱乐的紧密联系。但在一些重要方面，它们却彼此不同。不同于之前相对独立的公共步道，此时的林荫大道通常是较高层级的林荫大道系统的一部分，且与城市街道网络相连；其形式也趋向于线形或放射状，而与圆形或半圆形的林荫大道区内的林荫大道不同。通常它们的建造目的在于开发城郊区域，推进城市发展。

林荫大道的实体形式也被改良并适应了现代化的需要。奥斯曼在车道的表面增加了铺装和路牙，并且发展出了三种不同形式的林荫大道。虽然这三种不同形式的街道并没有正式的名称，但是依据彼此间的不同我们或许可以将它们描述为林荫道型街道、中心分隔带型林荫大道以及复合型林荫大道。林荫道型街道是一类人行道宽敞、绿树成荫的简单街道。中心分隔带型林荫大道的两侧是相向行驶的主车道，中间则是宽阔的中心分隔带，分隔带中种有行道树，街旁的人行道上也种有行道树。复合型林荫大道有三条主车道，中间一条较宽而两侧的略窄，车道间也是种有行道树的分隔带，人行道上同样种有行道树 [7]。

建造于 19 世纪中期至末期的林荫大道多为复合型林荫大道，这是一种适合于当时的独特街道形式。在 19 世纪后半叶，城市街道上的交通活动飞速地发生着改变。街道上的机动车越来越多，马车制造商也开始研制更新颖、快速的马车。与此同时，慢速商业货车的数量也不断增多，它们和马车一样频繁地在街道上停靠。然而，对大多数人而言，步行仍然是主要的交通方式。到了 19 世纪 80 年代，自行车的加入使得交通形式更加复杂、多元，之后的世纪之交，汽车也加入其中。复合型林荫大道，因为其步行空间完备且彼此独立的机动车道可以满足不同类型车辆的分流要求，而成为解决这一复杂交通问题的完美方案。人们发现它可能是最“摩登”的林荫大道形式，因为中心主干道为新型的快速车辆交通提供了无阻碍的通行空间，而且也是最宏伟的形式；因为其中心主干道可以正对纪念性建筑或地标建筑，从而形成轴线。

为了对 19 世纪的林荫大道体系是如何以及为何能够发展的原因有所了解并且区分出不同城市中林荫大道的差别，我们需要近距离地考察在巴黎、巴塞罗那和布鲁克林的林荫大道结构并粗略地关注其他城市中的林荫大道。

名称或许会造成一些困惑。尽管许多具备林荫大道形式的 19 世纪街道都被称为"林荫大道"，但仍有一部分被称作各类"大街"（avenues），而还有一类，尤其是在美国，则被称为"公园大道"（parkways）。此外，人们还会为了给某些街道增添宏伟大气的感觉而称呼其为"林荫大道"，但实际上它们并不具备林荫大道的形式特征。

巴黎 | Paris

19 世纪中期的巴黎市中心，建筑密集、人群拥挤。多数街道尺度狭窄且没有树木。城市四周环绕的城墙限制了城市的实体增长，还控制着城市对外的货物流通。

1852 年，拿破仑三世继承王位后即开始对巴黎进行改建，期望以此提高城市声誉并巩固自身的政治权力。他的塞纳行政官乔治·欧仁·奥斯曼负责主持这项工作。这项囊括了拆除海关墙并将城市边界扩展至近郊的重建工作一共包括四部分内容：首先是建造穿过拥挤的市中心并一直延伸至未开发的边远地区的街道，这类笔直的、宽阔的街道被称为林荫大道。同时，在新街道的地下建造地下给排水系统。接着是建造遍布整座城市的新的公园，同时翻新已有的公园。之后则是一个雄心勃勃的项目——为巴黎建造全新的公共建筑和商场。这一建造项目刺激了当时低迷的经济，为公众提供了就业岗位并且开拓了新的发展区域。新建的林荫大道让原本拥挤的街区变得宽敞，充满了空气、阳光和干净的饮用水，也改善了公共卫生。它们还将铁路站点与市中心相连，并将市中心与边远地区连通，简化了交通路线[8]。

围绕这项重建工作的争议一直持续至今。在实施过程中，它在立刻被广泛拥护为科学合理的、伟大的城市规划案例的同时，也被谴责描述成历史建筑的毁灭者、社区民居的破坏者。它让许多人流离失所，而且大部分都是穷人。宽阔的林荫大道也因其主要建造目的是出于军事战略的考虑而备受批评——它使得交火更容易而路障更难设置。有人认为许多林荫大道故意切割了工人阶级的选区，以此破坏和包围政治抵抗力量。还有人则从林荫大道的巴洛克式放射形中看出其反映的拿破仑三世及其政府的独裁本质。

不过，显而易见的是，林荫大道反映出了新兴的资产阶级的品味和愿望以及他们对提高自身生活水平和社会地位的需求[9]。现代的评论家们倾向于认为奥斯曼修建的林荫大道反映了其中积极的一面。马歇尔·贝尔曼（Marshall Berman，1940—2013，美国哲学家）把它们称为"19 世纪最伟大的城市变革和传统城市现代化的革命性突破"，因为它们"历史上第一次向所有市民开放了整座城市。如今，我们终于可以不仅是在社区中行走还可以穿越它们。如今，在人们以单独小居室形式集群生活了数世纪后，巴黎终于成为了统一的实体和人类空间[10]。"根据贝尔曼的说法，林荫大道为城市聚集大量人口提供了新的经济、社会和美学基础。

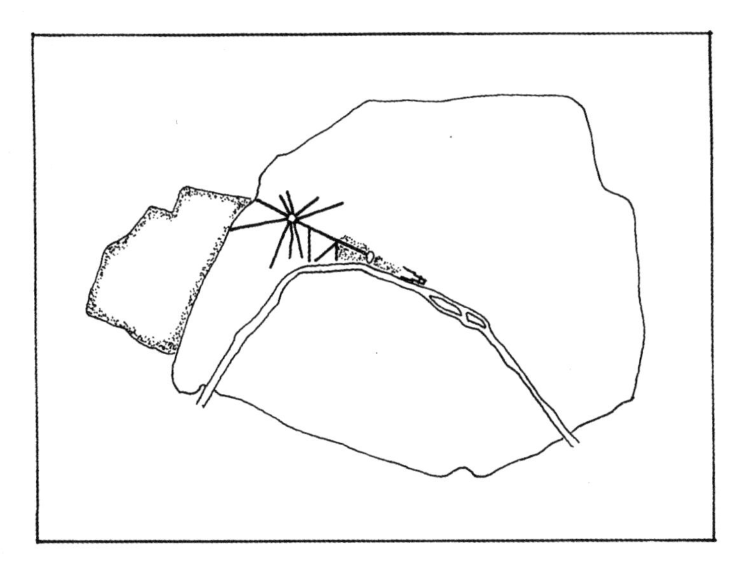

星形广场周边的林荫大道

不容置疑的是这项重建工作极大地改变了巴黎的城市实体形式和社会特征。市内新建了长达 57 英里的宽阔街道以及 700 英里的人行道，而且街道两旁的树木数量翻了一番，公园面积从不足 50 英亩迅速增加至 4500 多英亩[11]。随之而来的则是建筑和社会的巨大变化。形制统一且正立面处理手法相同的 6 层高的公寓建筑在许多新建的林荫大道两侧落成，底部的沿街商铺则多是咖啡厅和饭店。新兴的资产阶级汇集于此，举办派对，聚餐饮酒，徜徉于林荫大道之间。夜晚，这里灯火通明，绿树成荫的人行道上常年被游玩的人群所占据。

奥斯曼时期建造的最宽阔、宏大的林荫大道几乎无一例外都位于城市外围区域，且都采用了复合型林荫大道的形式。其中，林荫大道最集中的区域位于巴黎西北部边缘的星形广场和香榭丽舍大街附近。其中之一的库尔塞勒大道(Boulevard de Courcelles)，位于改造后的蒙索公园（ Parc Monceau ）附近的一大块空地，这里原本耸立着高大的城墙。（我们在第一部分已经介绍了四条如今位于星形广场区的林荫大道，而在第四部分“复合型林荫大道简编”中，还将介绍库尔塞勒大道。）接下来的讨论旨在阐述星形广场林荫大道群的环境文脉、布局以及最初的设计特色。

在新的林荫大道建造之前，巴黎西北部是大片开阔的农业用地，其中夹杂着一些大型公寓房产。宽敞的、绿树成荫的香榭丽舍大街从此穿过，并止于一处名为星形广场的高地。巴黎凯旋门即建造于此，它是为了纪念 1806 年拿破仑在奥斯特里兹战役的胜利而建造的巨型构筑物。拿破仑三世指派奥斯曼来规划一套林荫大道系统，以带动新型居住区的发展，并建立起城市中心和布洛涅森林（它曾是皇家狩猎场，后被改造为城市公园）间的联系。

奥斯曼的重新设计中最显著的特色即是12条由星形广场（一个绿树成荫的巨大的圆形广场）辐射出的林荫大道。其中10条对称的林荫大道，包括重新设计的香榭丽舍大街，都是复合型林荫大道。部分大道明显延续了既有的道路格局。而由香榭丽舍大街辐射出的新建的一条林荫大道以及穿过星形广场东侧的香榭丽舍大街的两条原有道路则被重新建设成为复合型林荫大道。

最先建造的是由星形广场辐射出的林荫大道中最宽的皇后大道（Avenue de l'Impératrice）。它建于1854年，最初名为"布洛涅大道"（Avenue Bois de Boulogne），即今天的福熙大道（Avenue Foch）。由于与新建的公园直接相连，因此皇后大道的设计令人过目难忘。大道全长0.75英里，宽约400英尺。其52英尺宽的中心主干道供马车使用，两侧各有一条39英尺宽的步道供行人使用。在最外缘则是100英尺宽的林荫小路，其中大片的草地上种着成群的乔灌木。紧邻林荫小路的则是沿街住宅前的较为狭窄的车道和人行道。为保证街道沿街的统一效果，奥斯曼制定了相应的建筑规范，建筑的立面处理手法一致，并统一退让街道32英尺，而在前院和道路则设有装饰性的铁篱笆[12]。漫步于皇后大道，你可以欣赏到不同方向的美景：往东是壮丽的巴黎凯旋门，而西边则是布洛涅森林和太子门。它很快便成为市民散步休闲的好去处。

没有其他任何林荫大道能在尺度上与皇后大道相媲美。香榭丽舍大街和大军团大街（即香榭丽舍大街经过星形广场后的路段）约230英尺宽，而其他林荫大

Les Champs-Elysées about 1900.

大约1900年时的香榭丽舍大街

道的宽度则在116至135英尺不等。位于两条林荫大道的车道间的林荫小路上种植着排列整齐的行道树，而皇后大道上的林荫小路上的植物种植则较为随意。

香榭丽舍大街始建于17世纪，由安德烈·勒·诺特（Andre le Notre，1613—1700，法国园艺家）规划设计，最初是杜伊勒里宫皇家公园轴线的视觉延伸部分。奥斯曼使其西段部分（即从圆点广场通往星形广场的路段）具备了现代的形式，并重建了其东段——由杜伊勒里宫皇家公园通往圆点广场的路段。奥斯曼的规划中意图将香榭丽舍大街的西段打造成为商业与住宅混合的街区。230英尺宽的街道断面中，其中部是宽约89英尺的中心主干道，两侧各有一条50英尺宽的侧分隔带。两侧的辅道很窄而人行道则较宽。侧分隔带上最初种有两排行道树并设有路灯，路旁的人行道上各种有一排行道树（不久，约在20世纪50年代，为容纳更多的车辆，巴黎的许多街道经历了改造，中心主干道被适当加宽，而分隔带则被压缩至约10英尺[13]。）20世纪90年代初期，香榭丽舍大街再次经历改造，人行道被加宽，而原有的辅道则被一排行道树替代。

大军团大街也经历了类似的改造。其中心主干道也于20世纪被加宽，而为满足停车需要，辅道的沿途也被加以改造。

其他较窄的林荫大道，包括克莱贝尔大道（Avenue Kléber）、耶拿大道、弗里德兰大街（Avenue de Friedland）、奥什大街（Avenue Hoche）、马克－马翁大街（Avenue Mac-Mahon）、卡诺大街（Avenue Carnot）（由星形广场辐射出来的林荫大道）以及乔治五世大道，改造后的富兰克林·罗斯福大道、蒙田大道（从香榭丽舍大街辐射出来的林荫大道）的设计与香榭丽大道以及大军团大街都如出一辙。这些街道的中心主干道的宽度在42至48英尺之间，6至10英尺宽的分隔带中种有一排行道树，街上辅道较宽，而人行道很宽敞（我们所涉及的街道名称多为街道的现代名称，与它们最初的名称会有所出入）。为增加停车位，这些街道的中心主干道于20世纪50年代被再次拓宽，不过人行道则相应变窄。

正如奥斯曼和国王所预期，林荫大道周边区域迅速发展为时尚的街区。林荫大道沿街多为优美的六七层高的公寓建筑，底层商铺多为商店、饭店和咖啡馆。皇后大道和香榭丽舍大街上宽敞的中心主干道成了骑马散步的最佳场所，同时还有许多人漫步于此。两条大道上的步行区的特色不尽相同。每当夜色降临，香榭丽舍大街便灯火通明，街上弥漫着欢快的气氛。皇后大道则与之相反，在两侧庄严、宏伟的市政厅的映衬下，街道更显宁静。

巴塞罗那 | Barcelona

19 世纪中叶的巴塞罗那，与同时期的巴黎一样，是一个热火朝天的建设“大工地”。作为当时西班牙重要的工业中心，随着城市的飞速发展，自 19 世纪初，巴塞罗那便面临着持续的人口增长所带来的城市压力。然而，当时的马德里中央政府却限制其突破古老的中世纪城墙向外发展。城墙外广阔齐整的区域均为军事用地。马德里当局忌惮于加泰罗尼亚地区的民族主义发展会加剧巴塞罗那地区民众的独立倾向，因此极力压制日益增长的外城开发需求。

不过，到了 1854 年，中央政府最终批准巴塞罗那市拆除城墙、拓展城市规模，以适应发展。为此，中央当局还举办了一场公共的新城发展规划方案竞赛。最终的入选方案备受非议，因为当地政府倾向于选择另一竞标方案，而中央政府选择了来自塞尔达的规划方案。塞尔达是巴塞罗那当地的一名工程师，但是他却对当地政府十分反感[14]。

与奥斯曼在巴黎西北区的规划设计相似，塞尔达在其巴塞罗那新城规划中也将林荫大道作为城市的主要结构要素，尽管其方式明显异于前者。塞尔达的设计概念更为宏大，他提出在城市中建立一套巨大的方形网格的街区系统和覆盖 9 平方公里的统一街道 —— 他所设想的新城建设区比当时巴塞罗那既有城区的 8 倍还要大。而附加在这套网格之上的则是一套巨型大道系统，这些大道彼此相连，部分大道与棋盘网格方向一致，其余的大道则沿网格的对角线建设，大道将城市的重要区域与其他区域联系成一个整体。大道多采取林荫大道的形式，沿街绿树成荫，开阔的车行道边侧即是宽敞的人行道。这类大道的杰出作品中有三条是复合型林荫大道，其断面设计也具有和巴黎所建的大道相类似的特色。

在塞尔达设想的蓝图中，新城区应具有城市郊区的环境品质。他将相应的街区概念化，并给出其发展方式的图解。这些街区都是方形的，在所有的街道转折处均设计有一处斜切角，这样做的目的在于使得街区获得更多的阳光和新鲜空气。在规划中，大多数的街区都是单纯的居住区，且周边只有两侧或者三侧建有沿街建筑；在街区内部则有私家庭院和公共花园。这些街区被划分为不同的区域，各个区域均有自身的机构和城市服务场所，如教堂、学校、图书馆以及医疗诊所等。

这些林荫大道限定了城市不同区域的边界，将来可以用作商业开发，相比于

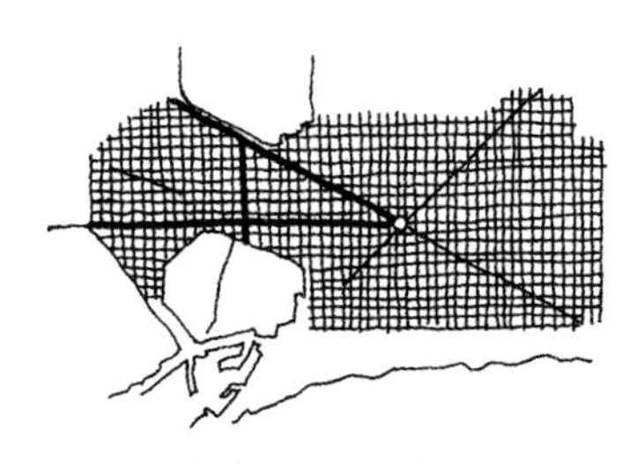

巴塞罗那的林荫大道

其他城市街道，其城市特征更为突出。它们所经过的街区，其临街两侧均为齐整的沿街建筑；而相比之下，其余街区的临街处理更为自由：既有完整的城市界面，也有开敞的城市公共空间[15]。

塞尔达的新城规划方案既周密又细致。出于对公众健康的关注，他构建自己的城市规划思想长达数年之久。他甚至自己出资，对巴塞罗那工人阶级的居住情况进行了一项宏大的数据研究，而这类研究从未有过先例。他还准备了一项有关巴塞罗那周边土地的综合的地理信息调研。塞尔达用书面文献支撑他的规划，这份文献阐述了关于城市化的详细理论，并将交通和卫生视为城市规划最关键的问题。塞尔达认为，在一套综合的城市规划中，林荫大道是其中不可或缺的重要组成要素。

在实际的建造实施中，街区和林荫大道均按照塞尔达的方案排列布局。然而，随着新城区的发展，实际建造的街区比规划蓝图中的街区更为密集。大多数街区周边均建有沿街建筑，典型形式为6至7层的公寓建筑。而林荫大道也如规划预期，逐步发展成为商业街。

塞尔达设计的3条主要复合型林荫大道分别是格拉西亚大道、对角线大道和加泰罗尼亚议会大道。格拉西亚大道起始于老城边缘地带新建的加泰罗尼亚广场，向北穿过9个街区，直抵重要的格拉西亚边远郊区。由于是在既有的田园公路基础上改建而来，格拉西亚大道与城市的棋盘网格成一定的角度，并根据罗盘的基本方向将其对齐。大道在新建过程中将原有道路的车道拓宽，在沿途植有6排树木，并在其周边新建了一系列的公共花园，从而形成了其最终的结构形制。格拉西亚大道宽200英尺，比香榭丽舍大街窄30英尺。开阔的中心主车道、宽阔的分隔带、相对较窄的辅道和宽敞的人行道构成了其主要特征（尽管塞尔达的草图并未标明道路断面各部分的详细尺寸，他还是清晰地勾勒出了其复合型林荫大道的形式）。而格拉西亚大道一经建成，其所经地段立刻成为新城区中地价最贵的区域，并最先得到了发展[16]。很快，它又成为举办当地传统夜间舞会的中心场所，人们盛装打扮，在晚餐之前漫步于这些城市街道。

对角线大道，如其名称所示，斜穿过城市的正交网格。它与格拉西亚大道的最北端相交，一端指向萨里亚科茨（Corts de Sarria）的郊区，远处则是一大片开阔的平原，街道的另一端则指向地中海。加泰罗尼亚议会大道的走势顺应了城市网格的方向，位于老城与新城之间，联系着两处最重要的公共开放空间——西端的蒙特惠奇山（the mountain of Montjüic）与东端的新公园。对角线大道和加泰罗尼亚议会大道宽165英尺，虽然比格拉西亚大道窄，但远宽于新城中的其他街道，这些街道统一为65英尺宽。从道路剖面来看，这些街道与格拉西亚大道相似，只是中心主干道略窄一些。

直至20世纪中期，格拉西亚大道和其他林荫大道都依然完好地保持着最初的街道格局。此后，为了适应城市发展的需求，它们都经历了不同程度的改造。格拉西亚大道的辅道上就增加了许多停车位，而对角线大道和加泰罗尼亚议会大道所承载的交通量也有所增加。

这些林荫大道不仅在巴塞罗那的城市扩张中起到了核心的结构骨架作用，而且还为周边街区提供了清晰的结构，充当着城市的主要商业街，并为城市的不同区域提供了边界线。此外，由于地理位置突出，绵延不绝，并且延伸至重要的边远地区，这些林荫大道还在更大的区域尺度层面扮演着重要的角色。

布鲁克林 | Brooklyn

在美国，最先建立复合型林荫大道系统的城市是纽约的布鲁克林区。1860 年的布鲁克林是当时美国仅次于纽约和费城的第三大城市，拥有 27 万人口。布鲁克林最初只是一座小农镇，1810 年后进入快速城市化时期，并且一直保持着高速发展，直至 19 世纪中叶。布鲁克林坐落于长岛的西端，与曼哈顿的南岸隔河而望，彼时的布鲁克林充当着类似纽约市居住社区的角色。然而，随着自身工业基础不断加强以及市中心的不断扩展，布鲁克林实质上已成为了一处独立的城市区域。与此同时，靠近布鲁克林边缘的皇后区内仍是大片的农田，土地则归独立的农户和小村庄所有 [17]。

1839 年，布鲁克林完成城市整合后不久，官方采纳了基于功能的实用性城市规划。规划将布鲁克林划分成多个不同的长方形街区格网，格网在市中心原有的格网基础上发展而来，并经过了进一步细分。同时，沿着正交格网的众多路口设置了多条对角线大道 [18]。

1860 年，当地政府决定建造一座类似纽约中央公园的大型公园，公园选址在曼哈顿对岸。新成立的公园委员会将公园基地选在城市未开发的南部边缘地带，并于 1865 年聘请奥姆斯特德和沃克斯进行设计。弗雷德里克·劳·奥姆斯特德，这一纽约中央公园的设计者，是当时方兴未艾的城市公园运动的核心人物。他的搭档卡尔福特·沃克斯是一名建筑师，之前曾与景观师兼评论家安德鲁·杰克逊·唐宁（Andrew Jackson Downing，1815—1852）有过亲密合作。展望公园，正如它的名字所言，设计团队为此耗费心血长达 8 年之久，此后奥姆斯特德更将之视为代表作。在规划的公园系统中，它是最重要的一环，规划还拟建一定数量的复合型林荫大道，奥姆斯特德和沃克斯则将之称为“公园大道”（parkways）。

奥姆斯特德和沃克斯从最初便极为关注通往展望公园的道路。他们设想修建宽阔的林荫大道以通向公园。仅仅过了几年，他们便需要设想建立一套尺度极其巨大的林荫大道系统，这一尺度大大超出了他们的预想 —— 甚至远超巴黎和巴塞罗那的林荫大道系统。1868 年，他们提出了一个贯穿布鲁克林全市并一直延伸至郊外的公园大道系统的规划。他们设想的这一系统将把展望公园、中央公园

（Central Park）以及将建的公园联系起来，并通过公园大道将整个区域串联在一起。这一系统一旦实施，其覆盖的总区域将超过80平方英里。公园大道意在构建新的街区结构框架，并作为联系居民区和更大尺度公园的“线形公园”（linear parks）。

为了支持公园大道计划，奥姆斯特德和沃克斯发展了一套“街道模式的改变与文明进步间关系”的理论，并在给公园委员会的一份报告中详细阐述了这一理论。该理论将城市街道模式的发展划分为5个连续的历史阶段。第一阶段为早期村庄和有围墙的小镇中狭窄的步行道。到了第二阶段，这些街道变得肮脏、拥挤，行人不得不和货车、购物车争夺有限的空间。第三阶段出现了为行人而设的人行道，它起源于18世纪中期，通常设置在马路中央马车道的两侧，并比中间路面高，而道路两侧的排水沟和下水道也在一定程度上减少了人和动物产生的污秽。第四阶段的街道更是进一步得到了改善，中心主干道被一分为二，中间则是高出路面供行人使用的林荫小路（这类街道以奥斯曼时期修建的中央分隔带型林荫大道为设计原型）。奥姆斯特德和沃克斯见证了第五阶段的道路发展形式——公园大道，它的出现标志着城镇文明化生活的进步和革命，相比于之前的街道，公园大道中

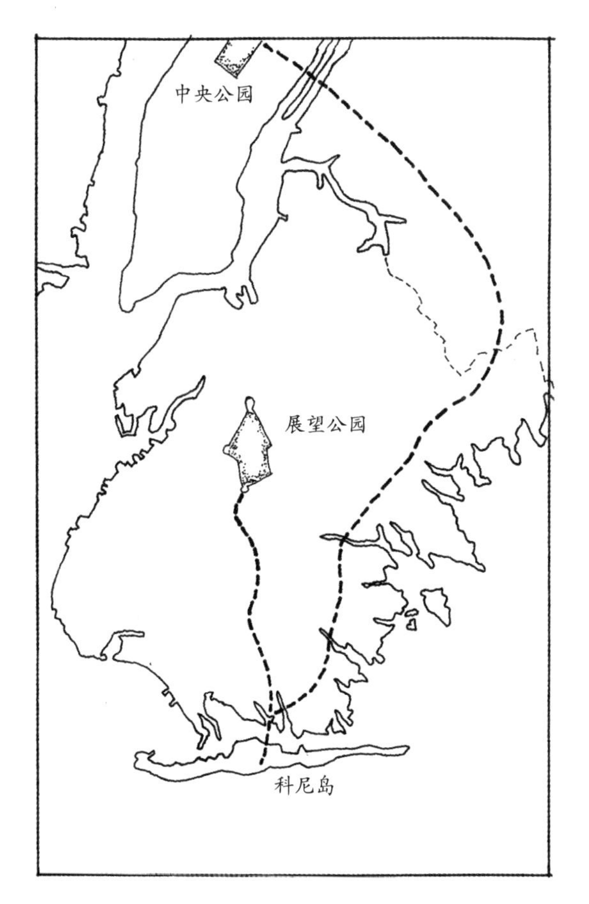

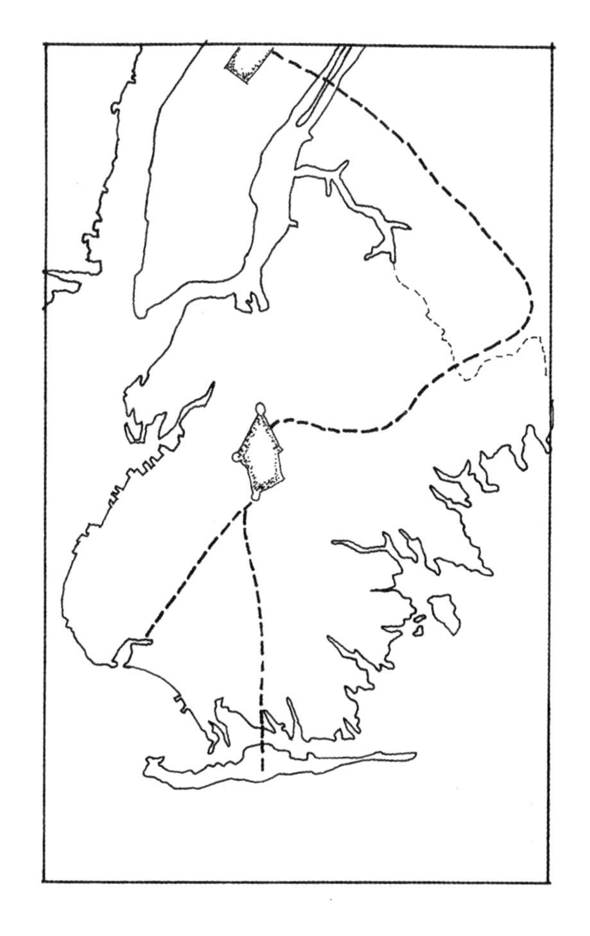

奥姆斯特德与沃克斯早期设想的公园大道系统

部的林荫小路部分被放大，其中增加了一条专属的自行车道[19]。

他们的理论源于自身独特的审美观念。得益于景观设计师的身份，他们长期受工作环境中浪漫的田园风光熏陶，收获了丰富的艺术体验，培育了高尚的情操。他们设计的城市花园仿佛世外桃源，优美的风景助人冷静思考，并使人从城市的重压中得以释放。他们坚信这类公园可以改变下层社会人群的品味，并提高他们的审美标准。从概念上说，这类公园大道能将公园的景观价值更大化，而在公园中设计园间小径也有类似的作用。而且，即便大道的周边居民在日常生活中从不去公园游玩，仍能享受公园带给他们的好处。尽管公园大道的设计初衷是为了给司机和行人带来更美妙的出行体验，但它们同样可以提供街区所需的生活设施，人们同样可以从公园大道上通往沿街建筑。奥姆斯特德和沃克斯将公园大道系统描述为“一系列为使通行便捷而设计的街道，同时人们还可以在此惬意地漫步、骑行、行驶，或是休息、娱乐、喝下午茶、进行社交活动……街道的格局为周边每户业主的出入都提供了便利……沿街建筑的日常交通都汇聚于此，这里还有汽车和自行车的专属道，在专属道的车辆无须面对令人厌恶的商用车辆，街旁的人行道很宽，并设有座椅，草坪上的高大树木赋予了街道宏伟的气息”[20]。

奥姆斯特德和沃克斯设计的公园大道代表作深受奥姆斯特德在欧洲旅行所见

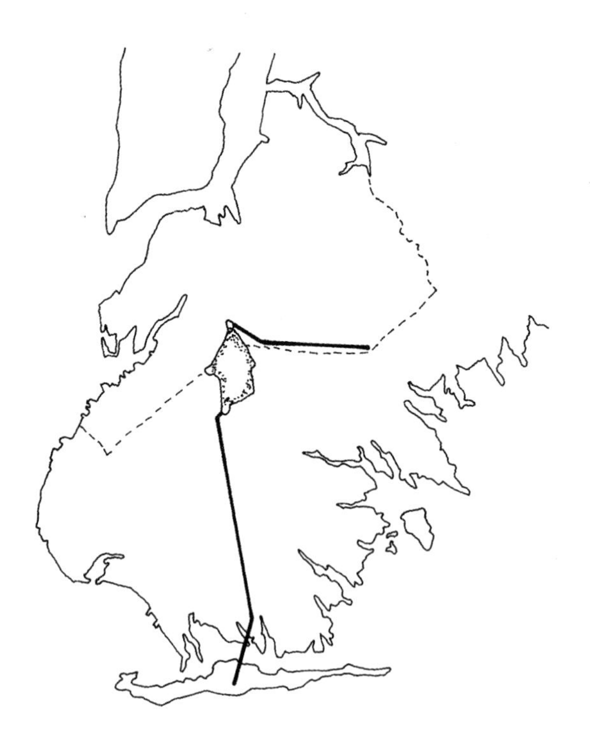

东公园大道和海洋公园大道

的林荫大道的影响。他们的众多文献尤其提到了皇后大道和香榭丽舍大街。不过美国人所期望的林荫大道相比欧洲的林荫大道，城市味更少，而公园味、田园味更足。

虽然奥姆斯特德和沃克斯设想的都市公园大道系统最终只停留在纸面上，但是东公园大道和海洋公园大道还是于1870年和1874年被相继建造。东公园大道始于布鲁克林的大军团广场，这是一处巨大的椭圆形开放空间，广场上对称的放射形道路由奥姆斯特德和沃克斯设计，并通往展望公园的北侧主入口。这条园路建在一段低矮的山脊线上，向东延伸2.5英里直抵城市边界。随着其周边地段的逐步开发，大道四周呈现出绚丽多彩的景象：远处布鲁克林的市区、曼哈顿岛、大西洋和长岛海峡构成了一幅优美的城市美景。海洋公园大道北接展望公园，向南延伸5.5英里可达科尼岛的海滩。

东公园大道和海洋公园大道的路权宽度都为210英尺，约比香榭丽舍大街和大军团大街窄20英尺，而比格拉西亚大道宽10英尺。相比于布鲁克林当时多为60、70英尺宽的其他街道，它们显然称得上是庞然大物了。公园大道的典型形式至今保留完好：开阔的中心主干道两侧是高起的宽阔林荫小路、狭窄的辅道以及街上种有6排间距紧密的行道树，中心主干道两侧的分隔带中各有两排，两侧人行道边缘各有一排；沿街的行道树和种植带中茂密的植物为林荫大道增添了一股

Bicycle path on Ocean Parkway

海洋公园大道上的自行车道

浓郁的田园风情。

在奥姆斯特德和沃克斯的设想中，公园大道两侧应是大规模的独栋住宅。其周边土地可以被划分并建造成“一系列中间建有独立小别墅的私家花园”。在设计师的强烈建议下，布鲁克林当局设置了多项限制来规范公园大道沿途的发展，“妨碍公共权益的构筑物”明令禁止建造，如在房屋后院不能建造不同于马厩和车库这类常规的构筑物，而包括工厂、贸易点、商店这类可能会对周边居民产生消极影响的构筑物均不得建造。沿街住宅统一退让街道 30 英尺形成前院，户主需要在此种植绿色植物 [21]。

为了带动东公园大道周边高端居住区的发展，大道刚建成不久，奥姆斯特德和沃克斯便设计了一套道路系统，系统包括街道两侧用以服务的小路和中间宽阔的街道。尽管这一方案部分得以实施，但大部分在之后被拆除了 [22]。

两条公园大道所经之地当时一片荒凉。市政完成了拆迁并且出资建造了大道，还通过周边产业的税收来改善公园大道的条件。建造的过程并非一帆风顺，尤其是海洋公园大道，它的选址完全位于当时的城市边界之外，这令大道的修建备受非议。虽然困难重重，两条大道包括沿街的树木栽植均在数年之内便全部完工。不过，大道沿线的发展却并未如设计师预期的顺利，尤其是东公园大道周边未能迅速发展起来。事实上，随后爆发的一系列经济危机以及东公园大道上围绕展望公园的土地纠纷影响了大道获得实质发展近乎半世纪之久 [23]。

这一时期，绿树成荫的公园大道被广泛用作马车道和货车道，之后则用于自行车道。公园管理部不时就会对公园大道的使用加以限制。在早期，中心主干道用于马车和马匹的快速通行，而速度稍慢的马车和货车则使用辅道，行人则沿着分隔带行走。到了 19 世纪 90 年代，分隔带中设置了自行车道，但需经注册方能使用；行人的活动被限制在人行道上。随着 20 世纪初期机动车日益普及，马车和自行车逐渐减少，中心主干道成了飞速行驶的机动车的地盘。此时的辅道，一侧供行驶缓慢的服务车辆专用，另一侧则为骑马者保留；而行人与自行车则共同使用分隔带 [24]。

虽然贯穿布鲁克林的有轨电车路网当时正在修建，而且 20 世纪 20 年代后期路网进一步扩大，但东公园大道和海洋公园大道上一直未修建。奥姆斯特德和沃克斯认为，有轨电车及随之而来的商业氛围会削弱公园大道上的田园味，公园委员会对此表示认可。不过 20 世纪初，东公园大道地下铺设了一条地铁线，地铁出入口则设在林荫小路上。

20 世纪初，东公园大道沿途终于取得实质性发展，而海洋公园大道的快速发展则在 20 世纪 20 年代。最终，在海洋公园大道沿途按设计师的设想修建了独栋住宅，东公园大道的两侧则是更为密集的三四层楼房和公寓楼。

继布鲁克林之后，奥姆斯特德和沃克斯还为美国许多城市设计了公园大道系统，其中一部分是复合型林荫大道，它们位于布法罗、波士顿和路易斯维尔（Louisville）。

20 世纪和复合型林荫大道的终结
THE TWENTIETH CENTURY AND THE DEMISE OF MULTIWAY BOULEVARDS

20 世纪初期一些大规模的林荫大道系统在英法的殖民城市建立起来。其中最著名的要数 19 世纪 60、70 年代墨尔本建造的皇家阅兵大道（Royal Parade）；弗莱明顿大道（Flemington Road）和圣基尔达大道（St.Kilda’s Road）以及印度的新德里和印度支那的西贡（即如今的越南胡志明市）的林荫大道了。

然而，美国却几乎没有修建这类复合型林荫大道。道路工程师放弃了这种道路模式，转而寻找能令机动交通合理化并提升车速的街道模式。美国的工程师发展了新的街道形式和公路系统，旨在将快速交通和慢速交通以及人行交通分开；同时，他们痴迷于高速公路，并发展出了有立体交叉口、控制出入口的高速公路。而旨在解决不同类型交通的复合型林荫大道，包括奥姆斯特德和沃克斯设计的城郊公园大道，则被认为是过时的、不适宜的且不安全的。人们最初建造这类街道是为了获得舒适的漫步空间，但此时它们已不合时宜。而世纪之交后，美国建造的为数不多的复合型林荫大道中，亦将过境交通居于其他交通之上，南美洲的情况同样如此。修建于 20 世纪 30 年代布宜诺斯艾利斯的莱奥・胡安大道（Avenida Nuevo de Julio）便是最典型的反面教材，这条街道已经几乎失去城市街道的特征，完全成为了一条快速通道。

20 世纪初的美国，“公园大道”这一术语不再用于描述具备复合型林荫大道形式的街道。取而代之的是它被用于指代由城市通往周边乡村景观优美的、控制出入口的道路。这种新型道路最早可以追溯至 20 世纪初纽约都市区北部的维斯切斯特县（Westchester County）建造的公园大道。它们大多沿河而建，建造目的也不是串联不同的公园或带动郊区发展，而是为了开发田园地区，以使路经于此的司机获得美妙的驾驶体验。

20 世纪 30 年代后，美国工程师开始大规模地建造城市高速公路和主要道路系统，许多既有的复合型林荫大道都历经改造；大道的中心主干道被拓宽，部分案例中甚至被改造为内凹的封闭式快速路。位于布法罗的由奥姆斯特德设计的洪堡大道（Humboldt Parkway）便是一例。其中心主干道被下挖，改造成了封闭的快速路。

对街道设计态度的改变最终导致了复合型林荫大道在20世纪初走向衰亡。这是基于分离概念的街道分类系统在实际运用中的体现。20世纪应对19世纪城市表面混乱的措施便是尝试赋予城市一定的秩序。在19世纪晚期出现的新的城市规划和交通工程的专业人士看来，城市秩序等同于功能分区。街道上，行人与汽车加速分离，而大量的城市土地使用亦是如此。早在1916年，美国城市便开始依土地使用功能划分城市区域 —— 住宅区、商业区、工业区。与此同时，规划师和工程师则开始对街道进行不同分类。如伯曼所言，“在我们生活的大半个世纪，城市空间经过系统化设计和组织以确保不再发生冲突和对抗[25]。”

美国的规划师最初是基于不同的土地使用功能将街道划分为不同类型的。查尔斯·芒福德·罗宾逊（Charles Mulford Robinson，1869—1917）是一位颇具影响力的早期城市规划师，他在1916年出版的书中反对了建立统一尺度和形式的城市街道。他提议将街道分为两种类型 —— 主要交通干道和小尺度居住街道，并依据不同的标准修建。交通道路应具有商业属性，同时要笔直、宽阔、呈放射状。而居住街道应是狭窄且弯曲的。根据这种分类，他建议不同交通性质和使用功能的街道彼此间应该有明确的界限：交通性道路应该分为有轨电车道、快车道和慢车道；而居住道路则应分为高级住宅区街道和普通居民区街道。

交通性道路和居住街道间最主要的差别在于它们的尺度不同。罗宾逊提出最低等级的交通性道路应达到100英尺宽（对应的铺装路面应至少达到72英尺宽），而最高等级的居住街道不能超过60英尺宽（对应的铺装路面则不能超过24英尺宽）。不过罗宾逊本人并不排斥复合型林荫大道。从书中的例证来看，他将林荫大道视作一种能合理组织不同交通流线的街道形式。但他本人的态度则是既不提倡也不反对建造复合型林荫大道[26]。

在20世纪30年代，ITE（Institute of Traffic Engineers，交通工程师学会）刚成立后不久，交通工程师发展了一套基于不同功能概念的街道分类系统。这种方法叫做“功能分类法”，后来它被广泛运用并沿用至今。功能分类法依据车辆的通行活动和周边建筑的可达性对街道进行分类。这种分类基本明确了不同类型的街道所对应的特定的通行和可达功能。街道的两类功能呈现负相关：通行功能越强，可达功能便越弱。例如，依据这种分类方式，高速公路是通行功能最强的道路，但其可达功能为零；而街区道路的可达功能不受任何限制，却几乎不具备通行功能。

可达与通行的负相关关系意味着在这种分类方法中，不存在某种类型的街道能同时满足快速通行和高度可达两类特征。因此，能同时具备这两类特征的复合型林荫大道便被排除在这种分类方法的门外。同时，虽然这种分类依据对可达和通行均有所涉及，还是能很明显从空间、资金来源、设计目的这些方面注意到其关注的重点在于通行。而从各种分类的道路名称和对不同分类的描述上，便能看出这些端倪——高速公路、快速路、主干道路、支干道路和街区街道。交通工程师学会的《交通工程手册》（*Traffic Engineering Handbook*）中指出，对于街道等级的定义综合考虑三方面因素，即"各类交通的本质和类型、交通行程的长度以及通常承载交通量的状况"[27]。

多数工程类出版物都用相似的基于功能的分类方式对此进行了分类[28]。以下的定义综合选取了其中的典型。

- 高速公路（Freeways）：在重要的人类活动中心之间，负责承载较长距离主要交通量、完全控制出入口且没有交叉口的分段公路。
- 快速路（Expressways）：功能和高速公路相似，但只有部分路段控制出入口且可能会有道路交叉口，不过通常主要交叉口均是立体相交。
- 主干道路（Arterials）：功能和高速公路相似，但有平面交叉口且所经路段可直接进入（实际上，这种可达性往往被限制在相隔半英里至1英里的交叉口处）。
- 支干道路（Collector Streets）：主要功能是连接主干道路和街区街道，不仅承载局部地段的过境交通，同时也直接服务于毗邻的地段。
- 街区道路（Local Streets）：主要为毗邻地段的建筑提供出入口，同时承载局部地段的短程交通。

基于一种被认为普遍适用于各类街道的规范，交通工程师们为各种按功能分类的道路均制定了街道设计标准。标准包括对进出权限的控制、行驶速度设计标准、流量设计标准、道路服务等级标准和公路承载力标准。标准的制定以及其在分类中运用的方式凸显了对交通工具通行的重视，提供了消除交通冲突的方向以及对车辆交通的另类需求不予质疑的基本理念。比如，《交通工程手册》中建议，在所有的分类中均加入一些对进出道路的限制，并且提出警告："对进出道路的控制类型和方式将很大程度上影响到道路运转和交通的安全。"另外，在所有的分类中，设计速度、流量、道路服务等级以及道路承载力的设计标准均被过分夸大了——为了方便各类交通工具的通行并适应未来车辆增多的潜在可能，实质上在道路宽度和承载力方面进行了过度设计[29]。

如果严格按功能分类的定义，复合型林荫大道可以视作一条主干道路和一条街区道路的结合。结合这个案例，再审视这些为不同街道制定的设计标准，它们将变得充满价值。我们可以看到这类街道设计的理念是如何强力地阻碍了混合型街道的发展。《居民区街道设计及交通管制》（*Residential Street Design and Traffic Control*）一书中指出，街区道路"可以承载过境交通，但从经营管理的角度来看则并不适宜”。书中同时指出主要街道“仍然可以承载部分周边建筑的出入功能，但是可能会受限于禁止停车的规定，因为外侧车道需要确保能在交通高峰期保持通行。而在进一步的细分中，部分建筑可能避免面向主要街道设置出入口，这样便不需要毗邻车道或在主要街道上停车”[30]。

这类由高速公路组织和交通工程组织出版的道路设计标准因被视作建造道路的优秀案例而广泛流传，并且已经被很多城市所采用。总体上说，这些标准是美国街道设计和重新设计的基础。通常，它们是被采纳的唯一标准。这种将工程标准视作街道设计的唯一基准的做法，催生了那些为汽车服务而并非为行人服务的街道。在交通工程类出版物中，街道设计被视作一类道路的几何样式设计。现行版的《交通工程手册》中如此描述优秀的几何样式设计的基本目标："创造一种公路，它能提供安全高效的运输，这种运输要能够反映行驶于此的司机和车辆的特性，公路还需在经济和其他的方面上取得合理的平衡。"[31] 这些目标体现了对车辆、安全和效率的关注，但并未直接涉及行人和街道的环境质量。标准中几乎未提及行人，仅有的几处也都在讨论将他们从交通中分离的必要——或是保护行人安全，或是保证车流远离行人，避免可能带来不利影响。

对行人的安全予以关注值得赞赏，但过度强调则不可取。而通过完全的人车分流来减少两者间的冲突可能会适得其反。一旦人们意识到街道设计标准似乎是基于对危险和安全未经验证的假设和合理化推测，而并非基于对街道上司机和行人行为的实际研究所得数据，问题就相当麻烦了[32]。

这种以车辆、通行、安全和效率为工程导向的方法，经两三代的城市规划师和建筑师[33]倡导，已大体上为大众所接受，并直接导致在对"什么才是公共街道"这个问题回答上的极端的不平衡[34]。机动化的交通工具被给予了支配街道的绝对权利并因此主导了公共空间，而行人和非机动车却明显地受到排挤，逐步从街道上消失，并因此远离了公共空间。事实上，这意味着街道空间的主导权已从街道周边的居民手中转移至路经于此的司机手中。当地居民享有的街道的使用价值已经被经过此处的外人剥夺。

纵观复合型林荫大道的发展史，最值得我们学习的便是它们作为一种街道形式的强大适应力。当初，在不同城市、政治和社会环境中，为适应完全不同的交通运输和土地利用模式而设计的最杰出的复合型林荫大道，在容纳当今完全不同的社会环境上表现也是相当成功的，并不需要太多的改动来适应当代的使用。

诚然，许多设计和规划的专家以及社会理论家已经开始呼吁，是时候重新考虑人车分流的概念了。吸引公众关注的声音已经出现，并将一直持续[35]。然而，在道路的选址、尺度和设计方面，支持分流的声音依然占据主导，这有利于使用分离、车道分离、功能分离的实施。这种理念培育下的专业人士往往更受人们的青睐和信任。他们引用"安全"这一神奇的字眼时当然不会面临质疑，但或许甚至连这些专业人士自身也未意识到他们所谓的标准和规范并不是建立在真实的数据和实践经验上，而是建立在专业的教条之上。不过，他们将复合型林荫大道视作危险的街道或许情有可原，因为在新千禧年伊始，使用分离和功能分类的观念已经在严格的执行中深入人心，林荫大道的建设因此饱受专业和官僚的双重限制。

林荫大道最初只是人们散步和娱乐的场所，彼时人们理所当然地将之视为充满活力并能满足人们不同需求的公共空间，但如今，人们的态度已经大不相同了。究竟是复合型林荫大道确实存有安全隐患，还是只是特定的情形和设计下的林荫大道才如此，仍有待观察[36]。尽管街道标准的演变对我们如今重现复合型林荫大道的昨日辉煌提出质疑——如果我们确定要沿着这条路走下去，我们还未对这一假设做出检验。这将是第三部分的主要内容。

圣基尔达大道的沿途景象

第三部分　安全性、专业标准和行人区域的重要性

PART THREE　SAFETY, PROFESSIONAL STANDARDS, AND THE IMPORTANCE OF THE PEDESTRIAN REALMS

天使大街与民兵大街交叉口

第一章 复合型林荫大道的相对安全性

CHAPTER ONE THE RELATIVE SAFETY OF MULTIWAY BOULEVARDS

我们已经了解到世界上许多杰出的、最负盛名的街道都是复合型林荫大道，如格拉西亚大道、海洋公园大道、东公园大道以及蒙田大道。而其他名气略逊的林荫大道，如意大利菲拉拉市的科尔索•伊松佐大道和加富尔大街以及波士顿的联邦大道的大部分路段，则在知晓和使用人群中享有盛誉。

不过，我们同样注意到在很多交通运输工程师眼中，复合型林荫大道充满危险。如果单单只看大广场街、皇后大道或是布宜诺斯艾利斯的七月九日大道，或许我们会对此表示认同。但是除此之外的其他林荫大道呢？这种街道类型自身是否存在某种潜在危险？由于对机动车辆及其连续运动抱有成见，美国交通工程界倾向于认为这类街道并不安全，主要原因在于其繁复的车道造就了复杂的道路交叉口。这一观点的盛行使得在美国国家公路和运输官员协会（AASHTO，Association of State Highway and Transportation Officials）出版的有关几何样式的城市街道设计刊物中，可参阅的林荫大道或者两侧设有辅道的街道的内容日益减少[1]。更深层的原因在于，尽管最新的街道设计指导方针中并未提及复合型林荫大道不安全，却对这类大道的关键特质不予提倡，如道路交叉口的多重冲突点以及延伸至路口的行道树。在我们与专业街道工程师的谈话中，“设有辅道的街道不安全”这类观点不断被提及，似乎这更像是他们的专业素养，而非对林荫大道的特殊担忧。

我们的感性经验和观察表明这种类型的街道并非是不安全的。但我们想更确切地弄清楚它们究竟是否安全。如果复合型林荫大道相对安全（或者其实并不安全），是否是因为某种特定的街道组织设计和交通管理方式导致了这一结果？

这一章节所讨论的两个研究性问题也因此建立了相互的关联，某种意义上说正是前一个问题的答案引出了后一个问题。前者研究的是林荫大道的相对安全性，我们的研究假设是采用林荫大道格局的街道并不比普通格局的街道更危险。如果这一假设成立，第二个问题随之产生：道路交叉口潜在的流线冲突增加了事故发生的可能性，林荫大道上的司机和行人采取措施降低这种可能性了吗？我们的假设是行人会更加谨慎，以适应不断复杂的环境，而街道的格局对于促进行人的适应非常重要。

对安全性问题的研究需要运用对比的方法，即将美国和欧洲既有的复合型林荫大道与其周边承载力相近的街道上发生的事故的数据进行比较。通过这种方式，我们能够不受城市环境和社会经济学变量的影响。为了计算街道的安全性，涉及的林荫大道与相关街道的流量统计和事故数据都必须从各城市的当地政府和警察部门获得。

追踪并比较事故数据和流量统计的困难一定程度上表明了现行的设计标准和规范的重要。事故数据和流量统计，尤其是前者，并不容易寻找和收集。不同的城市和州政府将数据保存在不同的地方，比如有的在警察部门，有的则在州立安全部门。而且，对于事故的统计缺乏统一标准，某些城市也许会统计某一类事故的数据，但其他城市可能并不会收集这类事故的数据。损伤报告的格式也因城市而不同。许多人们认为数据漂亮的城市实际情况并非如此，而另一些不被看好的城市情况刚好相反。需要指出的是，似乎并没有某个城市对与车流量息息相关的人流量进行统计。

我们希望收集的数据能尽可能全面。只要时间和财力允许，我们便不放过任何我们感兴趣的林荫大道的信息。其中大多数的街道，我们都曾亲自走访过。在调研过程中，我们的同事热心地为我们提供了所需信息。最终，我们获得了 8 条位于美国的复合型林荫大道的相关信息以及 11 条位于巴黎和巴塞罗那的复合型林荫大道的相关信息。同时，针对每条林荫大道，我们都选取了其周边的一条街道作为比较。选取的街道都具有可比性，而且不是林荫大道 [2]。针对不同街道相对安全最有意义的比较是对林荫大道和其周边对比街道的比较（这比不同城市间的比较更具价值）。

完成了数据的检索和汇编工作后，问题随之而来：那些令交通工程师们得出复合型林荫大道并不安全这一结论的数据和分析从何而来？已经颁布的专业标准和规范的支撑数据和分析又从何而来？我们并未收集到这些数据。

事故数据、车流量和人流量本身并不足以解释街道是否安全。为了解复合型林荫大道的实际运行好坏以及街道的物理格局与街上行人的行为活动间的关系，我们有必要进行细致的实地调研。我们选取了 6 条位于美国和欧洲的复合型林荫大道进行调研，街道的相关数据均可获得。它们是各类不同尺度、车流量及周边环境的林荫大道的典型 [3]。我们观察了这些林荫大道上行人和司机的行为活动，并以录像和定时摄像的方式进行记录。我们对街上发生的行为活动进行了细致的计量，并测绘了街道的物理格局。漫步于此，站在岔路口计量测绘，甚至只是简单地观望都使我们深受启发。最终，我们逐步发现了与街道格局相关的行为活动的模式系统。

街道安全的测量 | MEASURES OF SAFETY

街道安全的测量方法不一而足，但选用的方法必须适用于当前可获得的数据。对安全性的一项衡量可以反映与事故发生概率相关的年平均事故量，其依据的数据便是当前街道上交通车辆的绝对数量，即日均交通量（ADT，the average daily volume of traffic）。在我们所研究的大部分美国林荫大道案例中，都能通过收集各路口（即统计某一路口至其最近的路口间路段的事故量）的年事故数据，并计算得出年平均事故，接着用各路口的年均事故数量除以日平均交通量（除以 1000）即得到各路口的日均事故率（表 3.1）。

表 3.1 相关数据公式

平均事故率（各路口）	=	$\frac{\text{平均事故数量}}{\text{日均交通量 /1000}}$
行人事故率	=	$\frac{\text{年均行人事故}}{\text{日均交通量 /1000}}$
加权行人事故率	=	$\frac{\text{行人事故率}}{\text{每小时行人量 /1000}}$

由于街道的安全不仅和机动车辆有关，也与行人息息相关，或许同样有必要计算出行人事故率。其计算方法与车辆事故率的计算方法相同，只需将分子换成年平均行人事故。表 3.1 中第二项行人事故率意在反映当前街道上行人的加权影响。为此，需要将计算得出的行人事故率除以观测的一小时内的行人数量（行人数量需要除以 1000）[4]。

美国的林荫大道 | U.S. Boulevards

对计算结果的分析有力地说明，我们所研究的美国的林荫大道的安全性并不比其周边普通格局街道的安全性低。其中，部分林荫大道甚至比后者更安全，部分则相差无几，只有部分比后者安全性低。

以大广场街为例，街上各路口的年平均事故数量为 20.94 起，而 1992 年其日均车流量为 57950 车次，两者相除便得到了年平均事故率 0.36，明显比与之平行的两条对比街道 —— 杰罗姆大街（Jerome Avenue）和韦伯斯特大街（Webster Avenue）上的这一数据要低。而三条大街上的行人事故率大体相近。不过，大广场街上的人流量明显高于另外两条对比街道。

布鲁克林的海洋公园大道，尽管在所有研究的林荫大道案例中车流量最大，但其事故率却比其周边的对比街道 —— 菩提大道（Linden Boulevard）上的事故率的一半还低。然而，东公园大道上的事故率却略高于菩提大道而其行人事故率更是明显高于后者[5]。而研究结果表明皇后大道在所有研究案例中安全性最差，而且即便与普通的街道相比也不尽如人意。事实上，皇后大道和大广场街在当地人眼中都是行人事故的高发地段。我们对此的观点是行人事故的多发是源于对林荫大道错误的设计，而并非林荫大道自身存在问题。我们将在之后的内容中对此进行解释。

在华盛顿，人们经常会将 K 大道和宾夕法尼亚大道（Pennsylvania Avenue）以及宪法大道（Constitution Avenue）进行比较，因为这些街道承载的车流量相近；同时还会将之和与之平行的两条大街 ——I 大街和 L 大街相比较。只有 L 大街上的事故率与 K 大道相近；其他三条大街则明显比 K 大道更安全。对此，我们仍保留相同的观点，即对林荫大道的错误设计导致了这一结果（表 3.2）。

表 3.2　美国的交通数量、选择的道路和下属街道的事故量

街道名称	数量（ADT/1000）	事故（每年每个十字路口）	事故率（事故/数量）	行人事故（每年每个十字路口）	行人事故率（事故/数量）
纽约 *					
大广场街	57.95	20.94	0.36	4.88	0.06
杰罗姆大街	22.419	14.25	0.63	2.08	0.09
韦伯斯特大街	17.47	16.06	0.92	1.19	0.07
皇后大道	37.654	36.99	0.98	2.14	0.06
北部大街		14.94		0.68	
东公园大道	61	42.38	0.69	3.65	0.06
菩提大道	27	17.54	0.65	1.04	0.04
海洋公园大道	74	27.3	0.37	1.2	0.02
华盛顿 **					
K 大道	51.85	18.2	0.35		
宾夕法尼亚大道	51.822	12.87	0.25		
宪法大道	58.1	15.33	0.26		
L 大街	35.59	11.93	0.34		
I 大街	34.6	8.88	0.26		
路易斯维尔 ***					
南公园大道	17.211	8	0.47		
第三大街（Third Street）	16.503	14.97	0.93		
奇科 ****					
滨海大道	24.8	4.83	0.19		
红树林大街	22.233	3.98	0.18		

注：街道为斜体字表示的是林荫大道。

* 纽约的交通量数据是由以下部门提供。大广场街和皇后大道：纽约市交通局；《大广场街交通安全研究草案 12/92》；《皇后大道交通安全性研究（未注明日期）》。杰罗姆大街和韦伯斯特大街的数据由纽约市交通运输局提供的交通统计数据估算得来。东公园大道、海洋公园大道和菩提大道的数据根据我们的统计结果估算而来，即假设这些街道与皇后大道、大广场街上的日常交通都受同一模式影响，以此得到数据。不幸的是，我们没有收集到北部大街的数据。

所有街道的事故信息都来自当地的事故监督项目——纽约州交通部。大部分数据集中于 1991 年 1 月到 1992 年 12 月间。事实上，这份数据和纽约市警察局的交通安全报告中所涉及的数据有较大出入，我们无力对两者加以整合。为了便于比较，我们选择使用前者的数据，因为研究涉及的所有街道的数据均可获得。

** 华盛顿的数据是来自哥伦比亚区市政工程部的交通事务局。华盛顿和路易斯维尔的行人事故的数据不便于统计，而奇科市的相关数据小到可以忽略不计。

*** 路易斯维尔的交通安全数据来自路易斯维尔市政工程部的工程和建筑科。

**** 奇科市的交通量和事故数据来自奇科市服务中心的工程部。

在路易斯维尔，我们调研发现南公园大道（Southern Parkway）的安全指标明显高于与之对比的街道。奇科市的统计结果则使我们深受启发。滨海大道上的路口并未对任何交通路径加以限制，而与之平行的一条城市干道——红树林大街上的路口则受交通信号控制。据此推测，路口不会有任何交通流线的冲突。事实上，尽管交通组织上有所差别，两条街道的相关安全记录却相差无几。

欧洲的林荫大道 | European Boulevards

巴黎 | Paris

巴黎街道上的相关数据不便于制成表格用以简单地和美国的街道进行比较[6]。而且，巴黎的主要街道通常比美国的街道短很多，且尽端路口的情况更为复杂，多数时候是交通环岛。有辅道交汇的路口情况也较美国的情况更为复杂，而且几乎没有正交的十字路口。

杰出的林荫大道代表——蒙田大道上的日均交通量约为9300车次，在阿斯

表3.3 巴黎香榭丽舍大街的交通流量和事故

十字路口	数量（ADT/1000）	事故（每年每个十字路口）	事故率（事故/数量）	行人事故（每年每个十字路口）	行人事故率（事故/数量）
协和广场（Place de la Concorde）	123.30	61.33	0.50	11.00	0.09
杜督伊大道（Avenue Dutuit）	186.30	6.33	0.03	4.00	0.02
克莱蒙梭广场（Place Clemenceau）	98.60	21.00	0.21	2.67	0.03
圆点广场	101.30	19.33	0.19	5.67	0.06
蒙田大道	83.60	4.67	0.06	0.67	0.01
马尔伯大道（Rue Marbeuf）	83.60	2.67	0.03	1.67	0.02
皮尔·查伦大道（Pierre Charron）	83.60	9.67	0.12	3.67	0.04
林肯大街（Rue Lincoln）	83.60	4.33	0.05	3.00	0.04
贝里街（Rue de Berri）	83.60	6.00	0.07	1.67	0.02
乔治五世大道	54.10	11.33	0.21	5.33	0.10
巴萨诺大街（Rue Bassano）	83.60	2.00	0.02	1.67	0.02
伽利略大街（Rue Galilée）	83.60	11.33	0.14	4.33	0.05
阿尔纳·何塞大街（Rue Arene Houssaye）	83.60	5.67	0.07	1.00	0.01
普雷斯堡大街（Rue de Presbourg）	83.60	5.33	0.06	2.67	0.03
戴高乐广场（Place Charles de Gaulle）	186.30	21.00	0.11	3.33	0.02
平均值	83.46	10.67	0.10	2.91	0.03

特丽德街（Place Astrid）和柏卡德街（Rue du Boccador）之间的路段，最近三年共报道了11起事故（平均每年3.67起）[7]。恰好这一路段也是在街上一侧辅道的尽头。蒙田大道的对比街道——维克多·雨果大道（Avenue Victor Hugo）上的日均交通量为15200车次，大道上的两处十字路口在三年间分别发生了12起和11起事故（平均每年各发生4起和3.67起事故）。

在巴黎，只有香榭丽舍大街有可能与美国城市中的街道进行相同的分析比较，因为大道上所有的路口都能进行事故统计。尽管如今的香榭丽舍大街已经不是复合型林荫大道了（街上的辅道被拆除并改造成了步行街），但事故数据仍是来自于大道还保留复合型林荫大道的格局时期。香榭丽舍大街上的日均交通量约为84000车次，各路口平均每年发生10.67起事故，平均事故率约为0.1。这一数据低于绝大多数研究所涉及的美国的林荫大道，尤其是尺度和承载力与之最为接近的纽约的林荫大道[8]。此外，考虑到事故率最高的四处路口都是星形广场和圆点广场之类的大型交通圈，可以想见普通路口的平均事故率还会更低。香榭丽舍大街上的行人事故率也明显优于纽约的林荫大道，尤其是考虑到香榭丽舍大街上声势更为浩大的人群（表3.3）。

巴塞罗那 | Barcelona

巴塞罗那的情况完全不同。分析结果表明，该市的林荫大道的交通事故率并不优于与其对比的街道。不过当我们考虑行人事故率时，画面便变得更加微妙（表3.4）。

表3.4　西班牙巴塞罗那林荫大道的交通流量和事故统计

街道名称	数量（ADT/1000）	事故（每年每个十字路口）	每个路口事故数	事故率（事故/数量）	行人事故（每年每个十字路口）	每个路口行人事故数	行人事故率（事故/数量）
格拉西亚大道	30.87	172	17.20	0.43	44	4.4	0.11
对角线大道	101.26	317	16.70	0.17	47	2.5	0.02
议会大道	66.34	367	16.70	0.25	79	3.6	0.05
阿拉贡大街	89.16	223	11.70	0.13	31	1.6	0.02
巴尔姆斯大街	52	126	11.50	0.22	23	2.1	0.04
乌赫尔大街（Urgell）	63.52	88	6.30	0.1	15	1.1	0.02

注：街道为斜体字表示的是林荫大道。
来源：巴塞罗那市政当局。

格拉西亚大道上的总行人事故率明显高于加泰罗尼亚议会大道（以下简称“议会大道”）、对角线大道及主干街道。街道上发生的行人事故占到所有交通事故的 25%，而其他街道这一数据仅为 15% 到 18%。不过，一旦我们将格拉西亚大道上每小时多达 3270 人次的行人数量考虑在内，情况便大为不同。由此计算得出的加权行人事故率仅为 0.034，作为参照，阿拉贡大街上这一数据为 0.021（每小时有 970 人次的行人），巴尔姆斯大街为 0.04（每小时有 1000 人次的行人），对角线大道则达到 0.042（每小时有 480 人次的行人）。

相对安全性 | RELATIVE SAFETY

尽管我们已掌握的数据无法确切证实某种模式的复合型大道确实比普通格局的街道更加安全，但是同样无法推导出与之相反的结论。而有关林荫大道因为路口过于复杂而格外不安全的言论同样未得到事实验证。

所谓的“有问题的案例”，即与其他街道对比，在安全记录方面林荫大道略逊一筹，则对质疑其安全性的观点的逻辑提出更多质疑。争论的焦点在于“复合型林荫大道上路口的复杂行为活动以及潜在的多方向冲突导致了大道相对安全性较差”这一观点是否正确。然而，恰巧是两条将路口简化、冲突减少的林荫大道，其安全性明显低于与其对比的街道，而路口允许各种交通运行的普通林荫大道的情况则更为理想。我们对 K 大道上的行为活动进行了长时间的细致观察，结果发

K 大道，华盛顿

现针对街道进行的所谓“安全性改造”实际上破坏了街道的功能和安全性。这些改造包括在侧分隔带上增加开口，以便于在道路中段，车辆能在中心主干道和辅道间自由变换车道；还有移除了分隔带中的大量树木。为什么这些改变降低了道路的安全性呢？因为它们破坏了中心主干道和辅道的边界，而这正是林荫大道发挥街道作用并保障街道安全的基础。巴塞罗那的情形同样如此，得益于基于交通组织的交替单向街道总模式，道路交叉口的冲突大为减少。格拉西亚大道上的路口因此大为简化，相比于其他城市中的林荫大道，路口的冲突点则明显减少。因此，可以想见林荫大道与对比街道在安全记录上的差异会减少而非增加。

或许，结合对人们行为活动的观察和事故数据，更为重要的发现是辅道交通承载力大的林荫大道在安全记录方面问题更严重。大广场街和皇后大道是其中的极端案例。皇后大道的安全问题从计算得出的事故率中即可看出端倪。虽然大广场街上的事故率不能直接反映其安全问题，但当地居民已经察觉到其不安全性且有正当理由。

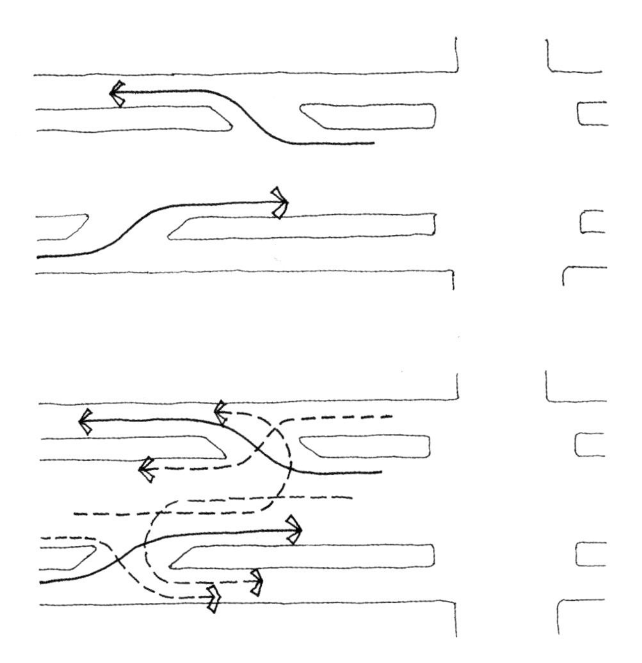

K 大道上分隔带开口处的设计交通流线和实际交通流线

街道外观和人的行为活动
PHYSICAL FORM AND PEOPLE'S BEHAVIOR

这是个明显的悖论——路口较为简单的林荫大道上的事故记录似乎比普通格局的街道更糟糕。对辅道上交通活动的观察引发了人们的讨论：人们在实际生活中是如何使用林荫大道的，如何设计林荫大道的街道格局可以便于行人使用并保证他们的安全呢？

为了说明林荫大道的街道格局如何影响街上的行为活动，我们再次借助纽约的两条林荫大道加以说明，即布朗克斯县的大广场街和布鲁克林的海洋公园大道。两者间的差异向我们说明了如何将林荫大道设计得既实用又安全。

这两条林荫大道间主要存在三点差别。前两点很明显，即辅道的尺寸和分隔带的尺寸不同。第三点则是辅道上的交通管制方式存在差异。大广场街的辅道设有2条车道和1排停车位，而海洋公园大道的辅道上则是1条车道和2排停车位，因而前者相对更宽。其次，海洋公园大道上的分隔带更宽一些，种植更规整、密集，并有长椅和自行车道之类的设施。第三处差异在于大广场街上的辅道交通受交通信号灯控制，车辆可以快速通行；而海洋公园大道上的辅道交通则由各十字路口的停车标志控制（表3.5）。车行流线的分析图反映了两条街道因街道格局和对司机行为的交通管理的不同而出现的不同结果。大广场街上的46%的车流集中在辅

表3.5 对大广场街和海洋公园大道的比较

		大广场街	海洋公园大道
物理格局	总路权宽度	175	210
	中心主干道宽度	50	70
	车道数量	4	6
	辅道宽度	35	25
	辅道上车道数量	2	1
	停车位（排）	1	2
车流量统计	总车流量（每小时车流量）	2800	3592
	辅道车流量（每小时车流量）	1292	244
	占百分比	46%	7%
人流量（人/每小时）	林荫大道沿途	496	376
	穿越人流	864	252
	分隔带中	0	108

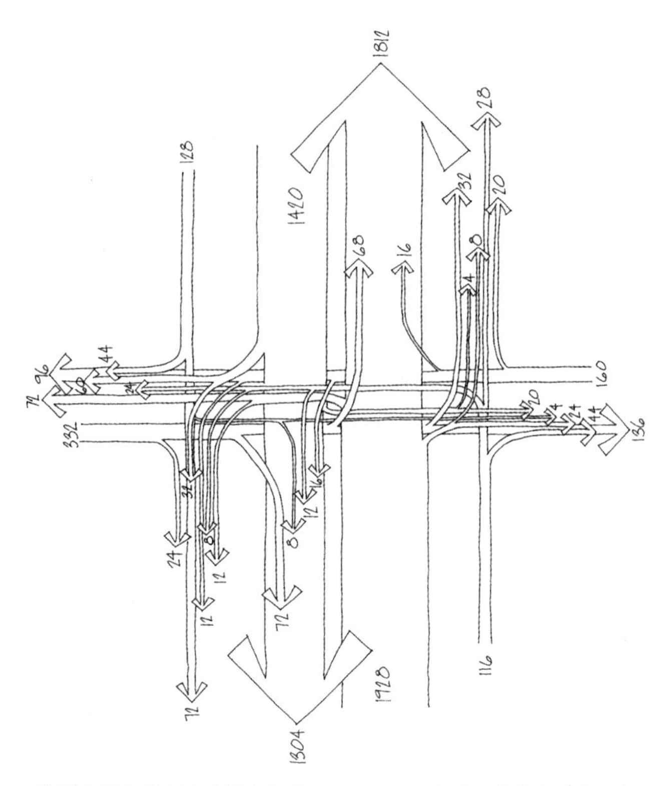

海洋公园大道上迪马斯大街（Ditmas Street）路口的车行流线示意图

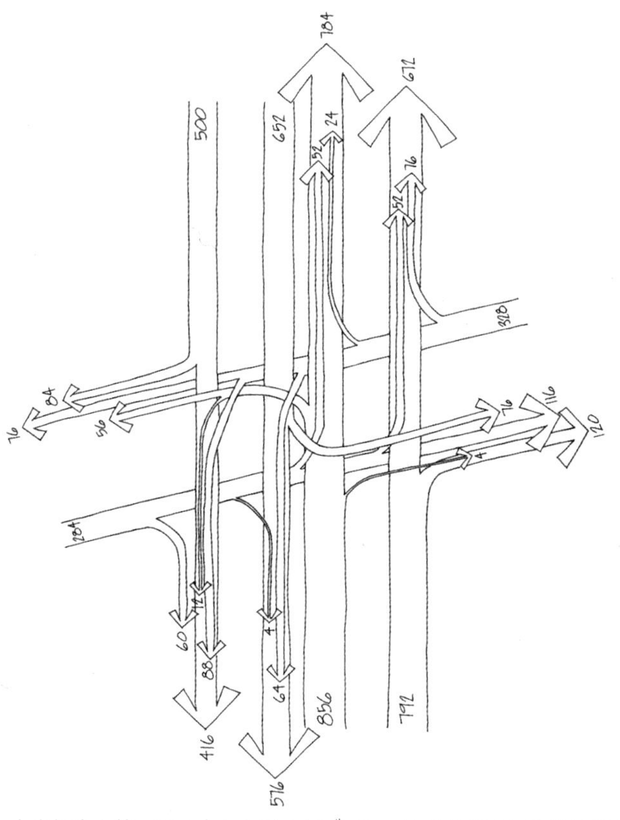

大广场街上第一百六十七大道（167th Street）路口的车行流线示意图

海洋公园大道上的行人区域

大广场街辅道上的景象

道上，与之相比海洋公园大道上的这一数据仅为 7%。此外，大广场街辅道上的车行速度近乎与其中心主干道上的车行速度一致，而海洋公园大道上情况完全不同，辅道上的车行速度明显更慢，更接近行人的移动速度。而且，大广场街辅道上的车流经过十字路口后仍有 84% 在辅道上保持直行，与之相比海洋公园大道上这一数据仅为 40%，即大广场街辅道上车辆直行的比重约为海洋公园大道的两倍。

行人活动方式的不同是引起两条街道第二处差异 —— 使用方式明显不同的主要原因。尽管大广场街上行人更多，但大部分人仅是穿过街道，而非行走于此；海洋公园大道上的情况则恰恰相反。更值得一提的是，海洋公园大道上的分隔带被充分利用，成为人们散步、休息的好去处；而大广场街上的分隔带实际上没有使用功能。

行为活动和使用方式的不同反映了车辆对人行环境的不同影响。尽管海洋公园大道承载的交通量较大广场街多出 28%，但如果游客实地参观这两条街道，或许会发现在大广场街上，车辆对行人环境的影响更大。我们对两条街道的事故数据进行了分析，结果发现虽然大广场街和海洋公园大道的事故发生率相差无几，但行人事故数据方面，后者明显更安全，其数据仅为前者的 1/3。此外，详细的事故发生地点表明，辅道是大广场街行人事故的多发地段。

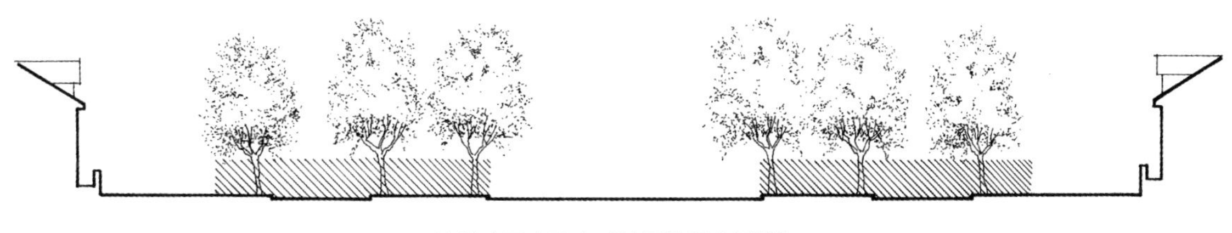

海洋公园大道上“扩展的行人区域”

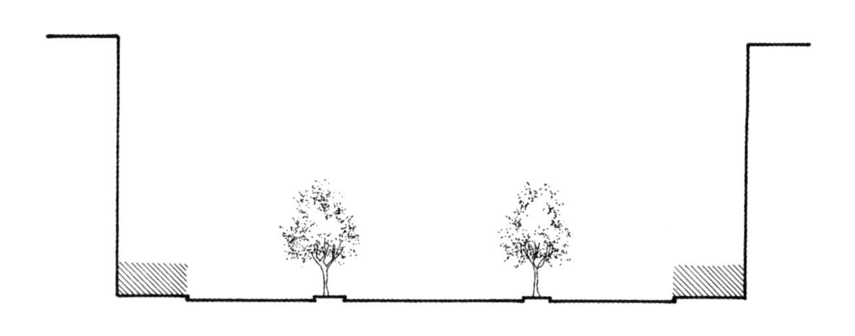

大广场街上的行人区域

行人区域 | THE PEDESTRIAN REALM

两条街道间的差异到底在哪儿呢？我们观察发现，关键的不同在于沿着林荫大道的边缘是否存在一处区域，我们将之命名为"扩展的行人区域"（extended pedestrian realm）。通常，对于有这一区域的街道是指从沿街建筑前方空地延伸至分隔带内侧边缘的部分，包括人行道、辅道和种植分隔带。虽然这一区域并非仅供行人使用，但它的组织方式却提示行驶于此的司机放慢车速并礼让行人。同时，它也意味行人对辅道的实际占有，因为行人可以在此随意走动，来回于分隔带和人行道之间。

通过对各种类型林荫大道的研究，我们对形成行人区域的必要性和有利条件做了如下总结：

- 车道和辅道间连续的分隔带；
- 沿着分隔带密植的行道树形成一条明显的分隔线，并一直延伸至十字路口；
- 相对较窄的辅道是单车道，且在各十字路口都受停车指示牌控制；
- 分隔带中设有交通换乘站台、信息服务亭以及休息长椅，以引导行人穿过人行道来使用；
- 辅道通过细微的高差变化或铺装不同进一步与中心主干道区别开来。

这其中的前两点是必要条件，因为它们确定了林荫大道的街道形式。而像大广场街和沙特克大道（Shattuck Avenue，位于加利福尼亚州的伯克利）之类的街道，由于分隔带中的行道树的种植并不规整，街道空间不能明确被划分为3个区域，因此实际上并不发挥林荫大道的作用。我们观察这几条大街上行人的行为活动发现，即便辅道上的车辆行驶缓慢，人们也不会使用辅道。

上述第三点对行人安全来说最为关键，因为它确保了行人区域的完整性。可以通过反例对其注解。巴塞罗那的对角线大街和议会大道上的分隔带格外宽敞，人们乐于在此散步逗留，但由于明令禁止在人行道旁的车道上停车，因此两条大街上的辅道实际上便成了快速的车道。随之而来的结果便是，在司机眼中，这里与中心主干道并无区别，因此很自然在此飞速行驶。这严重威胁了行人的安全。通常在道路中段，行人从人行道去往分隔带横穿辅道时，会被疾驰而过的车辆吓得不轻。这或许也解释了为何对角线大道和议会大道（占总行人事故的35%）的道路中段发生的行人事故比格拉西亚大道（仅占总行人事故的20%）多[9]。

尽管上述的第四点和第五点对行人区域的形成并非完全必要，但却有利于加强其独立性和慢速特征，并能提醒司机更谨慎地驾驶。

这五点合在一起，为林荫大道上的辅道制造了令司机缓慢行驶的环境。他们

Via Nomentana, Rome - The pedestrian realm.

诺曼塔那大道，行人区域

经常需要等候其他车辆的停放，且每到十字路口就得停下。并排停放的运货车则会不时阻塞辅道上的一切交通。漫步于此的人群迫使司机行驶缓慢以避让人群。这些因素令司机不能将辅道作为快速车道使用，辅道上的节奏也因此变得更加悠闲。此外，途经路口的麻烦迫使每个人都格外注意远离车流与人流交叉最多的区域。辅道上驾车的司机尤其如此，由于各路口都设有停车牌，他们经过路口耗时最多。

因此，可以说行人区域是多方面因素综合下的产物，这些因素包括街道格局的设计、管理规范的交通行为以及不同人群行为活动影响下的街道使用模式。如果没有必要的街道格局，或是交通管理不善，行人区域便无法成为现实。一旦如此，街道或许会更加危险，对行人而言更是如此。

辅道和中心区域间边界明确有利于交通通行。对于城市街道而言，建筑物的出入口和商店需要面向街道、人们需要进出各类车辆、路边需要停放车辆，因此过境交通与到达交通间的冲突不可避免，而且冲突会耽搁交通通行。仅靠禁止在路边停车所起作用不大，因为违规行为屡禁不止。我们观察林荫大道中心主干道上的交通行为发现，过境交通在这里比在普通格局的街道上受到的干扰更少，而且没有必要用交织的车道绕开停靠和等候的车辆。这样，林荫大道便能同时满足交通通行和街道出入的需求，并在两者之间达到平衡。这一平衡反映在街道各部分所占的空间比重上。在最杰出的林荫大道上，复合的行人区域约占整条街道宽度的2/3。

总结 | SUMMARY

让我们再回顾一下本章开篇提出的两个问题的答案。前一问题的答案是否定的：林荫大道并非因为自身形式而比普通格局的主干道路更加危险。我们收集的美国和欧洲的林荫大道的数据并不支持目前盛行的认为它们更加危险的业界观点。

我们所能获得的数据资料并未详细到包含相关事故的准确发生点及它们所处的真实场景，因此我们无法断言林荫大道在实际使用中比其他类型的城市主要道路更安全。我们惊讶于数据的不足和各类事故记录细节的缺失，但同时也坚定了信念——人们最初对林荫大道的评判并非源于对事故及其起因自身的详细研究，而是对十字路口发生的冲突概率统计结果的推断。

这种推断，只是单纯的对行为活动和事故发生的客观可能性间的矛盾进行概率统计，并未考虑人们为确保自身安全而发挥的主观能动性——身处复杂的环境中的司机和行人都会格外谨慎。因此，排除冲突活动并简化活动途径可能会导致情况更加危险的矛盾局面出现。或许司机和行人同样认为由此可以避免冲突的干扰，但实际情形恰恰相反。事实上，司机和行人的适应行为需要能提供明确信息的环境。设计得当的林荫大道通过分隔带和行道树将快速交通和慢速交通彼此明确分开，而将冲突活动主要集中在路口，司机和行人可以由此知晓路况。由此一来，中心主干道上的车辆可以不受辅道上的交通和行人干扰，快速、安全、直接地行驶。只是在路口，它们会面对各种可能的交通活动。在人行道上人满为患，而行人需要赶时间的情况下或是当行人需要进入分隔带时，他们会大胆地占用辅道，而不顾飞驰而过的车辆。只有在路口，行人才会被引导横穿中心主干道，通常通向那里的周边环境都很宜人。

后一问题的答案是肯定的：设计确实起作用。决定林荫大道安全和舒适的主要因素便是位于沿街建筑和分隔带间的行人区域是否明确。这一区域构成复杂，虽允许车辆通行但仍是行人的地盘。它的包容性很强，不仅允许车辆通行、停留，同时还为行人创造了安全、舒适的环境，由此解决了20世纪以来这三方面需求不同步增长所产生的矛盾。复合型林荫大道保留了街道自古以来的两项功能，即交通走廊和聚会场所，而并非仅保留其中一方面。因而造就了我们提及的伟大街道。

Overly wide, built to standards, two-way access roadway in Fremont, California.

加利福尼亚，标准的双向行驶辅道

第二章 CHAPTER TWO

林荫大道面临的设计与官僚体制的制约
PROFESSIONAL AND BUREAUCRATIC CONSTRAINTS

通过研究，我们已经知道复合型林荫大道并非生来即比其他主干道路更加危险。巴黎和巴塞罗那的市民对此习以为常；即便是经常路过的东公园大道、海洋公园大道以及奇科市的滨海大道的行人，对此亦不会存有疑义。不过另一端的情形截然不同，对于布朗克斯县的大广场街附近的住户，或是途经皇后大道的司机而言，认同这一结论或许还需更多令其信服的理由。至于那些专家学者，他们又会如何应对这一数据分析得出的结果呢？我们又该如何面对这些专家学者编著的用以指导实践的规范和标准呢？毕竟，这类规范和标准极大程度上影响了美国的道路设计。

现在，我们回归最初探讨的一个话题：如今还能修建这类林荫大道么？在现行的规范和标准下可行么？如果某一美国市长和委员为外地城市的复合型林荫大道的成功案例所吸引，论证结果也表明同样的设计适用于当地实情，他们会着手去建设吗？一味地遵守现行的“道路规范”，是否会泯灭杰出林荫大道中所蕴藏的积极价值呢？虽然完全按照某一林荫大道的原型去建造街道并不可行，但建造优秀的复合型林荫大道呢？

道路规范及其影响
STREET STANDARDS AND THEIR IMPACTS

寻找这些问题的答案并非意想中简单。首先，我们已经知道，林荫大道并不能与各类交通工程手册中盛行的、基于功能的街道分类中的某一类街道完全吻合。因此，另一问题随之产生：哪一类标准或指导方针最适用于林荫大道呢？鉴于复合型林荫大道在城市中的突出地位、尺度及所承载的大量交通，人们很自然地将之归类为城市主干道路。同时，其所经地段周边完全可达的特性以及两侧辅道上居民的日常活动，又令其更像是街区道路。不过，既然交通专家倾向于将林荫大道视为城市主干道路，我们重点探讨城市主干道路的规范和标准[1]。

随着我们对复合型林荫大道观察和研究的不断深入，我们愈发感到影响其最终成败的决定性因素并非某一方面的标准或准则，即便它可能非常重要。只有多方面特征完美契合，才能创造出最杰出的林荫大道。然而，规范的制定多是针对单一要素，例如道路宽度或是道路口的设计，都是孤立研究某一要素。考虑到复合型林荫大道的复杂性，我们有必要分析各因素的综合影响，而非局限于关注某一要素的规范。这其中，最重要的是各类要素的规范必须与其在街道设计的全局中所扮演的角色相吻合。简单来说，在现今环境下，修建蒙田大道是不可能的；仅仅增加一两条优秀的街道也远远不够。我们需要对复合型林荫大道的运转模式进行进一步详细研究，以理解现行的规范和标准对其影响。

车道宽度的标准和规范
LANE WIDTH STANDARDS AND NORMS

蒙田大道的总路权宽度为 126 英尺。街上设有 3 条车道、2 条辅道和至少 3 排停车位（部分路段则为 4 排）、人行道和分隔带。在不改变人行道和分隔带宽度的前提下，如果按照美国现行的道路最低标准重建蒙田大道，将达到 145 英尺宽，而理想标准则要求有 156 英尺宽[2]。如此一来，大道的总宽度将分别增加 15% 和 24%。现有的车行空间——70 英尺宽的混合道路（或者 80 英尺宽，因为辅道局部拓宽用于停车）—— 按照最低标准将增加至 99 英尺宽，而按照理想标准则会达到 110 英尺。不过，就美国标准而言，拓宽车道对提高街道的交通承载力几乎毫无影响，因为中心主干道基本保持原状；相反，拓宽车道多数时候反而会暗示

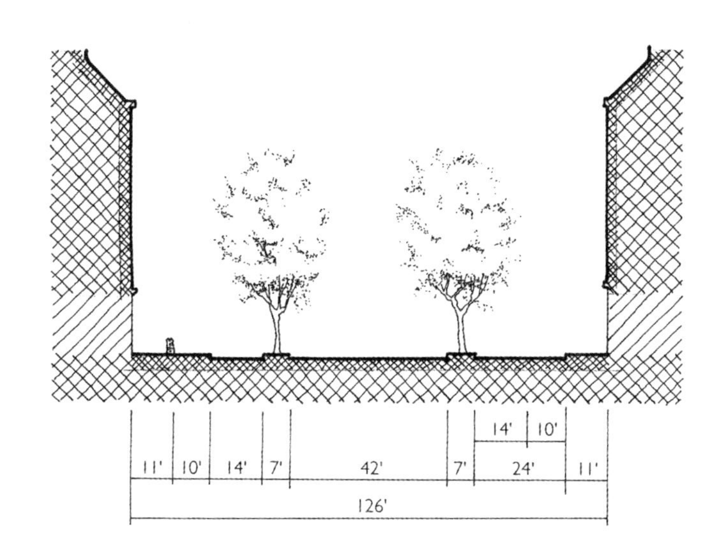

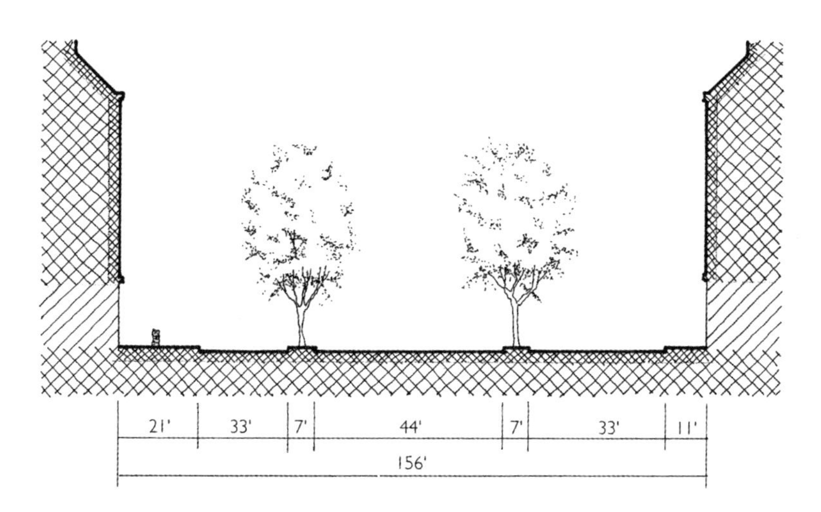

蒙田大道：现状的剖面和设想的剖面
大致比例：1 英寸 = 50 英尺或 1:600

辅道上的车辆提速。我们观察蒙田大道辅道上的行人行为活动发现，他们将辅道视作行人区域的一部分，很自然地与机动车辆共用辅道。这种情况只在车行速度缓慢时才能得以实现，事实情况也确实如此，不过部分原因在于辅道较为狭窄。而且，在我们研究的所有案例中，我们都观察到行人会闯红灯横穿辅道通往分隔带，因为这样能缩短绿灯亮时他们通往街道另一侧所必须走过的距离。拓宽辅道会诱发车辆提速，这样一来便增加了行人横穿辅道的危险。道路使用的平衡则从行人的需求转移至司机身上（表 3.6）。

显然，仅靠对道路宽度标准加以要求并不会令林荫大道无从设计，即便这样会降低林荫大道的安全性。这些标准同样会令受限的地段难以建造林荫大道。按照最低标准，辅道至少要建有 1 排停车位和 1 条车道，中心主干道则至少为单向双车道，因此当道路总宽度达到 124 英尺时便能修建林荫大道。而按照所谓的理想标准，将中心主干道增至单向三车道的话，修建林荫大道所需要的总道路宽度将达到 166 英尺。这两种情况下，行人区域都会因辅道拓宽而被弱化，因为辅道上的交通都会提速。

海洋公园大道现有 2 排停车位和 1 条车道，如果按照理想道路的宽度标准建造到街上的辅道，现有 24 英尺宽的车道将会拓宽至 36 英尺，不难想象行人和车辆将会如何改变他们的行为。

表 3.6 美国道路宽度标准和蒙田大道道路宽度现状的比较

	美国规范 设计时速				现状
	40 英里 / 小时以下		40 英里 / 小时以下		
车道宽度	最小	理想	最小	理想	蒙田大道
停车位	11	12	11	13	辅道 6~7 英尺 路中央 10 英尺
辅道车道	11	12	11	13	无
内侧车道	10	12	11	12	辅道 7~9 英尺 路中央 10 英尺
转弯车道	10	12	11	12	无

来源：《城市主干道设计指南：建议方案，1984》（*Guidelines for Urban Major Street Design:A Recommended Practice*，1984）

分隔带的设计 | MEDIAN DESIGN

将美国的建议性规范用于分隔带的设计，看似毫无害处，其实会严重损坏格拉西亚大道、蒙田大道、海洋公园大道以及其他优美的林荫大道。这些规范关注的是分隔带和行道树的种植问题。如果采纳将树干径宽限制在6英寸的建议，将意味着格拉西亚大道、蒙田大道和海洋公园大道上的大多数行道树都要被移除[3]。很难想象没有了这些高大的树木来分隔不同的车道以及为行人和司机遮阳挡雨，这些林荫大道会变为何样。因为树木高大可能会导致固定对象的交通事故而将其移走的逻辑是站不住脚的。而且，它们的存在有助于在物质上和心理上都建立一条沿着分隔带的边界，这样能为行人提供更强烈的安全感，即他们被隔离于车辆疾驰而过的中心主干道之外。显然，移除这些大树会进一步弱化行人区域。

标准专业书籍中建议的分隔带宽度是基于分隔带对交通活动的促进或阻碍方式的相关的几何学计算而来的，而对行人仅有的考虑则是分隔带可能会如何用作行人的庇护所[4]。然而，我们在蒙田大道、格拉西亚大道以及其他林荫大道上观察到，分隔带还具备一系列更强大的功能——首先也是最重要的是这里设有公交站台、散步道、售货亭以及报摊。我们注意到，蒙田大道上的分隔带宽约7.5英尺，而格拉西亚大道上分隔带的宽度则在6至22英尺之间，这里包罗万象——有长椅、

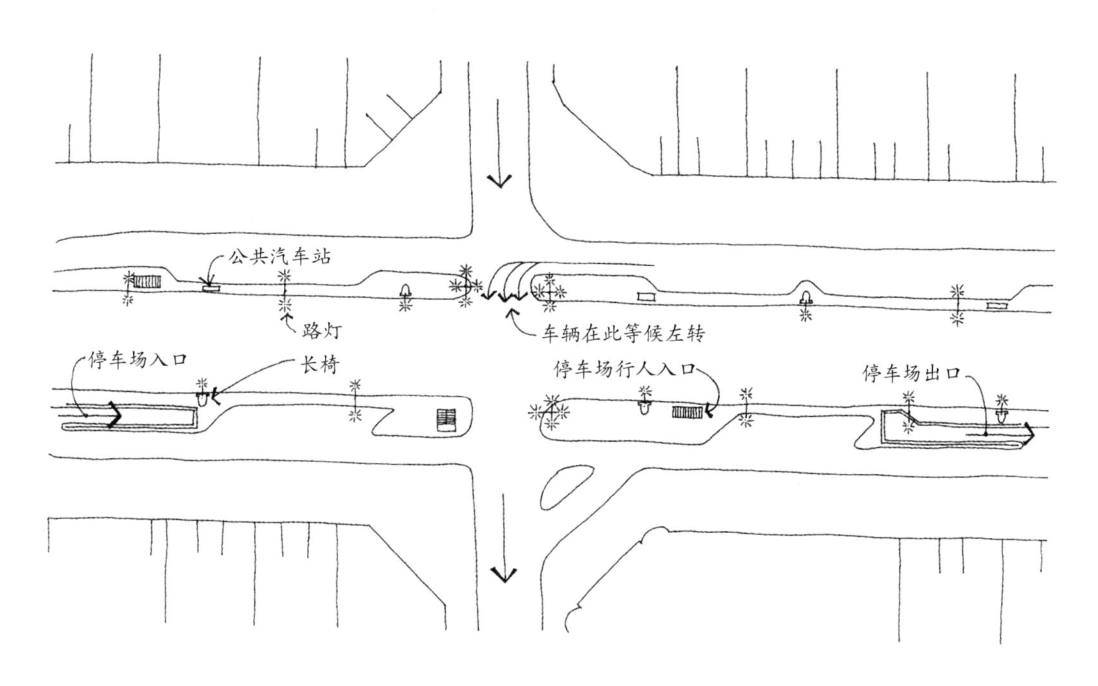

格拉西亚大道上分隔带的众多功能

路灯、公交站台以及地下车库和地铁的出入口，它们都位于分离带中较宽的路段。路口靠近斑马线的分隔带部分被加宽，因此损失了部分停车位。不过，这为辅道上的车辆提供了更宽敞的左转待行区。

道路交叉口的设计 | INTERSECTION DESIGN

人们普遍认为复合型林荫大道的路口必然是危险的，这也是我们不断调查、研究、探寻，最终写作此书的原因之一。确实在林荫大道的路口，潜在的冲突点更多——两条不同方向的交通流线交汇的地方，相对于普通格局的双向街道的道路交叉口而言。以最普通的两条双向街道相交的路口为例，如果两条街道各有两条车道，那么路口会有 16 个主要的冲突点。海洋公园大道上的路口并未对任何车行流线加以限制，共有 50 个冲突点。格拉西亚大道上的路口，如果相交街道为单行道，则有 33 个冲突点。专家们认可的观点是应尽可能地减少潜在的冲突点 [5]。然而，并没有明确证据表明冲突点更多便意味着交通事故更多。在我们研究的所有案例中，海洋公园大道承载的交通量位居前列，然而尽管街上的冲突点很多，其安全记录却并非糟糕至极。

道路交叉口设计的建议性规范通常考虑的是车流最大且车速最快的情况。格拉西亚大道上，人流量最大：相较于每小时 1808 车次的车流量，每小时的人流量达到了 3304 人次。蒙田大道上，每小时约有 1328 人经过，而同一时段的街上则有 1653 辆汽车经过。由此可知，街道承载的交通量最大，并不意味着街上行驶的车辆速度最快，某些人流量较大的街道同样如此。然而，在道路交叉口的设计规

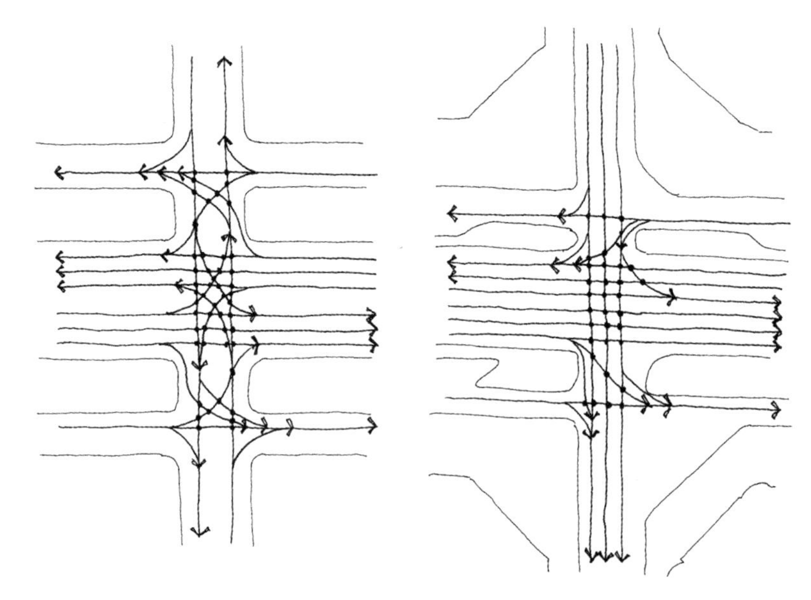

海洋公园大道和格拉西亚大道上的潜在冲突点

范中，只考虑了车流量而并未考虑人流量以及车流和人流之间可能存在的相互影响。它们运用了单一功能街道的理想模型，却忽视了在城市区域中，这种理想模型既不可取也无法实现的事实。格拉西亚大道和蒙田大道在街道的规划中考虑了行人的因素，并积极回应、满足他们的需求，是以一种截然不同的方式规划街道的杰出案例。

在美国国家公路和运输官员协会1990年出台的政策中，并未对城市主要街道和高速公路进行区分，而是统一将它们视为城市干道。虽然临街便道因其存在为出入沿街建筑提供了便利而被广泛认同，但在美国国家公路和运输官员协会看来，这种便利相对于由此造成的道路交叉口的复杂局面而言，实在微不足道。在道路交叉口，规范建议直行道的右侧边缘与便道的左侧边缘至少应保证150英尺的距离[6]。不过，如果便道上人流很少或便道只是单行道，抑或在道路交叉口，便道上的交通受到限制，更窄的距离（最小8英尺）也是可以接受的。因此，即便是在这些规范约束下，林荫大道的模式依然可行，不过规范显然并不建议或鼓励这种做法。

格拉西亚大道和蒙田大道采取了两类不同方案解决林荫大道道路交叉口的难题。在格拉西亚大道上，道路交叉口处的分隔带的宽度被增加到26英尺，这为便道上等候左转或是等候相交道路变灯的车辆提供了足够的左转待行空间。而在进入左转待行区后，它们既可以直走完成左转，也可以进入中心主干道或是掉头进入另一侧的便道。我们曾观察到同一时段的左转待行区有五六辆车但并未影响辅道上的直行车辆。这个特点得益于相交道路的单行设计，它使得车辆都位于相交

Street Venders at a Corner on "K" Street

K大街拐角处的摊贩

News vending boxes on "K" Street.

K大道上的报纸箱

道路的宽度之内。蒙田大道的辅道被略微抬高了 1 至 2 英寸，并且朝向道路交叉口的中心稍微内转。这样在所有的转弯车辆中，中心主干道上的车辆可以最先转弯，而便道上的司机在转弯时会警惕周边路口，某种程度上很像开车从街上进入行驶车道。

在我们的实地调研中，并未遇到过行道树在道路交叉口给司机造成干扰的情况。相较而言，公交站台和售货亭这类构筑物会更显突出和笨重，而且更容易阻碍司机视线。但出于功能考虑，它们必须被设置在道路交叉口附近。停靠车辆或等待车辆同样会造成视线阻碍，不过这会同时警示司机在主要道路上减速慢行。在很多道路交叉口，尤其在美国的街上，并排设置的报纸箱相对于密集种植的行道树，会给驾驶底座较低的汽车的司机造成更严重的视线阻碍，对通往路口的行

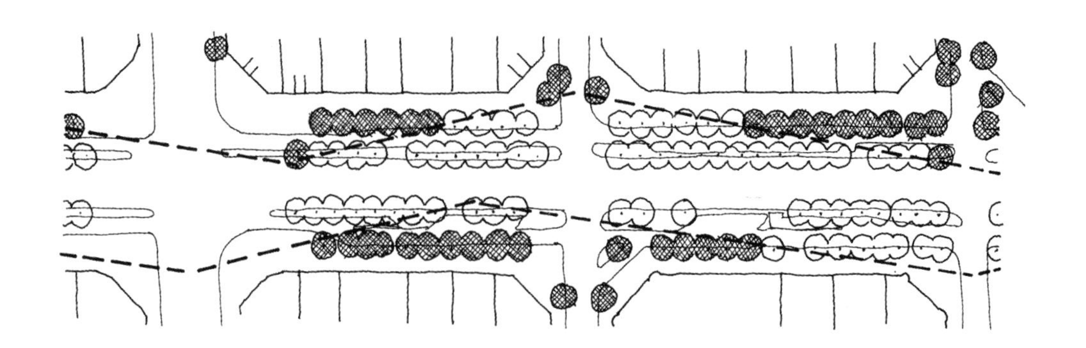

视线距离规范应用于格拉西亚大道的效果图

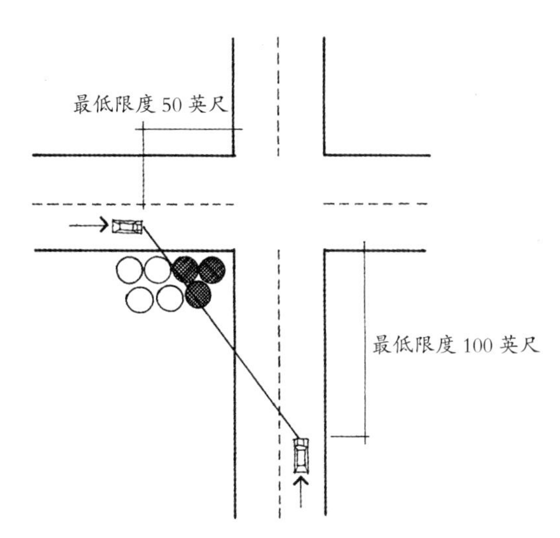

树木退让的间距示意

人而言，同样如此。报纸箱还无法代替行道树的功能和景观价值。而且，道路交叉口的树干并不比交通信号灯柱以及其他大直径的水泥设备柱更遮挡视线。但后者却在所有路口都被视为重要的标准配置。

按照现行的设计规范和标准规定，限速 40 英里 / 小时的 6 车道林荫大道，客车的安全视距为 520 英尺，货车则是 680 英尺 [7]。然而，依照该规范设计的格拉西亚大道则难言成功。大量的树木被迫遭到砍伐，街道也因此惨遭破坏。提到林荫大道，人们首先会想到的便是不间断的、一直延伸至路口的行道树，这是林荫大道最显著的特征，也是街道令人印象最深刻的部分。然而我们发现，许多美国市政标准都建议树木与路口保持一段固定距离 —— 多达 40 到 50 英尺，甚至更多。

我们不禁疑惑：规范中的视线距离以及退让标准是如何得来的？它们不仅看起来与现场试验的结论格格不入，而且还经常出现在见习工程师课本的难题中 [8]。这类练习的前提假设是行车安全与视线距离正相关，而与行车速度负相关。即是说，如果司机能在接近路口更远的地方掌握路口的路况并减速通行，便能更早注意到潜在危险，同时及时停车避免发生事故。那么，如果该假设成立，学生需要思考的问题便是：假定林荫大道上的车辆以一给定速度行驶（40 英里 / 小时似乎备受青睐），行道树应与转弯处保持多远的距离方才能达到安全视距的要求？随着问题一起出现的可能是不同车速所需刹车距离的表格，也可能是同时画着有阻碍的行道树以及没有阻碍的行道树的图示。不难想象，考生会在考试中遇到大量这类问题，通常这类问题会考察不同速度下的安全措施。学生很容易正确解答，对之前曾做过类似测试题的学生来说更是如此，因为表格和图示的内容容易记忆。

这类练习中存在的问题显而易见。为什么假定的速度为 40 英里 / 小时？如果路口有红绿灯或是停车标志呢？寄希望于辅道上的司机停车是否合理？但或许最突出的问题是习题示意图中的树——均以上下枝干繁茂、密不透风的圆柱体表示。这完全阻碍了两侧的视线，真是古怪至极！这些图示（和逻辑）忽视了树木实际上与信箱、电线杆或是其他各类小尺度的视线干扰物——包括行人在内——并无分别，它们都是日常生活的一部分。

停车 | PARKING

城市主干道路的设计规范中引用了大量理由反对在路边设置停车位。规范指出设置停车位会降低道路的承载力，会对公共空间造成不当的破坏，会增加与停车相关的意外事故，会给消防造成障碍并影响视线[9]。

然而在格拉西亚大道、蒙田大道以及美国相对更优秀的复合型林荫大道上，辅道停车都必不可少。蒙田大道上设有 1 或 2 排平行的停车位，格拉西亚大道上也设有许多停车位。停放的车辆将行驶的车辆和行人彼此分开。寻找停车位的司机则减缓了辅道上的交通速度。

这些林荫大道上设置的停车位数量适中，并不夸张。在中心主干道的专用车道上行驶的公共交通车辆和出租车能很容易到达这些停车位，从而保证了它们比私家车辆行驶得更快。如此一来，车辆与行人、私人交通与公共交通间达到平衡，有利于形成既充满活力又令人愉悦的街道。

林荫大道的规范和标准以及行人区域
STANDARDS, NORMS, AND THE PEDESTRIAN REALM OF BOULEVARDS

如果我们研究蒙田大道的道路剖面，就会发现供行人使用的人行道及分隔带区域占据了街道总宽度的 44%。在格拉西亚大道上，这一数值达到了 50%。这两条林荫大道的车道宽度均低于美国的规范和标准，辅道部分的差值更明显。我们之前介绍过，蒙田大道上部分路段的辅道宽为 24 英尺。为达到美国规范和标准中合适的街道宽度要求，蒙田大道还需拓宽 30 英尺。需增加的宽度主要位于辅道部分，这部分需拓宽至 36 英尺宽（相比之前，拓宽了 50%）。而如果我们考虑蒙田大道的实际使用，将行人区域的范围扩大为由沿街建筑至侧分隔带外侧边缘这一部分，辅道便成为“行人区域”的一部分。这样一来我们会发现，整条大道上人行尺度和速度的空间达到了 67%。而一旦拓宽辅道，或是限制在辅道上停放车辆，辅道上的车辆便会增加，车速也会提高。这样，辅道便不能被纳入延伸的行人区域，而更应被视作机动车区域的一部分。一旦如此，侧分隔带对行人的意义便会被削弱，因为辅道上的快速交通会将人行道与之分隔开来。而为了增加车辆的视野距离，移走路口附近的树木和分隔带中所有大树的做法，为了减少路口的掉头车辆，在分隔带沿途增设开口的做法，都进一步削弱了行人区域。在满足了现行规范和标准的众多条条框框后，整条街道上供行人使用的区域将从67%跌至25%，完全打破了行人与车辆以及街区交通与过境交通间的平衡。

显然，即使现行的规范、道路设计指南以及设计实践也并未完全否决修建复合型林荫大道的可能，但是在当下环境完成这一任务无疑难于登天。或许更令人沮丧的是，建造像蒙田大道、格拉西亚大道或者美国的海洋公园大道这类伟大的街道正逐渐成为天方夜谭。需要指出的是，这并非因为无法满足某一具体的设计规范条例，而是在现行的规范条例整体环境下，我们无法设计、建造出优美的林荫大道。而依据现行的规范对林荫大道进行改造，受影响最大的便是行人区域——这是复合型林荫大道上街区生活的核心场所。

但希望还是有的！

在各类专业手册和出版的设计守则中，道路设计的标准仍然留有可自行调整的余地——这部分内容在业界仍缺乏定论。如今强制性的标准越来越少，更多的是建议性的规范和指引。而在用以指导公路和街道设计的州立法规中，“应该”这类警告的字眼出现次数也比人们预想中少。在颁布的各类标准中，或许还会出现强制性条款以杜绝不合规的工程获得各级政府的资金支持。各地的市政工程师还被赋予大量的决策权以管理自己辖区的道路建设。他们或许会依据某一规范规定选择某一做法而排除其他可能，但一旦需要，他们仍掌握着回旋余地。

现行的城市主干道路设计、建造方式并不能代表未来的方式。显然，我们需要重新审视美国以及别处的复合型林荫大道。将这一观念结合书中的研究，适当地探索如何对现存运行不佳的林荫大道进行再设计以及如何设计出全新的能够真正满足城市、社区各类不同需要的城市街道，将是第五部分的主要内容。不过在此之前，我们先来领略来自世界各地的其他复合型林荫大道的风采。

第四部分　复合型林荫大道简编

PART FOUR　A COMPENDIUM OF MULTIWAY BOULEVARDS

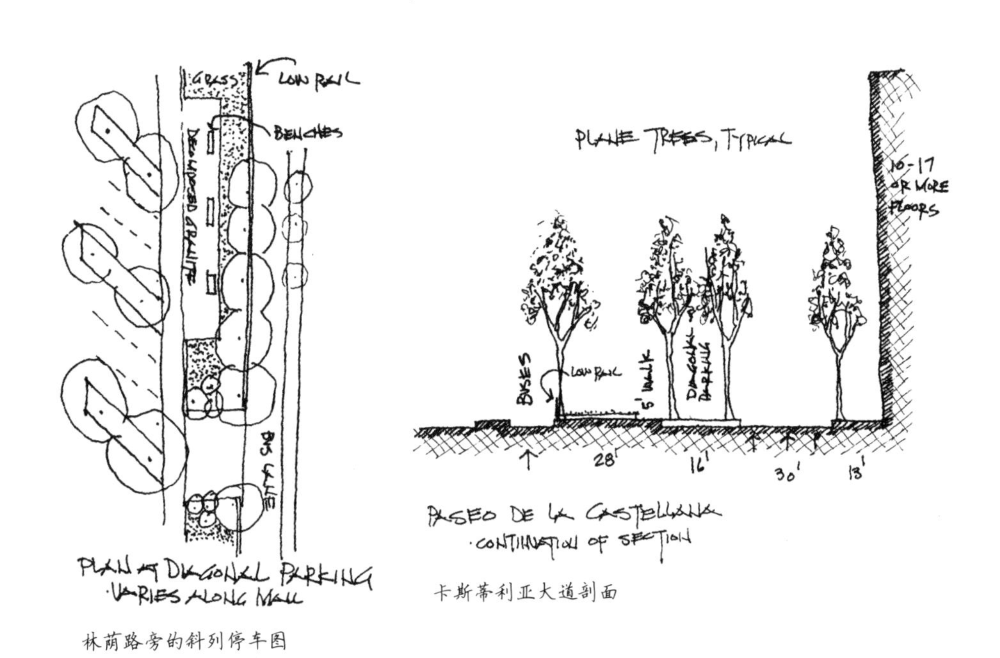

林荫路旁的斜列停车图

卡斯蒂利亚大道剖面

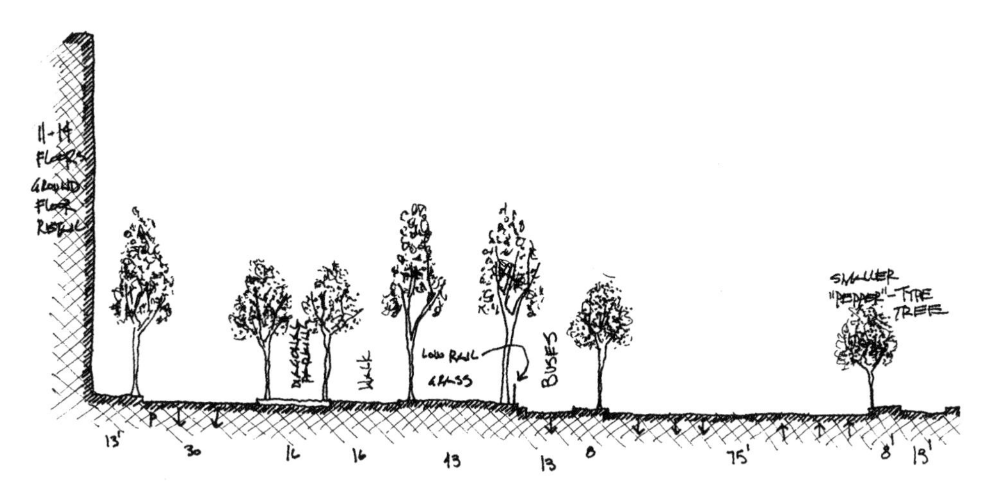

卡斯蒂利亚大道

遍布世界各地的复合型林荫大道不仅有着令人称奇的丰富形式——或大或小，或长或短，或曲或直，形态各异，而且还能适应各地不同的土地使用功能和社会经济背景，最终的设计结果或好或坏。因此，设计和政策制定的决策者需要尽可能多地掌握相关信息以控制全局。有时，失败的设计方案同成功的设计方案一样给人以启发。因此，我们将在这部分为您呈现各地丰富多彩的复合型林荫大道案例。除此之外，基于我们的研究成果，我们着手去展现类似皇后大道这类多年来一直是城市大型交通走廊的街道如何能通过重新规划成为一条安全、亲切、贴合城镇尺度的街道。类似的研究案例为我们制定设计指南提供了帮助，相关内容将在第五部分中予以介绍。

我们总共选取了 43 条复合型林荫大道，以此展示不同的环境特征、城市肌理以及地理位置中的案例。这之中有伟大的杰作，也不乏糟糕的案例，更多的则介于两者之间。我们的介绍不可能涵盖所有杰出的复合型林荫大道，但读者通过书中的案例便足以明白如何设计满足使用要求的林荫大道以及会有哪些设计可能。

人们印象中的复合型林荫大道多是宽阔而幽雅的。然而，并非所有的复合型林荫大道都如此。一旦你了解了萨克拉门托市的旧金山大道，你便能迅速从经验和逻辑上做出判断：并非所有的复合型林荫大道的中心主干道都至少有 4 条车道，旧金山大道的中心主干道便是双向双车道，恰好契合其 96 英尺宽的总路权宽度。意大利菲拉拉市的科尔索•伊松佐大道（Corso Isonzo）甚至更窄，其路权宽度只有约 88 英尺，中心主干道则仅有 30 英尺宽。胡志明市的巴斯德大道（Pasteur Boulevard）是其中最窄的街道，只有约 62 英尺宽。这些都是街区尺度的复合型林荫大道，而非纪念尺度的大道。街道所经区域也并不一定都是富人区。与尺度更大的林荫大道一样，街道沿街两侧多是住宅区或商住混合区。

相反的极端案例是布宜诺斯艾利斯的七月九日大道（Avenida 9 de Julio）。很难想象一条林荫大道的中心主干道上共有 16 条车道，即单向 8 车道的中心主干道，但它真的存在，而且街道上川流不息，各类车辆疾驰而过。整条街道的路权宽度达到了 450 英尺。罗马的克里斯托弗•哥伦布大街（Cristoforo Colombo）也是一条大尺度的林荫大道，其路权宽度为 253 英尺，不过它看起来比实际尺度更宽，因为分隔带中种植稀疏，而且街上并没有视线障碍。旧金山的日落大道（Sunset Boulevard）则是用以说明复合型林荫大道因格局、尺度过大而形同它物的绝佳案例，由于其中心主干道过宽以至于两侧的双行辅道完全与之脱离开来。

不同的林荫大道千差万别。短如旧金山大道，仅跨 5 个街区；而长如皇后大道，则达 5.5 英里。波士顿的联邦大道蜿蜒穿过其周边环境，但笔直的街道仍占据了绝大多数。墨尔本大道因公园大道以及沿线的电车而闻名于世；在美国（联邦大道（Commonwealth））和罗马（民兵大街（Viale delle Milizie））的部分林荫大道上也设有电车。还有一类单行的林荫大道，如里约热内卢的奥斯瓦尔多•克鲁兹大道（Avenida Oswaldo Cruz）和巴黎的库尔塞勒大道。最近，巴黎的博马舍大道两侧的辅道与人行道被整合到一起，步行空间与车行空间之间失去了明确的分隔界线，路灯柱成了限定这两处空间的元素。

而提及最复杂的案例，则非罗马市内两条相交的林荫大道莫属。这里可能的交通流线似乎无法一一列举，因为其中一条街上的电车线路试图从另一条街上的行人、汽车、公交车和摩托车中穿过。即便如此，十字路口看起来仍运行良好。而在阴森气氛浓郁的林荫大道榜单上，自然少不了罗马的协和大道（Via della Conciliazione）—— 街道上甚至没有种植任何树木。无论树木是否阻碍了人们欣赏圣彼得教堂，但它们确实能为这条肃穆的街道增添几分轻松愉快（如果你沿途漫步于此）。

Via Nomentana @ Via Trieste
诺曼塔那大道与的里雅斯特大街（Via Trieste）交口

亚洲 | ASIA

印度 | India

艾哈迈达巴德 | Ahmedabad

C.G. 大道 奇曼托·吉德哈拉尔大道（Chimantal Girdharlal Road，简称“C.G 大道”，奇曼托·吉德哈拉尔，20 世纪 60 年代印度富商），是艾哈迈达巴德市内萨巴尔马蒂河（Sabarimarti River）西部新城中的一条交通主动脉。尽管并不位于城市中心，C.G. 大道仍是一条重要的城市道路，守卫着富人区。作为城市西部为数不多的几条南北向主干道中的一条，C.G. 大道沿街两侧多为办公楼、高档商场和娱乐餐饮场所。高档居住区紧邻周边的商业分布。到了夜晚，街上更是热闹非凡。

20 世纪 90 年代早期的 C.G. 大道，不同于印度的其他商业街，令人深感脏乱。新建建筑严重侵占了公共区域和人行道。街道因此被分成几段，支离破碎。车辆更是杂乱无章地停放在脏兮兮的环境中。沿街树木不多 —— 较大的树木情况良好 —— 但沿街并没有整齐的行道树。街上交通混乱：不仅有行人、汽车、卡车、出租车、摩托车（比其他任何一种车辆都要多）、出租摩托和少量公交车，还有由骆驼、骡子或是车夫拉的车。不难想象，如此众多的交通方式间存在着多大的步调差异。任何的街道改造想要成功，都要考虑这些不同的交通方式和节奏，并尽可能地将它们组织在一起，不过这不能以牺牲 C.G. 大道沿街的商业价值及行人活动为代价。

The Old C.G. Road, Ahmedabad.
C.G. 大道旧貌，艾哈迈达巴德

20 世纪 90 年代中期，艾哈迈达巴德市长和政治领袖们确信 C.G. 大道可以变得更好，于是决定将之改造成一条复合型林荫大道。最早实施改造的路段长约 1 英里，于 1997 年完工 [1]。C.G. 大道路权宽度仅为 100 英尺，非常狭窄。而且由于当地人习惯于在路边斜向停车而非平行停车，因此狭窄感尤为明显。

- 车流量巨大的中心主干道单向双车道，车道宽为 10 英尺，低矮的中央分隔带仅有 3 英尺宽（这样可以避免某侧因交通拥挤而要求增设第三条车道）。
- 区分中心主干道和辅道的侧分隔带更加狭窄，在局部路段几乎与路牙无异。树木种植在斜向停车位端头的三角形空间里，供摩托和单车停放处的侧分隔带则相对宽敞一些。
- 辅道部分相当狭窄，仅 20.5 英尺宽，斜向停车位仅有 12.5 英尺长的空间（大部分车都停得很挤），余下的 8 英尺为 1 条车道。
- 人行道宽 8 英尺，上面新种了一排树，而原先随意种植的树木均被保留。停车位则在树木周边简单布置。
- 停车位的路面稍高出辅道的车道路面约 1 英寸，人行道则高出辅道两级踏步，形成一个简易的线形座位区。人行道沿途设有新的路灯。

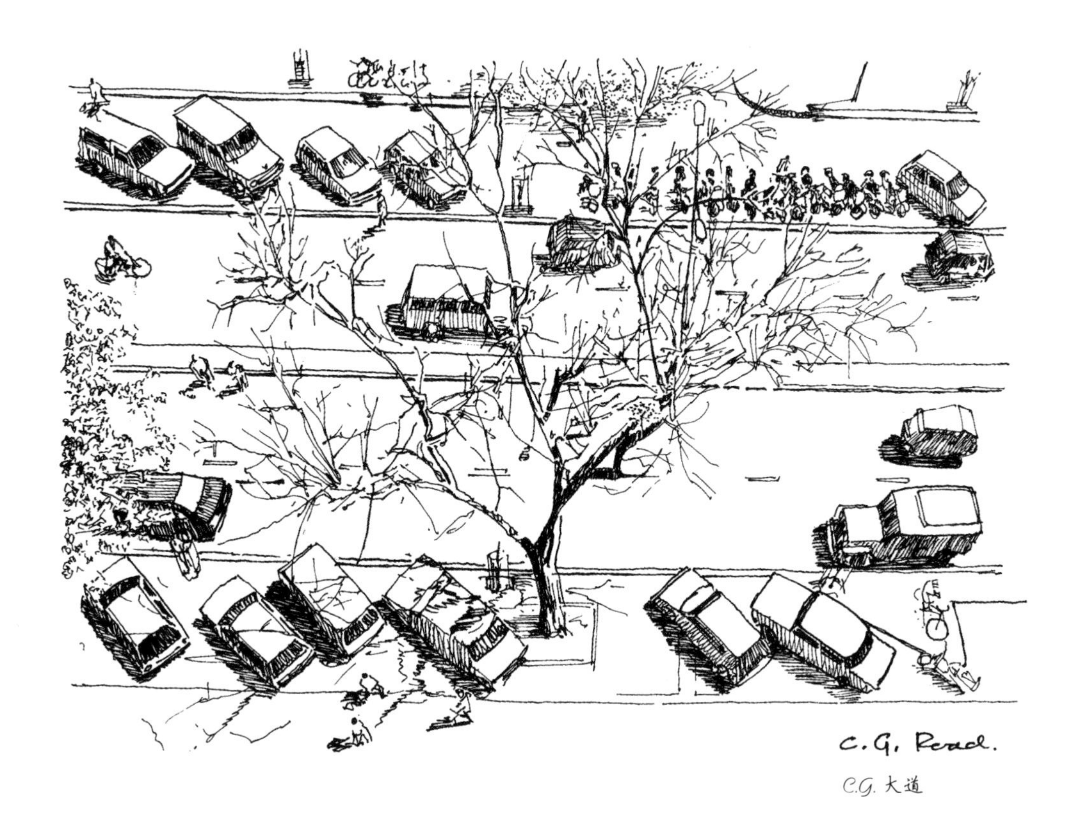

C.G. 大道

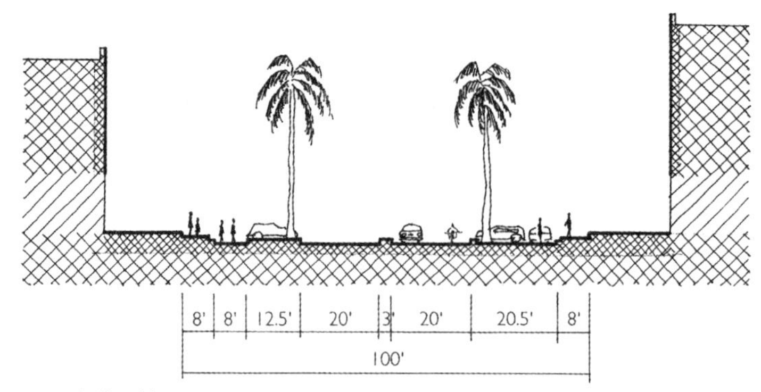

C.G. 大道：剖面

大致比例：1 英寸 = 50 英尺或 1:600

C.G. 大道的沿途景象

C.G. 大道上的行人区域

- 辅道和人行道都铺设了地砖，而中心主干道为了交通更便捷铺设的是沥青。
- 这是一条存在一些微小误差的复合型林荫大道。分隔带应适当加宽，种植的乔木（棕榈树）理应比如今尚未成熟的乔木更大，它们未来的长势令人担忧。
- 各种迹象均表明街道上已经形成了一处延伸的行人区域。各类车辆，包括摩托机车和自行车，在辅道上均行驶缓慢。中心主干道上则承载了大量快速交通。我们不会期望在这些“快速”车道上看到骆驼拉的车，但如果可以见到会非常有趣。
- 这是一条高品质的街道，其多样化的功能可以满足不同人群的需求。

新德里 | New Delhi

如果你期望能在某个殖民地首府看到林荫大道，那新德里便能满足你这一愿望。不过这座英属印度的首都设计建造林荫大道并非出于市民步行舒适的考虑，而是为了城市当局者的马车通行方便。由于城市中街区尺度很大，目的地通常位于远方。因此，当地居民倾向于直达某地而非选择中间有许多停靠点的路线。尽管街道上的行人数以百万计，但总的来说，新德里却并非一座适宜步行的城市。

不同于别处的大多数复合型林荫大道，新德里的林荫大道两侧并不是直面街道或对街道敞开的沿街建筑。相反，除了西化明显、最为发达的商业区，这些随着印度的城市发展而兴起的林荫大道两侧都是围墙，墙后则是各类不同用途的场地。街道充满活力、车流往来不息，但行人区域却并不突出显眼，即便街道上的行人为数不少。

多数这类林荫大道的另一特点便是没有人行道，或只在行人区域的外侧设有异常狭窄的人行道。两侧的辅道或是直接与路旁的围墙相接，或是中间隔着绿化种植带。

尽管与别处的林荫大道不尽相同，但新德里的林荫大道仍不失为环境宜人的场所。尤其是在炎炎夏日，分隔带中的大树为人们纳凉提供了好去处。

我们接下来讨论的 3 条林荫大道，没有一条宽度超过 124 英尺。它们彼此相连，由新德里火车站出发，延伸至康诺特广场（Connaught Plaza）后达印度门（India Gate），然后直抵胡马雍陵（Humayan's Tomb）。

Along Chelmsford Road

切姆斯福德大街的沿途景象

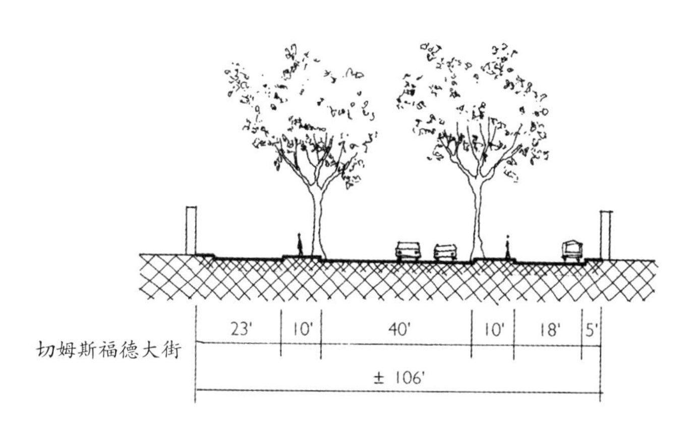

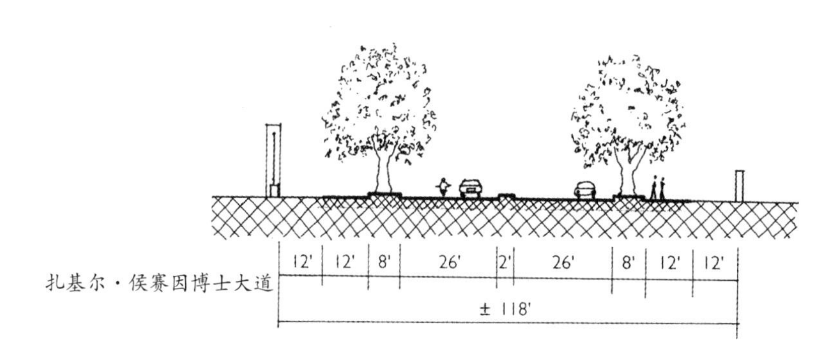

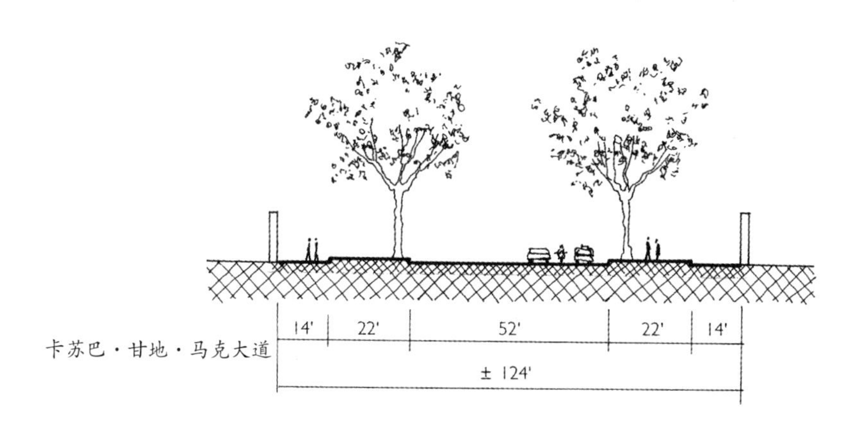

新德里三条林荫大道剖面

大致比例：1 英寸 = 50 英尺或 1:600

切姆斯福德大街（Chelmsford Road）

- 大街长约 0.8 英里，连接着新德里火车站和康诺特广场。
- 街道上车水马龙，随处可见公交车、电动三轮车、自行车和行人的身影，但辅道上似乎只有行人。
- 分隔带中种着各种树木。
- 道路两侧伫立着高墙。
- 侧分隔带可能是在树木长成之后才建造的，它们避开了树干，而约有一半的树干伸入中心主干道中。
- 总体来说，街道维护良好。

扎基尔・侯赛因博士大道（Dr.Zakir Hussain Road）

- 大道长约 2 英里，连接着印度门和胡马雍陵。
- 道路北达国家现代艺术馆，这一路段的辅道上鲜有车辆。
- 另一路段的辅道上有车辆行驶，行人和自行车的数量则不断增加。
- 同其他林荫大道一样，沿街也种着各种树木。
- 两侧辅道上的车辆来来往往，然而设计之初，辅道并非双向行驶。
- 街道南端的分隔带相对较宽，为了适应地形的变化，达到了约 40 英尺。
- 街上标识太多，遮住了街上别具一格的景色。

卡苏巴・甘地・马克大道（Kasturba Gandhi Marg）

- 大道长约 1.8 英里，连接着康诺特广场和印度门。
- 分隔带很宽，为 22 英尺，但是其中设有许多供巴士和出租车停靠的坡道，约 10 英尺高。
- 两侧的辅道上车辆和行人很少，不过在部分节点，则聚集了大量的行人活动（这些节点通常位于公共休息区周边）。
- 康诺特广场附近的旧平房很早就被拆除并新建了办公楼和酒店建筑。不过印度门附近的平房，则因为政府官员所建，与其周边的大片草地都被保留下来。
- 这条街道适合暂时没有拉到乘客的司机闲逛。
- 两侧辅道紧临街边高墙，对人行道并未产生积极影响。
- 私家住宅的前院种的植物异常茂盛，路人无法看到住宅内景。
- 分隔带中混合种植着各种树木。

Chelmsford Road

切姆斯福德大街景象

Access Roadway on Dr. Zakir Hussain Road.

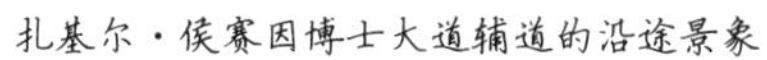

扎基尔·侯赛因博士大道辅道的沿途景象

Along Access Roadway on Kasturba Gandhi Marg

卡苏巴·甘地·马克大道辅道的沿途景象

越南 | Vietnam

胡志明市 | Ho Chi Minh City

法国人给越南人民留下了一系列复合型林荫大道的杰作。胡志明市的林荫大道向世人展示了这种类型街道的强大适应力及处理不同类型的活动、车速和车辆时的能力。其中的巴斯德大道是我们所遇到的最狭窄的林荫大道之一。在胡志明市的林荫大道上，有的树木甚至高达120英尺。

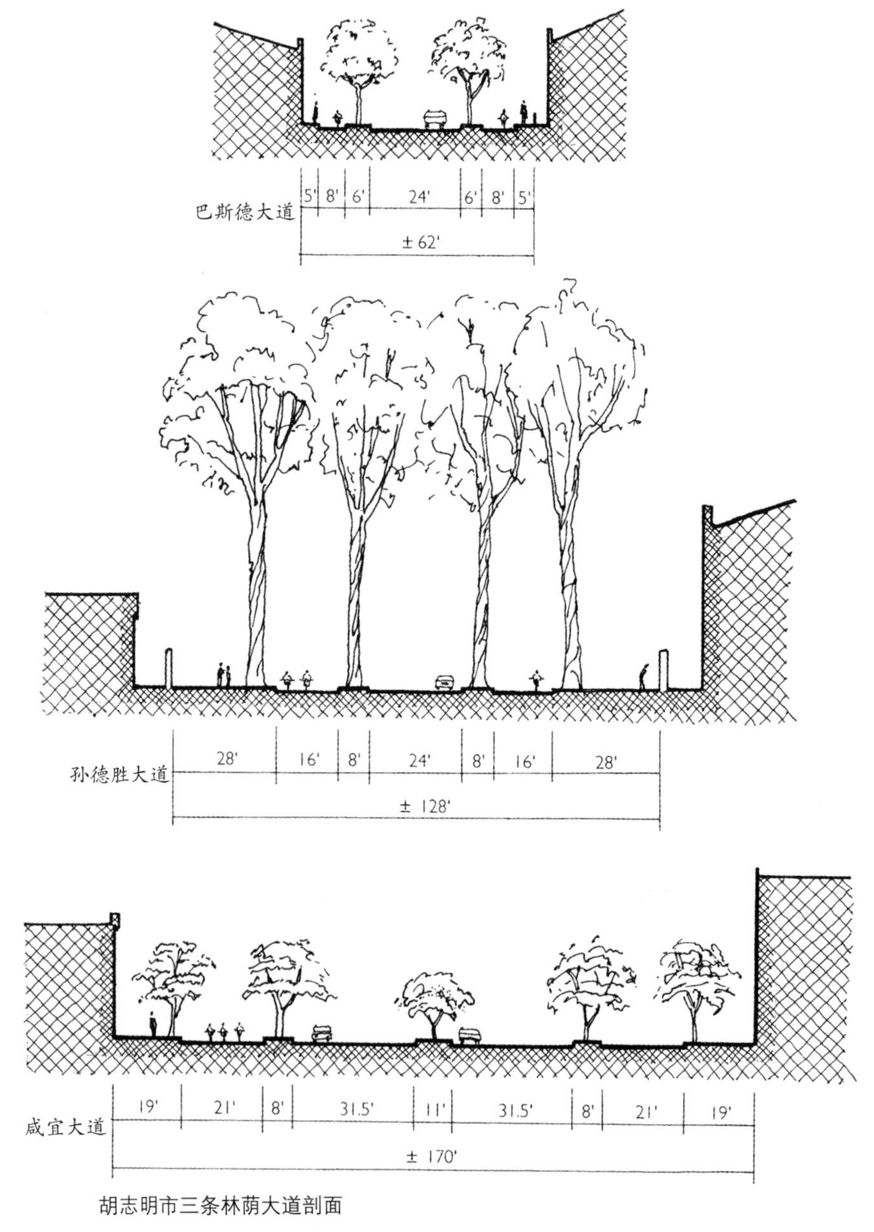

胡志明市三条林荫大道剖面

大致比例：1英寸 = 50英尺或1:600

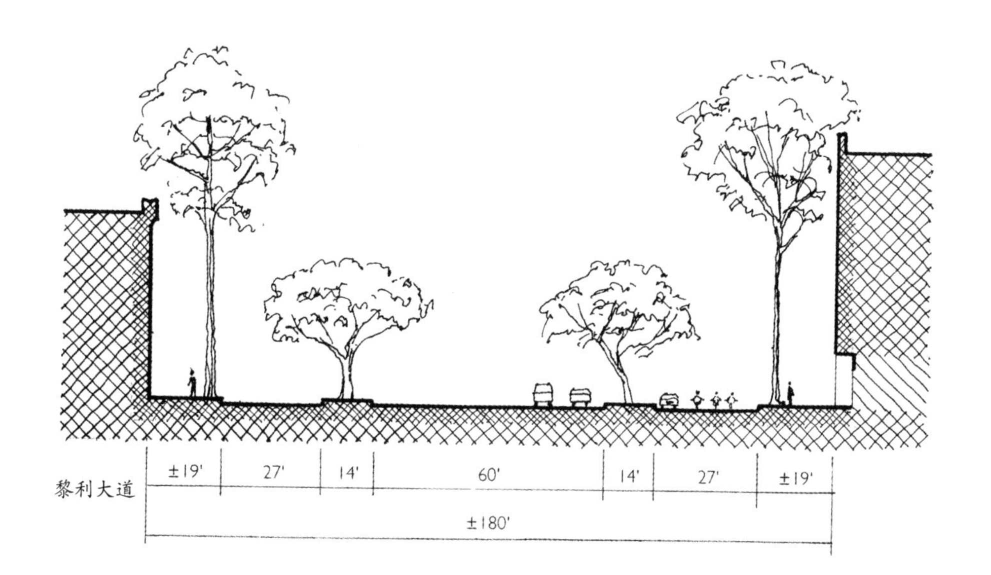

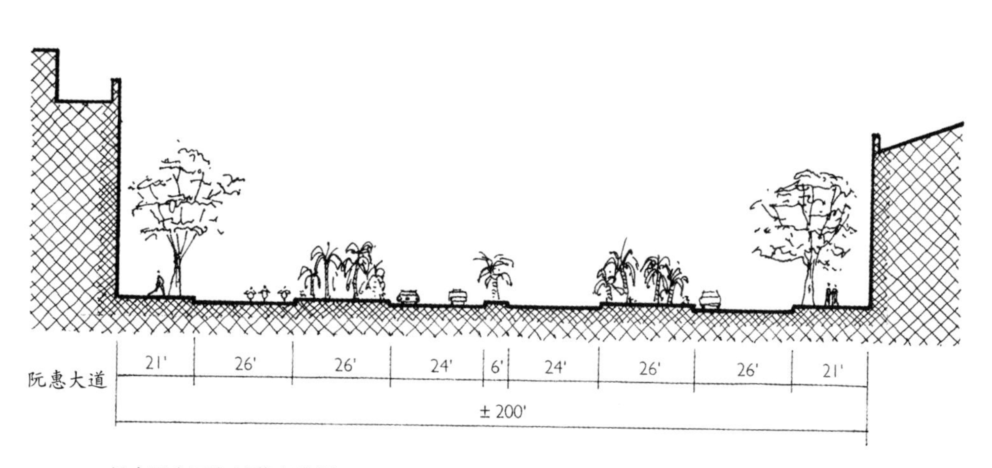

胡志明市两条林荫大道剖面

大致比例：1 英寸 = 50 英尺或 1:600

巴斯德大道上的景象

巴斯德大道（Pasteur Boulevard）

- 这条狭长的南北向林荫大道长约 3 公里（1.8 英里），从城市中心穿过直达边宜运河。
- 这是胡志明市内唯一保留法语名称的林荫大道，由此可见，巴斯德医生在越南人民心中的崇高地位。
- 大道单向行驶，中心主干道中设有一条公交和小汽车专用道，另一条车道则只供小轮摩托使用。小轮摩托和自行车也使用两侧辅道，不过行人才是辅道上的主角。
- 分隔带中种有各类植物。不过（在越南）最常见的不是银合欢便是龙脑香。树间距约为 28 英尺。同越南别处相同，树干较低的部位被涂成白色，这样晚上会更加明显。
- 沿街建筑不是直接紧靠道路边线就是立在栅栏或围墙后面。
- 巴斯德大道是我们遇到过最窄的林荫大道，仅仅只有 62 英尺宽。

Bicyclists on the access roadway on Boulevard Ton Duc Thang

孙德胜大道辅道上的骑行者

孙德胜大道（Boulevard Ton Duc Thang）

- 大道宽约 128 英尺，这一尺度较巴斯德大道更符合“常规”。然而，孙德胜大道的中心主干道只设有两条车道，两侧辅道也较为狭窄。大道边缘沿线的人行道和绿化带宽达 28 英尺。
- 大道长约 2 公里（1.2 英里），沿西贡河延伸后北接丁先皇街（Dinh Tien Hoang）。
- 人行道和分隔带沿途种植高大的树木，树间距约为 40 英尺。
- 独立的围墙限定了道路的边界。
- 慢速交通工具——自行车、小轮摩托以及售卖各类物品的小推车都集中在辅道上，中心主干道则供汽车行驶。
- 正午进行的交通统计显示，在 15 分钟内，有 190 辆小轮摩托和 32 辆汽车在此经过。

咸宜大道（Boulevard Ham Nghi）

- 这是一条 170 英尺宽的宽阔街道，将西贡河和滨城市场连接起来。
- 尽管街道明显没有其他林荫大道繁华，但街道各部分的尺度都很大，尤其是中心主干道，在其中间还有一条种有行道树的分隔带将之一分为二。
- 大道长约 1 公里（0.6 英里）。

黎利大道上的景象

黎利大道（Le Loi Boulevard）

- 尽管只有约1公里（0.6英里）长，但鉴于其功能及地处与阮惠大道交汇处的重要节点，黎利大道或许是这座城市最重要的路段。同时，西靠滨城市场，东临城市剧院。
- 街上两侧辅道很宽，有27英尺，大量小轮摩托行驶于此。统计表明，在工作日早高峰，15分钟内便有超过500辆小轮摩托在此通过，而在周末夜晚，人们会推着摩托在此漫步，这一数据还会上升。
- 人行道上随处可见停靠的小轮摩托、室外摊位和桌子。
- 分隔带中设有电话亭、垃圾桶，还种着树木。
- 人行道上种植的银合欢很高——高达120英尺，树间距从18英尺到26英尺不等。分隔带中种植的具翼龙脑香与美洲皂荚十分相似。
- 这种街道的适应性在此再次得到证明，黎利大道上多种交通方式并存且彼此独立、互不干扰。

Boulevard Nguyen Hue
阮惠大道上的景象

阮惠大道（Boulevard Nguyen Hue）

- 尽管这条林荫大道很短，只有约 0.8 公里长（不足 0.5 英里），却是我们所研究的胡志明市内最宽的林荫大道，其通行宽度约 200 英尺。
- 沿途景观优美，人行道上种有龙脑香，分隔带中则种有成组的低矮棕榈。

澳大利亚 | AUSTRALIA

墨尔本 | Melbourne

皇家阅兵大道（Royal Parade），圣基尔达大道（St.Kilda Road），维多利亚阅兵大道（Victoria Parade） 人们普遍认同：这三条由墨尔本市中心辐射至城市北、东、南三面的“伟大”的复合型林荫大道是城市最重要的地标之一，并为市民理解城市结构提供了实体性构架 [2]。它们是 19 世纪 50 年代大规模城市扩张的成果。它们体现了城市主要交通运输功能与宏伟、高度规整的设计的完美结合。

- 三条大道沿线都设有轨电车路线，轨道位于道路中央。正因如此，它们不同于研究中涉及的大多数其他复合型林荫大道。
- 三条大道都很宽敞，从皇家阅兵大道的 195 英尺到维多利亚阅兵大街的 225 英尺。
- 大道沿途均种有 4 排不间断的行道树 —— 在圣基尔达大道上，行道树长达 3 英里。很明显这些行道树构成了大道最强烈的特征。
- 皇家阅兵大道的辅道宽 25 英尺，设有 1 条自行车道、1 条车道以及 1 排停车位。
- 圣基尔达大道辅道宽达 30 英尺，设有 2 条通行道和 1 排停车位。
- 维多利亚阅兵大道最宽，它体现了复合型林荫大道形式对具体环境的适应性，其中心主干道仅供电车使用，汽车禁止在此行驶。分隔带宽达 43 英尺；辅道宽度类似，为 46 英尺。辅道设有 3 条车道：想必应该是 1 条车道、1 条快车道和 1 排停车位。
- 弗莱明顿大道（Flemington Road）—— 位居第四的复合型林荫大道，其辅道设有 2 条车道，在其中心地带也有电车运行。
- 20 世纪 70 年代，林荫大道的安全问题日益突出，结论表明辅道上的过境交通问题明显。当时的解决方案是通过物质设备手段禁止特定行为，而并非将辅道上的车道从 2 或 3 条减至 1 条 [3]。
- 如今，墨尔本的规划师们似乎更注重“限制针对道路的交通运输措施，以维持道路特征”[4]。
- 分隔带的宽度不一，但似乎并没有主要供行人使用的分隔带。
- 人行道的部分也宽敞大气，除了维多利亚阅兵大道，所有林荫大道沿途的路牙边都设有连续种植带，种有成排的行道树。
- 林荫大道两侧的沿街建筑大多退让街道一段距离。

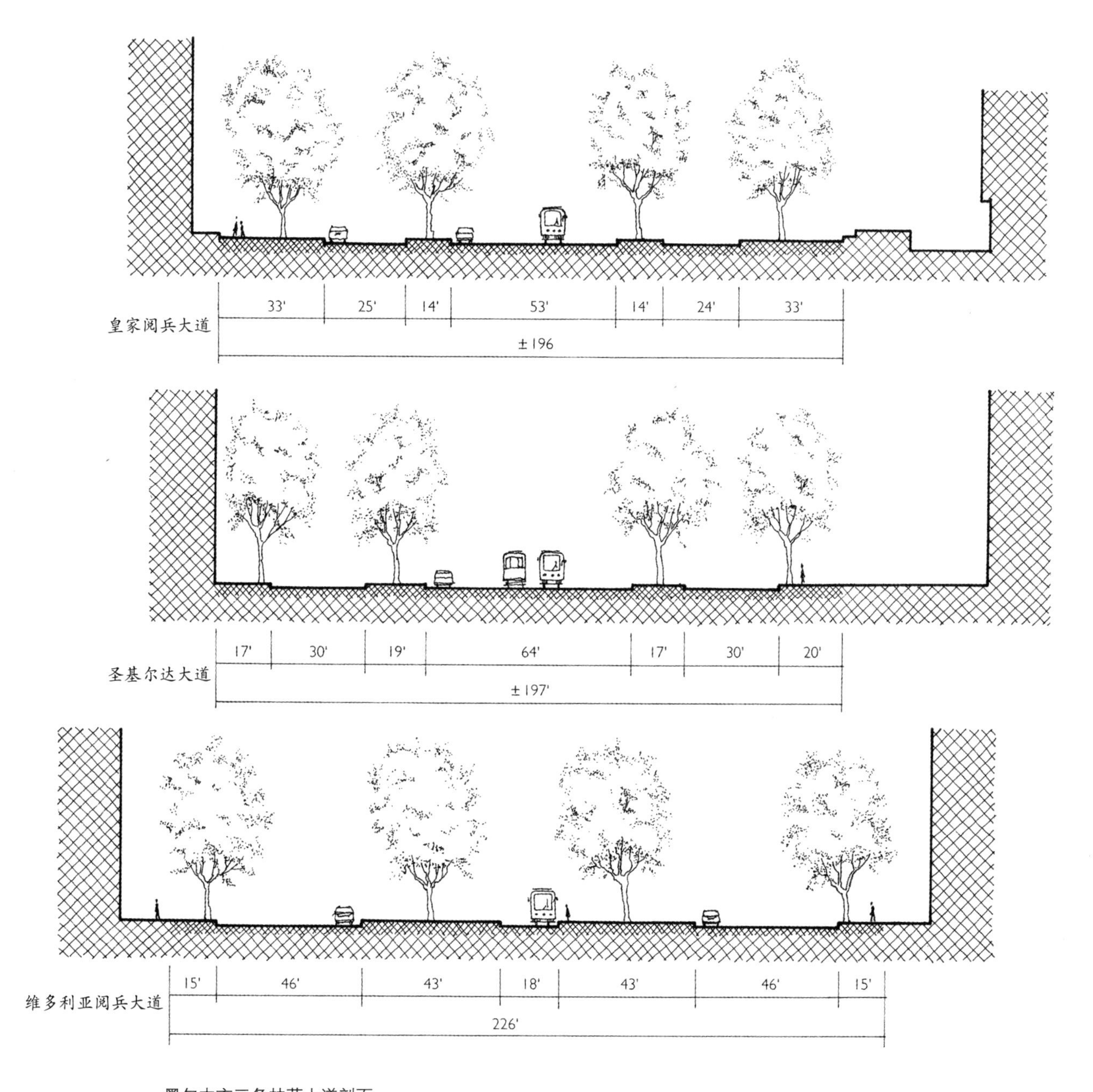

墨尔本市三条林荫大道剖面

大致比例：1 英寸 = 50 英尺或 1:600

欧洲 | EUROPE

法国 | France

索格岛 | L'Isle sur La Sorgue

通往枫丹村的道路（Route to Fontaine de Vaucluse） 这条意想不到出色的林荫大道是出入枫丹村这座优雅怡人的普罗旺斯小镇的道路，道路顺着河道，沿途绿树成荫。

- 从小村中心沿着这条路往枫丹村方向走，能在道路的尽头找到河道的源头——一口很深的天然水井。街道在其所经的几个较长街区以林荫大道的形式出现，之后则逐渐变成一条狭窄的田间小路，小路的一侧种满了悬铃木，并一直延伸数英里，令人印象深刻。
- 道路沿途景色优美迷人。因为其尺度宜人，同时街上整齐地排布着 4 列高大的悬铃木。
- 尽管中心车道的宽度足以在交通拥挤时容纳 4 股车流，道路两侧依然各自留有一条车道（紧急车道）。
- 狭窄的辅道只有 15 英尺宽，两侧种着成排的树木，设计之初是自行车专用道。不过，如今更多的是摩托车在此行驶，甚至有人将车停放于此。
- 沿街两侧，建筑并不多，多是公园外侧的矮墙，墙上爬满了各类植物。

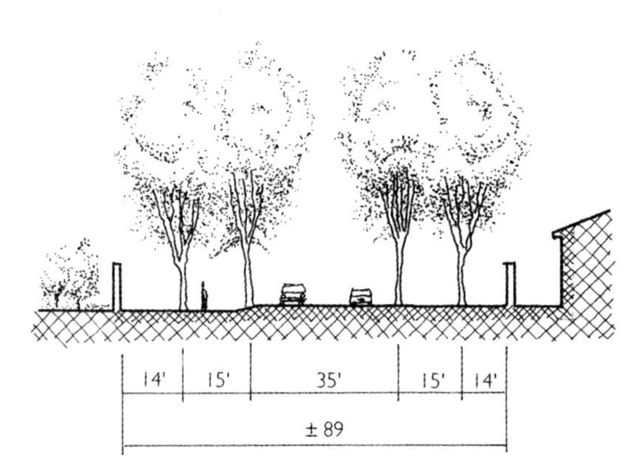

通往枫丹村道路的剖面

大致比例：1 英寸 = 50 英尺或 1:600

Isle Sur la Sorge, Provence
The pedestrian-bicycle realm

索格岛，普罗旺斯
行人—自行车区域

巴黎 | Paris

近乎所有（或者说至少是绝大多数）巴黎的复合型林荫大道都独具特色。我们选取了其中两处进行探访，因为它们的独特形式赋予了街道类型新的可能性。博马舍大道上的行人区域，人行道与辅道的标高一致；而库尔塞勒大道，不仅优雅迷人，还是一条单侧街道，大道沿着公园的外围，街上有各种不同的停车位，道路交叉口的组织方式也多种多样。

博马舍大道（Boulevard Beaumarchais）

- 20 世纪 80 年代改造前的大道，人行道很宽敞，改造后的大道则成了一条复合型林荫大道 —— 勉强算是吧！
- 博马舍大道最初是林荫大道区的一部分。区内的大道建造在 17 世纪高大的城墙堡垒之上，随着时间流逝，大道逐渐降低并最终被整合进城市的街道总系统之中。如今，它们承担着巴黎北部的内环道路的角色。博马舍大道始于巴士底广场，沿西北方向延伸了约 1800 英尺。
- 博马舍大道相对狭窄，只有 116 英尺宽；当地一条主要的公交路线经过于此，大道 52 英尺宽的中心主干道承载了大量的交通量。

Pedestrian Realm on Boulevard Beaumarchais
博马舍大道上的行人区域

• 沿街建筑通常为 6、7 层高，底层为商铺，底层以上部分则多为公寓住宅。
• 街道两侧均设有人行道、1 条车道、1 排停车位以及 1 排行道树，这些共约 32 英尺宽。6 英尺宽的狭窄的人行道和其他部分均处于同一标高，与车行道间整齐、密布着 18 英寸高的混凝土护栏。真正意义上的行人区域只是最初的人行道，不过如今这里也允许车辆行驶和停靠。
• 由于人行道较为狭窄，因此不时会有行人占用辅道，有时甚至是带着孩子的母亲。不过这类行为似乎是设计有意为之，因为人行道与辅道标高一致，暗示人们这是行人与车辆共有的区域。不少行人对人、车混行深有怨言，尤其是当有车辆在他们身后行驶时。
• 在局部地段，大量的车辆挤占了相对狭窄的空间，使行人区域看起来更像是一条长长的停车带。
• 在接近路口的路段，辅道回到中心主干道，整个 32 英尺宽的区域都可以被用作人行道。而从街角咖啡厅伸出的玻璃飘窗和报摊、电话亭等设施，则占用了人行道上的空间。
• 长椅和公交站台位于分隔带路牙边的树木之间。路牙比常见的更高，设计中增加了 1 级踏步的高度。
• 撇开存在的问题不谈，这条街道提供了一种在复合型林荫大道的基本形式下，解决狭窄的行人区域中多种需要的新颖方案。

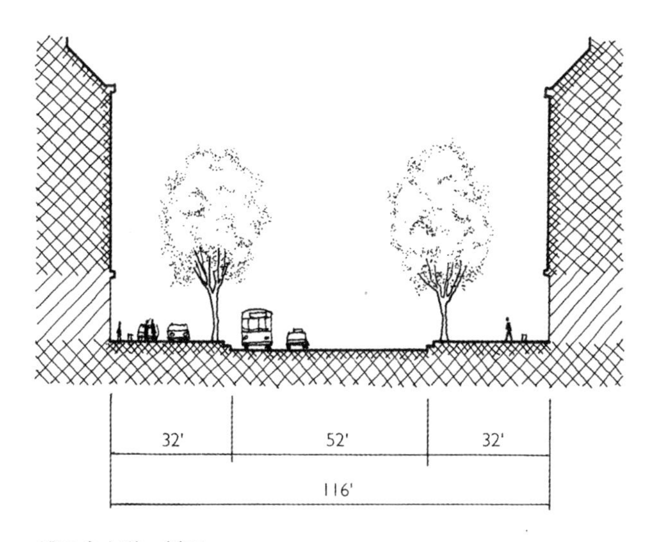

博马舍大道：剖面
大致比例：1 英寸 = 50 英尺或 1:600

库尔塞勒大道（Boulevard de Courcelles）

- 大道穿过巴黎北部的一处富裕的区域，在接近和穿过蒙梭公园的两个狭长街区内，大道以林荫大道的格局形式出现。大道所经路段原是中世纪巴黎城外城墙的一部分，但在 19 世纪中叶，奥斯曼将之拆除、推倒。
- 林荫大道的路段沿途多为 6 层高的“帝国样式”（Empire-style）公寓建筑。其中一个街区两侧都是这类建筑；而另一街区中，只有一侧是这类建筑，另一侧则是一座公园。第一个街区中的沿街建筑底层多为商店。而在第二个街区，公园对面的街道上，住宅部分一直延续至建筑底层，而且这一路段的建筑尤为优雅迷人。
- 公园沿途路段没有辅道，取而代之的是一条宽敞的、绿树成荫的人行道，行走于此的路人可以获得愉悦的步行体验。
- 两个街区内的分隔带和停车组织方式彼此不同。毗邻公园的路段的单侧辅道上采取的是斜向停车方式，停车位于分隔带中的行道树之间。另一街区辅道上的停车则平行于街道。
- 与库尔塞勒大道相交并分割两个街区的街道，与大道呈一定角度。转角建筑因此显得重要，设计中将它们斜切，以使其界面面向转角。其中一处转角建筑内有一间花店，店门口宽敞的人行道上摆满了各类鲜花。
- 机动车辆在路口附近出入街道两侧辅道。各个街角的格局差异明显。其中一处街角的人行道有放大的倒角；在另一处街角，辅道的出入口一直延伸至道路交叉口，并通过一段细长的低矮（1.5 英寸高）路牙同中心主干道区别开来——这种处理方式同样能在蒙田大道以及星形广场周边的部分林荫大道上看到。这些复杂多变的辅道和道路交叉口处理方式都集中于一个路口，这或许会扰乱行人并因此存在潜在的危险，但它却运行良好。
- 尽管沿街多为高档商铺，仍有一间汽车修理店夹杂其中。而店面所处区域由于并排停放了大量车辆，严重影响了这一侧辅道上的交通。

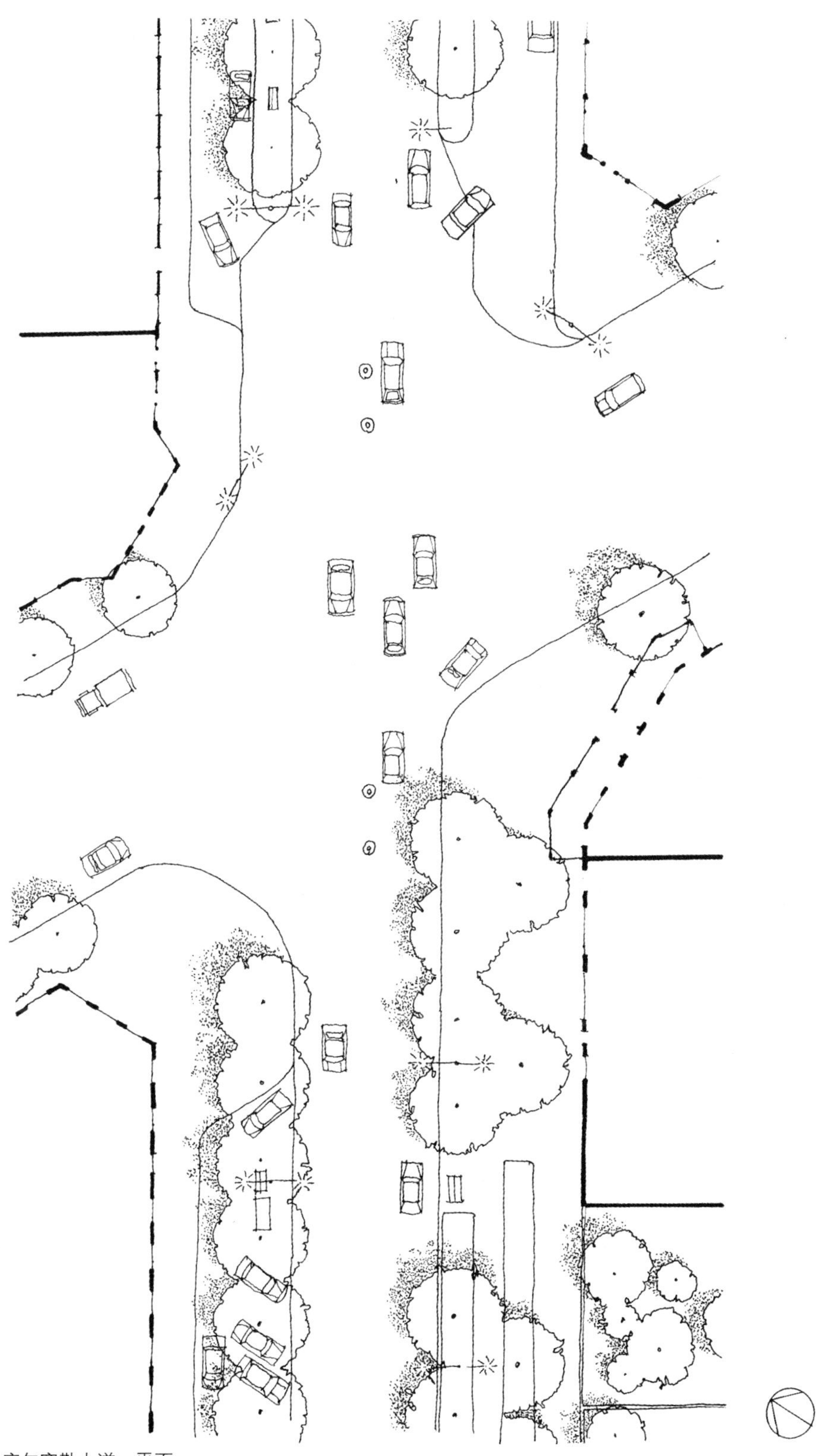

库尔塞勒大道：平面

大致比例：1 英寸 = 50 英尺或 1:600

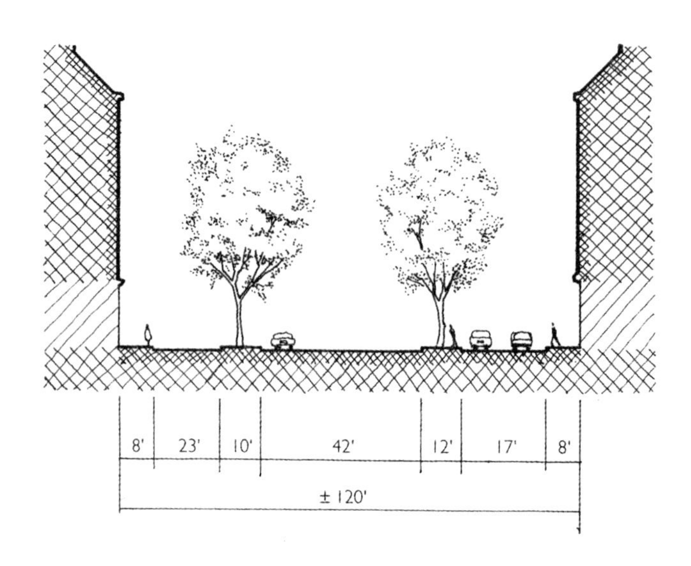

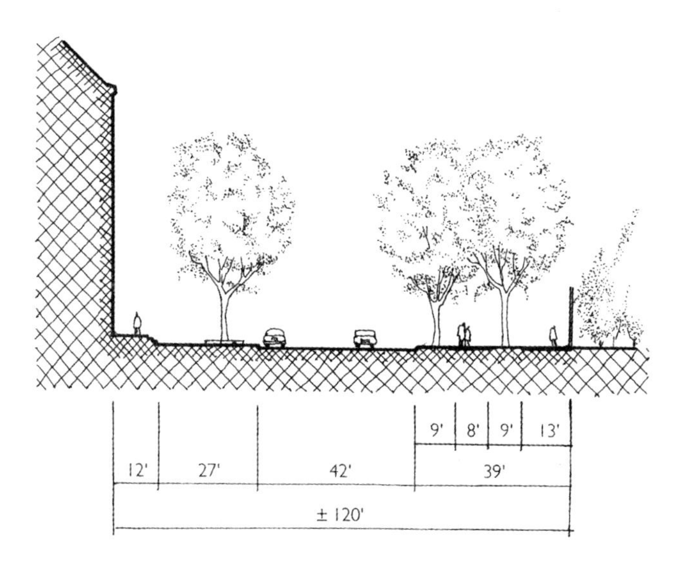

库尔塞勒大道：剖面

大致比例：1 英寸 = 50 英尺或 1:600

Pedestrian Realm along Boulevard de Courcelles

库尔塞勒大道沿途行人区域的景象

图卢兹 | Toulouse

斯特拉斯堡大道（Boulevard de Strasbourg）与阿科尔大道（Boulevard d'Arcole） 这两条林荫大道是老城中心主要街道环路的一部分，街道宽度适宜且彼此相近，均在 120 英尺左右，道路断面组织也较为类似。

它们都忠实地承担着多数林荫大道的设计职责：在承载、分散城市区域的大量机动交通的同时，为沿街建筑的日常使用人群提供服务。

- 斯特拉斯堡大道上一侧辅道沿途的很长路段，在工作日里作为街市使用。
- 斯特拉斯堡大道沿途的开发相比其相交街道更为迅速。沿街建筑多为 4 层高。与斯特拉斯堡大道相比，阿科尔大道上的底层商店更少，取而代之的则是更多上层居住单元与办公室的出入口。
- 两条大道沿途都种有 3 排行道树，而非常见的 2 排或 4 排。除了分隔带中 50 英尺高的悬铃木，两条大道上各有一侧辅道种有行道树。辅道的宽度在 21 至 22 英尺之间，在行道树之间设有斜向停车位。另一侧的辅道宽度一致，但并未种植行道树，其中段设有一条狭窄的车道，两侧则各有 1 排停车位。
- 斯特拉斯堡大道沿途的行道树间距约为 27 英尺，阿科尔大道上略微小一些，在 23 至 25 英尺之间。

斯特拉斯堡大道沿辅道的街市

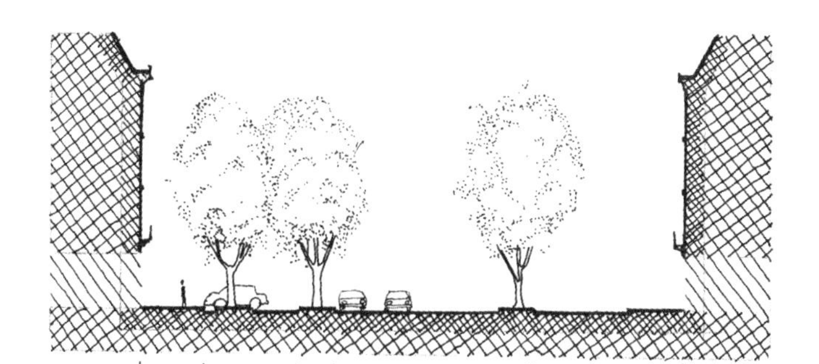

斯特拉斯堡大道：剖面
大致比例：1 英寸 = 50 英尺或 1:600

阿科尔大道的沿途景象

意大利 | Italy

菲拉拉 | Ferrara

在菲拉拉市中心西部的不远处至古城墙及火车站这一大片居住区内，至少有6条复合型林荫大道。前5条大道均与最后一条不同，且并没有哪条大道长度或宽度惊人。我们在此将介绍其中的4条。这之中除了加富尔大街，都是街区尺度的小型街道。它们都因辅道狭窄而出名。

菲拉拉市内的林荫大道：街道和建筑的周边环境

大致比例：1英寸 = 400英尺或1:4800

加富尔大街（Via Cavour）

- 加富尔大街是市内的主要街道，位于古老的市中心与火车站之间。其沿途两侧的发展十分不均。不同时期的建筑混杂在一起：你可能会在同一片街区内同时发现高达 8 层的新建筑和 2 至 4 层高的老别墅；而顺着街道，在路过部分第二次世界大战后的建筑之后，你可能会被精致的屋前花园所吸引，而花园后方则是建于"美好年代"（Belle Époque，19 世纪末至第一次世界大战前欧洲社会、经济平稳发展时期）1904 年的别墅，这之后你又会见到许多近期建设的多层建筑和高大的构筑物。不过在靠近市中心的路段，加富尔大街便逐渐繁华、热闹起来。这里商店林立，而且不时可见室外的咖啡馆。
- 公交车沿中心主干道行驶，分隔带中设有等候站台。分隔带中种植的行道树间距为 20 英尺，会在街区中段（因为公用电话亭的关系）和路口被打断。而在沿途留下较大的且不舒服的空白区，在科尔索•伊松佐大道的路口，情况同样如此。
- 街上的行道树都是菩提树，因此街上香气袭人。
- 人们多在辅道上骑行。
- 街上的道路交叉口并未对任何车流路径加以限制，但街上秩序井然——沿街设有左转信号相位之类的设施，司机们似乎都遵守秩序。
- 人行道上未种植树木，不过沿途设有长椅。在炎炎夏日，这里没有树荫遮蔽，因此行走于此令人苦不堪言。

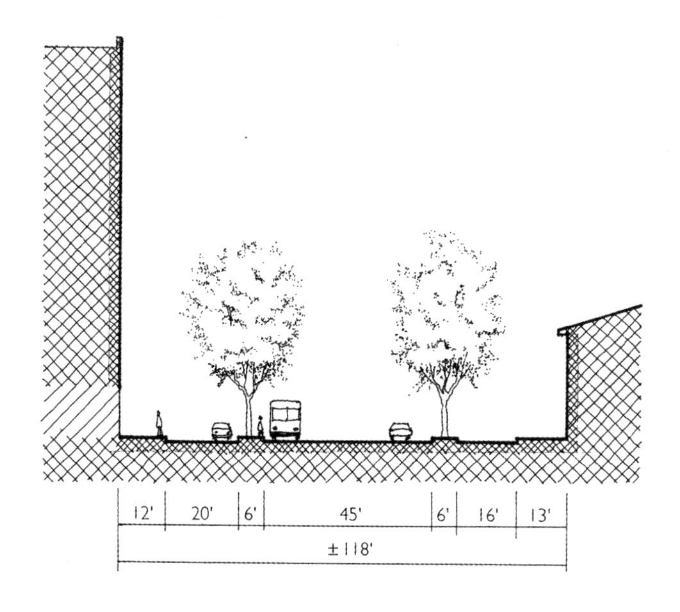

加富尔大街：剖面

大致比例：1 英寸 = 50 英尺或 1:600

维托利奥·威尼托大道（Corso Vittorio Veneto）

- 狭窄的维托利奥·威尼托大道并不长（约1200英尺），可以说这是一条小尺度的大道。街道两侧高大的白杨树间距为20英尺，它们将人们的视线直接引向尽端的纪念碑。30英尺宽的中心主干道上设有两条车道和两排停车位。两侧的辅道仅有18英尺宽，其中一侧却设有两排停车位和一条车道。同样狭窄的人行道仅有6英尺多宽，在其一侧是2、3层高的别墅，沿着人行道，别墅凹凸变化丰富。这是一条优美宜人的街道。

Central Roadway on Corso Vittorio Veneto

维托利奥·威尼托大道上中心主干道的沿途景象

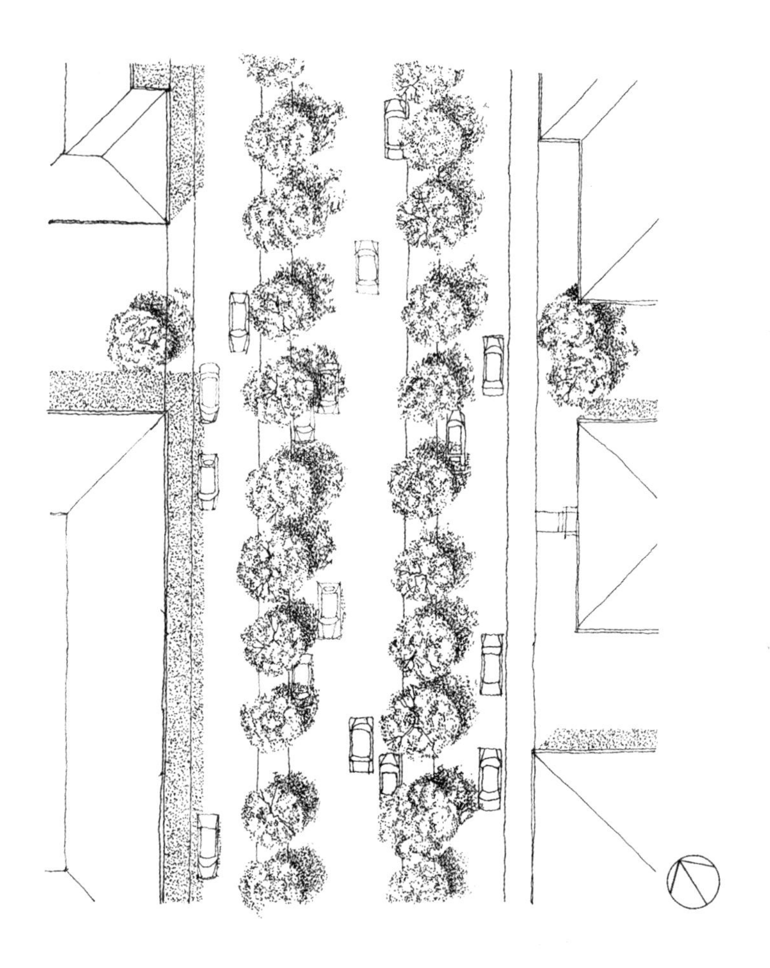

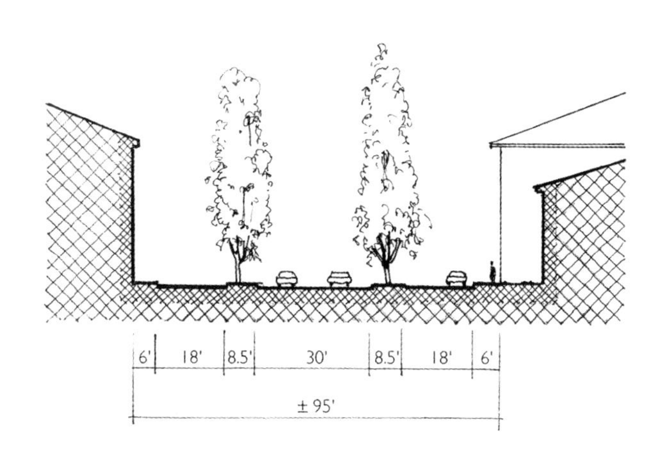

维托利奥·威尼托大道：平面与剖面

大致比例：1 英寸 = 50 英尺或 1:600

科尔索 • 伊松佐大道 (Corso Isonzo)

- 与维托利奥 • 威尼托大道相比，科尔索 • 伊松佐大道甚至更为狭窄。街道各部分的尺寸都很小：中心主干道仅有 30 英尺宽，分隔带为 9 英尺宽，而人行道甚至只有 5 英尺宽。位于大道与加富尔大街的交叉路口的第一片街区尤为迷人。沿街两侧是 2、3 层高的公寓，公寓的开间多在 18 至 30 英尺之间，在其底层则是琳琅满目的街区便利商店。
- 沿街古老的悬铃木可以长至 60 英尺高，树间距为 25 英尺，巨大的树冠将街道笼罩在一片巨大的阴影之下，围合感强烈。
- 经过加富尔大街的路口，沿科尔索 • 伊松佐大道继续走，沿街会出现一些更新、更大、高达 7 层的建筑。这些建筑的立面变化更为丰富。大道一侧的辅道已被拓宽至 20 英尺，并设有两排停车位。
- 总的来说，行走于科尔索 • 伊松佐大道上令人心情愉快，周边居民甚至并未意识到它是一条复合型林荫大道。

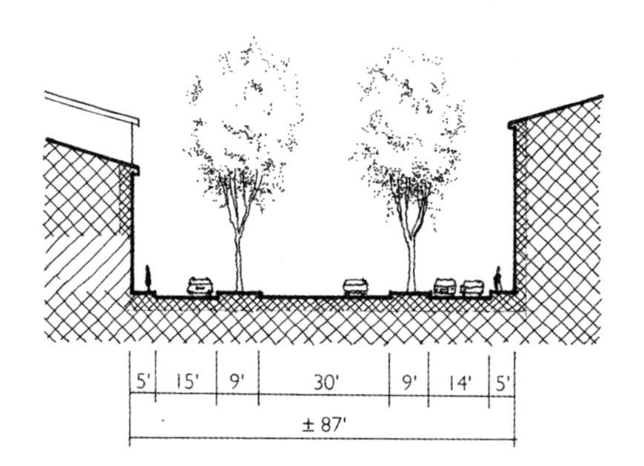

科尔索 · 伊松佐大道：剖面
大致比例：1 英寸 = 50 英尺或 1:600

科尔索·伊松佐大道的沿途景象

十一月四日大道(Via IV Novembre)

- 十一月四日大道建造于古老的旧城墙基址之上，这不禁令我们联想起巴黎最初的林荫大道的由来。这是一条单侧林荫大道，只有一条辅道，另一侧辅道上建有缓坡绿化带，绿化带一直延伸至辅道外侧 10 至 12 英尺外的城墙残垣。
- 单侧的辅道仅有 11 英尺宽，主要作为自车道使用。
- 街道两侧分隔带中的行道树长势良好，树木的枝丫在街道的上空交织在一起，树间距为 30 英尺。沿着城墙残垣的上部另种有一排行道树。

Access Roadway on Via IV Novembre

十一月四日大道辅道的沿途景象

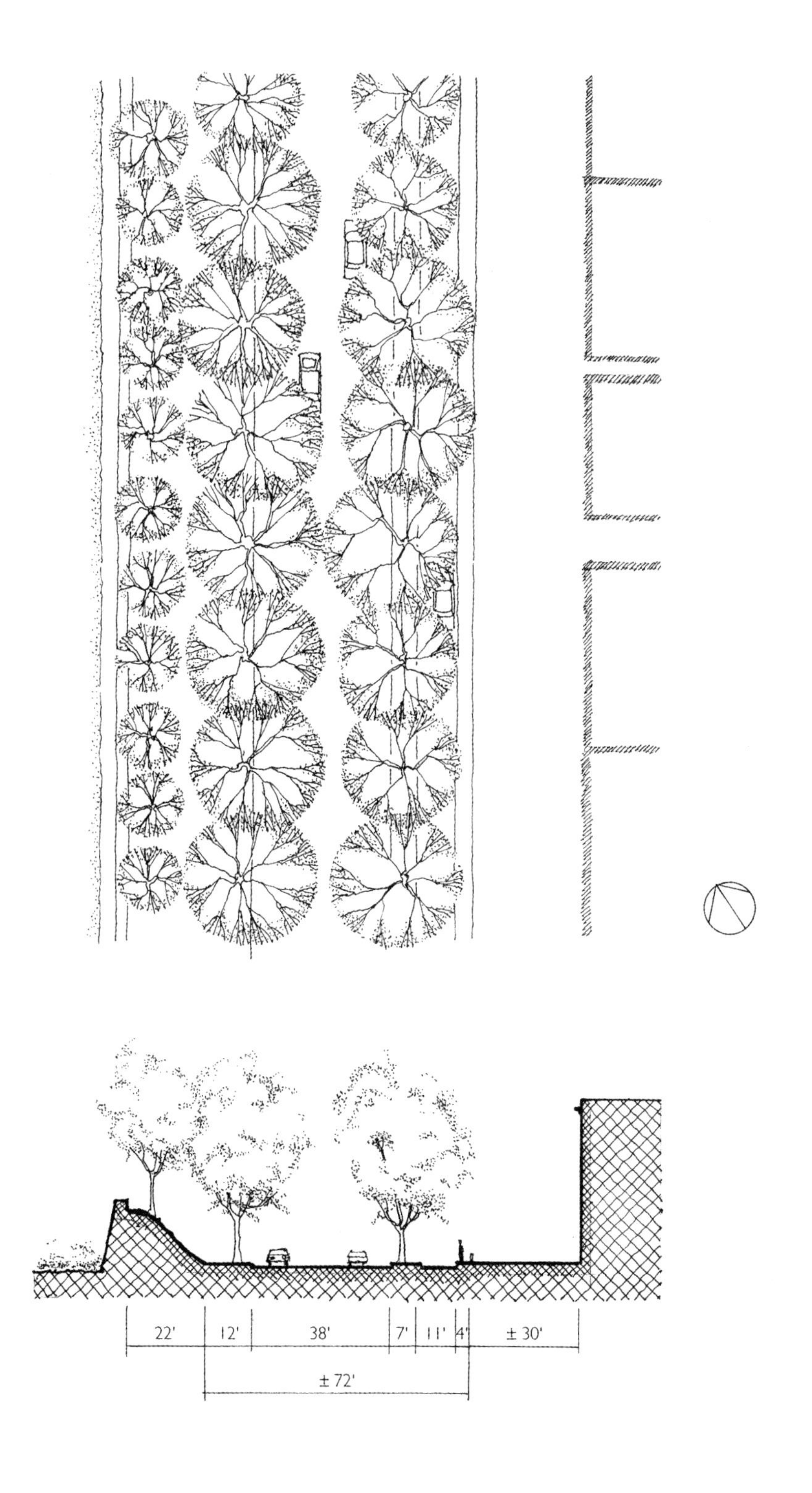

十一月四日大道：平面和剖面
大致比例：1 英寸 = 50 英尺或 1∶600

巴勒莫，西西里岛 | Palermo, Sicily

自由大道（Via della Libertà） 自由大道上精美的设计和其所处的突出位置使其在巴勒莫市内享有重要的地位。这条城市主街不仅是示威游行的首选地，也是上流社会周日漫步的好去处。自由大道对巴勒莫而言意义非凡——它经历了20世纪90年代末巴勒莫的道路更新改造：沿街铺设了新的路面铺装，并增设了路灯、公交站台等公共设施。

- 作为19世纪末巴勒莫城市扩张的核心杰作，自由大道建于1848至1850年，并直接带动了城市的新一轮发展。自由大道的走向延续了早在西班牙殖民时期便确立的城市东西向轴线[5]。
- 自由大道在波利提亚马广场（Piazza Politeama）至克罗奇广场（Piazza Croci）间约0.5英里（即700米）的路段以复合型林荫大道的形式出现，之后的路段自由大道则逐渐变窄。
- 宽敞的分隔带中形成了一个开阔的行人区域，其中不仅种有行道树和茂密的灌木丛，还设有石凳、灯具、促销书摊（沿着中心主干道的边缘）和公交站台。
- 高大的悬铃木（树间距为30英尺）、长椅、售货摊位强化了行人区域的边界。中心主干道虽相对较窄，却足以设置4条车道。其中两条为公交车道，另外两条（同向车道）则供其他车辆使用。
- 人行道和辅道也都很窄，但辅道上仍设有两排停车位。
- 自由大道在其以复合型林荫大道形式出现的路段间只有一处十字路口，其他路口则为丁字路口，相交街道在此止于分隔带并与辅道直接相连，因此这些路段的分隔带细长且连续。这里适宜休闲漫步，但却无法到达大道的另一侧。辅道明显更贴近街区的尺度，生活味更浓，而且几乎与中心主干道完全隔开。
- 在街道以林荫大道形式出现的路段，沿街建筑风格杂陈。这其中源于19世纪新古典主义风格的建筑，高三至五层，其前院外设有高大的栅栏将之与街道分隔开来。这些建筑的一层和部分地下室被用作商店，楼上部分则用于办公。夹杂其中的8至10层高的建筑建于20世纪60至70年代，其建筑质量明显略逊一筹。

自由大道的沿途景象

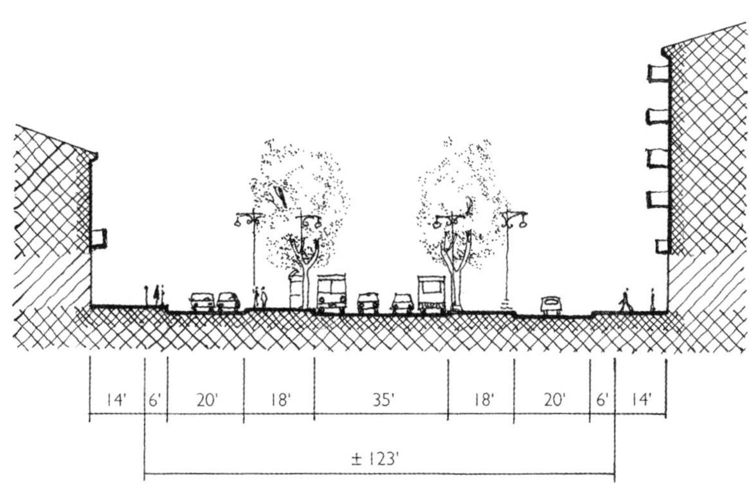

自由大道：剖面

大致比例：1 英寸 = 50 英尺或 1:600

罗马 | Rome

被誉为“永恒之城”（Eternal City）的罗马实则混乱不堪，市内的部分复合型林荫大道同样如此。不过，论及最为混乱的街道，则非梵蒂冈附近三条彼此相交的林荫大道莫属。这一路口混乱到几乎迫使行人停下脚步，去研究这里的一切究竟如何运行。

通往圣彼得大教堂的协和大道建造年代相对较晚，大多数人甚至不将之视为林荫大道。相比之下，诺曼塔那大道则显得异常宁静。

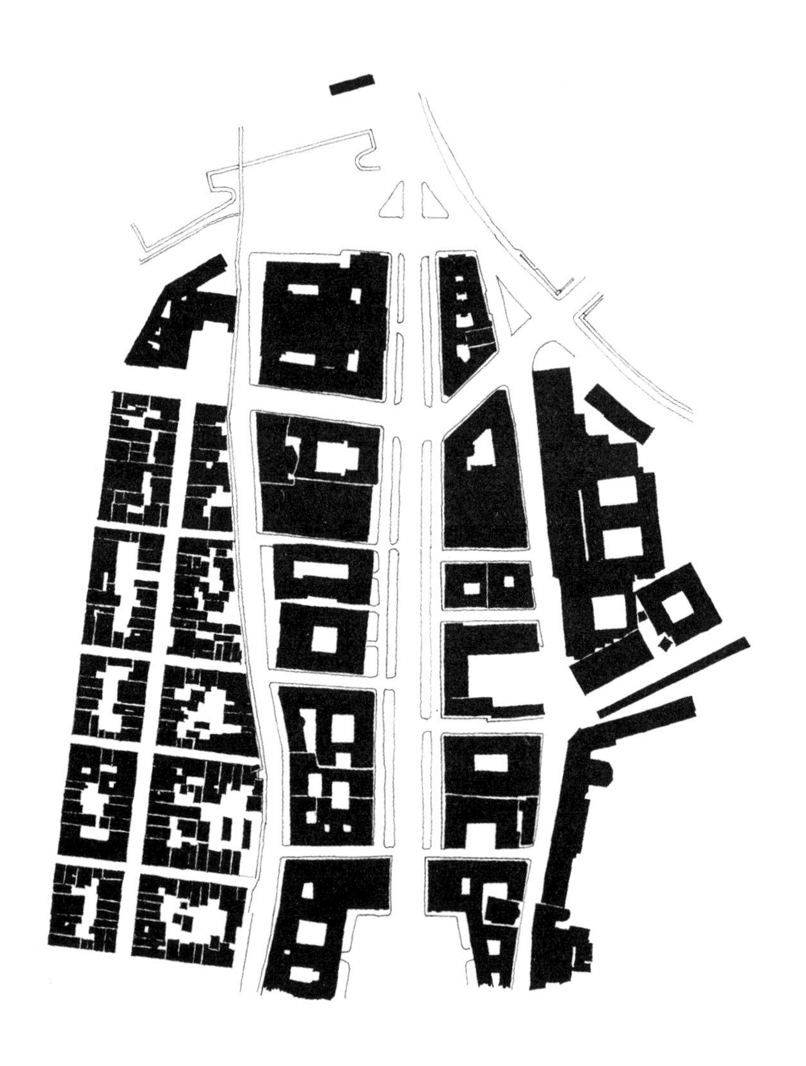

协和大道：街道和建筑的周边环境

大致比例：1 英寸 = 400 英尺或 1:4800

协和大道（Via della Conciliazione）

- 这是一条著名的抑或声名狼藉的街道，其历史可以追溯到1929年——意大利的法西斯统治时期，大道东起圣安吉洛城堡（Castel San Angelo）和台伯河（Tiber River），西达圣彼得广场（Piazza San Pietro），街道沿轴线正对着圣彼得大教堂（Saint Peter's Cathedral）。
- 大道长约0.25英里。
- 大道沿途的分隔带中未种有任何树木，取而代之的则是高大的纪念碑灯柱。灯柱宽14至18英尺、高25至30英尺、彼此间隔95英尺。
- 协和大道的一个显著的设计特点是：距圣彼得大教堂越近的路段越宽，仅中心主干道东西两端便相差约20英尺。分隔带和人行道同样如此。大道上大部分路段的路权宽度约为120英尺，靠近广场的路段则为150英尺。
- 大道在尽头圣彼得广场的入口处向内收窄，两侧的辅道被彼此对称的建筑所取代，人们只能穿过建筑的拱廊行走。
- 中心主干道现已成为旅游巴士的主要集散地。
- 设有长椅的分隔带上的人流量和人行道上人流量相差无几。这里随处可见售卖各种宗教类旅游产品。

Median on Via della Conciliazione

协和大道分隔带沿途的景象

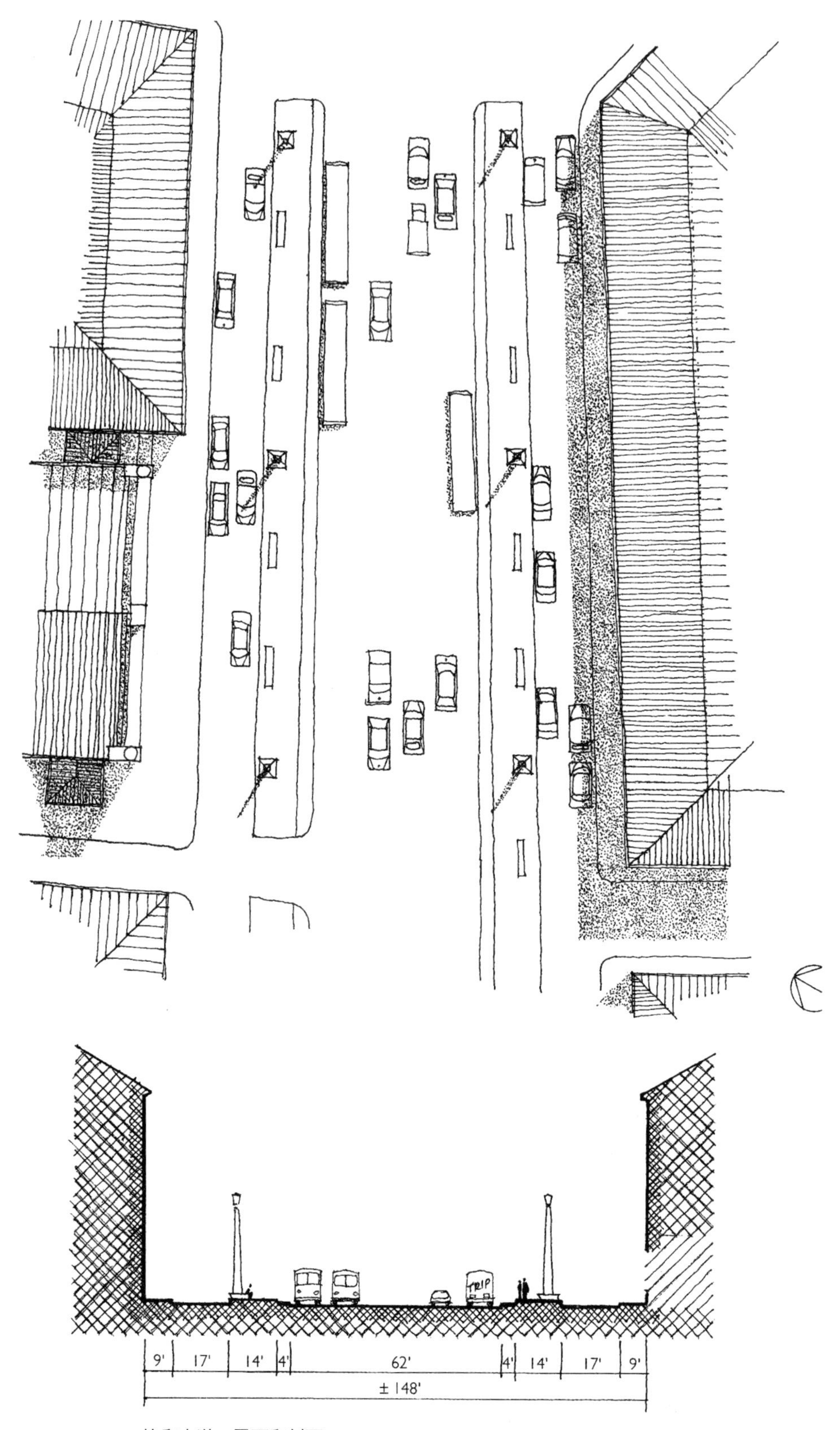

协和大道：平面和剖面

大致比例：1 英寸 = 50 英尺或 1:600

- 分隔带高出路面 2、3 级台阶，因此相对于汽车而言，行人所处的位置更佳，当然这不包括旅游巴士。
- 沿街两侧的建筑体量高大且风格较为类似。店铺多以餐厅和宗教类手工艺品商店为主。由于建筑体量高大、气质庄重而且玻璃本身也不透明，因此沿街的店铺并未给人明亮、通透的感觉。
- 协和大道并非休闲漫步的理想场所。街道本身并不迷人，而且在炎炎夏日街道酷热难耐。朝向河道的一侧并没有值得欣赏的景色。不过，朝向圣彼得大教堂的一侧则显然引人注目。

April 1996.　A.B.J.
Via della Conciliazione and St. Peter's

协和大道和圣彼得大教堂

诺曼塔那大道（Via Nomentana）

- 诺曼塔那大道相对较长，从罗马市中心一直延伸至城市东北部。大道约有 1 英里长的路段以复合型林荫大道的形式出现。
- 从分类看，大道基本属于居住区林荫大道，不同的是其沿途规律地分布着一连串相当大的公园，这些公园曾经是私人别墅用地。沿途并不喧闹的商业区像是商业街的延伸区域，这些商业街与诺曼塔那大道相交，比如其中的玛格丽特皇后大道（Viale Regina Margherita）。
- 两侧沿街是 5 至 7 层高的建筑。
- 分隔带中供公交和出租车行驶的车道通过凸起的路牙与中心主干道分隔开来，但经常有其他车辆行驶于此。
- 上午时段，中心主干道上的交通量并未明显多于辅道，差别主要在于摩托车和电动踏板车，通常这些车辆都在中心主干道上行驶。
- 按照规定，只有两侧辅道上的车辆允许右转弯。
- 大道上噪声和空气污染严重。
- 部分机动车辆直接停靠在分隔带上。
- 行人经常横穿马路。
- 行道树为英桐。由于大量树木惨遭移植，其残留部分为大道注入了一股沧桑的气息。
- 在局部路段，辅道比人行道更适合漫步。
- 尽管大道存有各类问题，但不失为白日散步的好去处。阳光透过树枝洒向街道，恍惚间会让人忘却仍置身于喧闹的马路。

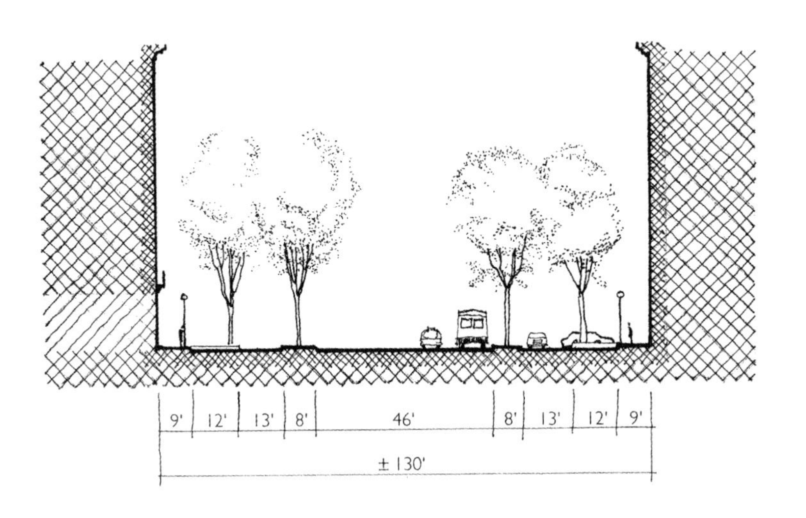

诺曼塔那大道：剖面

大致比例：1 英寸 = 50 英尺或 1:600

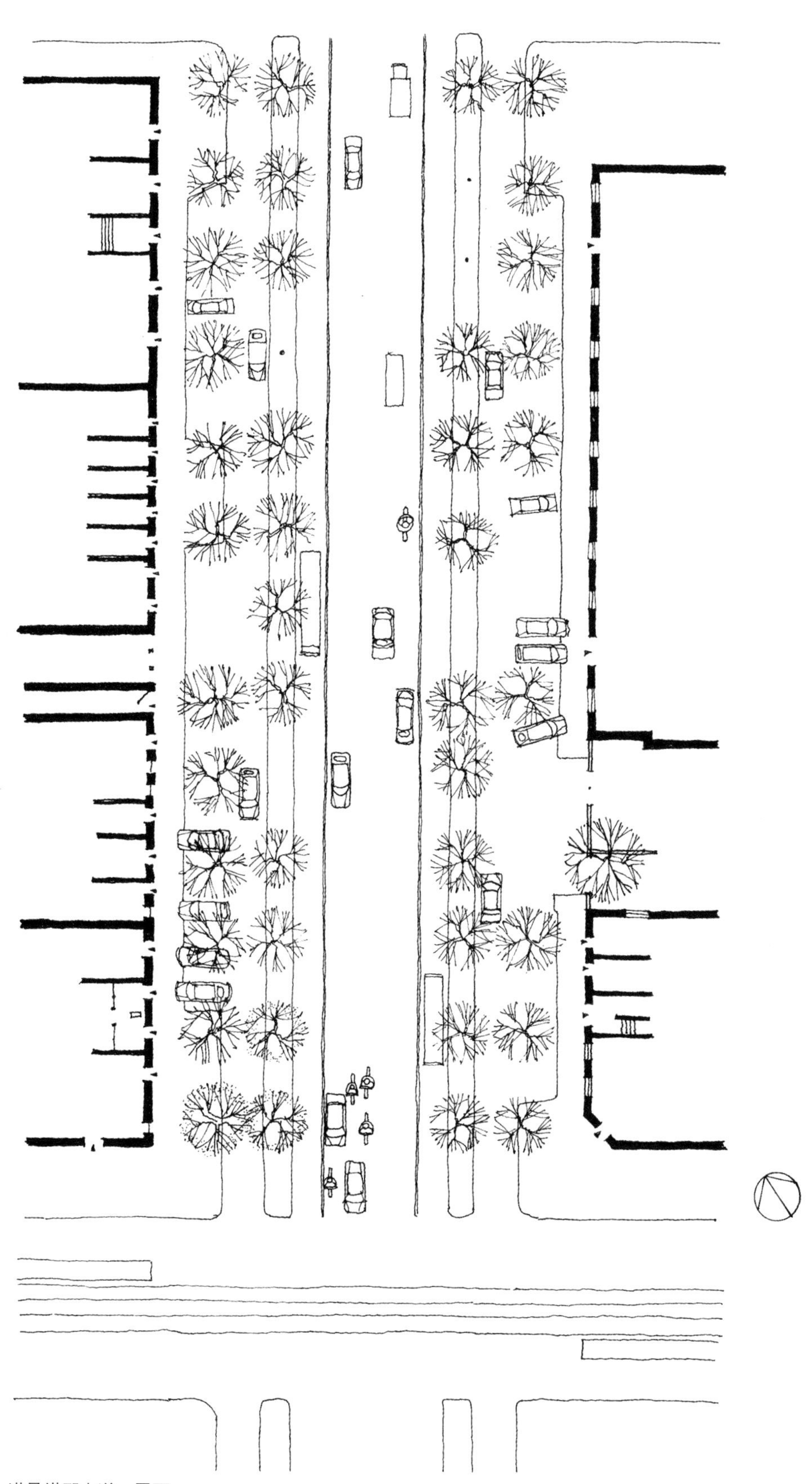

诺曼塔那大道：平面

大致比例：1 英寸 = 50 英尺或 1:600

三条林荫道大道的道路交叉口：民兵大街（Viale delle Milizie）、奥塔维亚诺大道（Via Ottaviano）和天使大街（Viale Angelico） 这一由3条林荫大道的交汇产生的路口极其复杂，大量的行人、汽车、货车、摩托车、有轨电车、公交汇聚于此。本质上说，街道总共汇聚了八股来自不同方向的车流，每股车流在此都能驶向6个不同方向。这里时常会有一些不被提倡的交通行为发生，而一些违规行为，如转弯掉头也时有发生。这里同样人头攒动。在两处路口的转角地段设有地铁出入口。沿途转弯的有轨电车路线直到1998年才出现，这一路线运行于奥塔维亚诺大道与民兵大街之间。

- 辅道上的车辆遇到交通信号灯需减速慢行，以避让中心主干道上的车辆。
- 天使大街的设计年代较近，其南部直达意大利广场（Foro Italico）。大道上设有一条自行车道，这种街道设置在罗马较为少见。
- 民兵大街上的各个方向，每5分钟便有59辆摩托车和电动踏板车以及138辆汽车经过。这意味着每小时会有约700辆摩托车和电动踏板车行驶于此。
- 行道树多为高大的英国梧桐，部分树干的直径粗达3英尺。通常，树间隔为32英尺。
- 路灯位于分隔带和人行道上，灯泡则悬挂于大街上方的电线之上。
- 尽管这一路段川流不息且异常复杂，而且中心主干道也被疾驰而过的车辆堵得水泄不通，但两侧辅道上却是另一番景象：各类车辆停靠在路边，货车和其他车辆则缓慢前行。司机在进出辅道时也都自觉地提起精神，减速慢行。

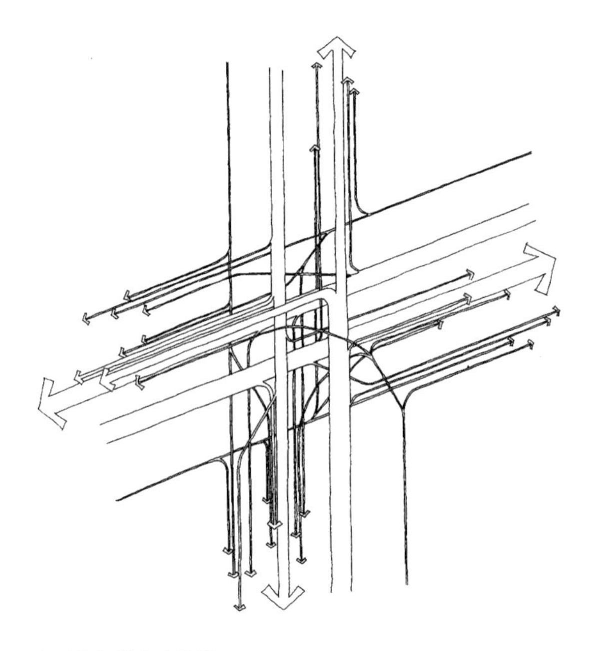

街道的各种车流路线

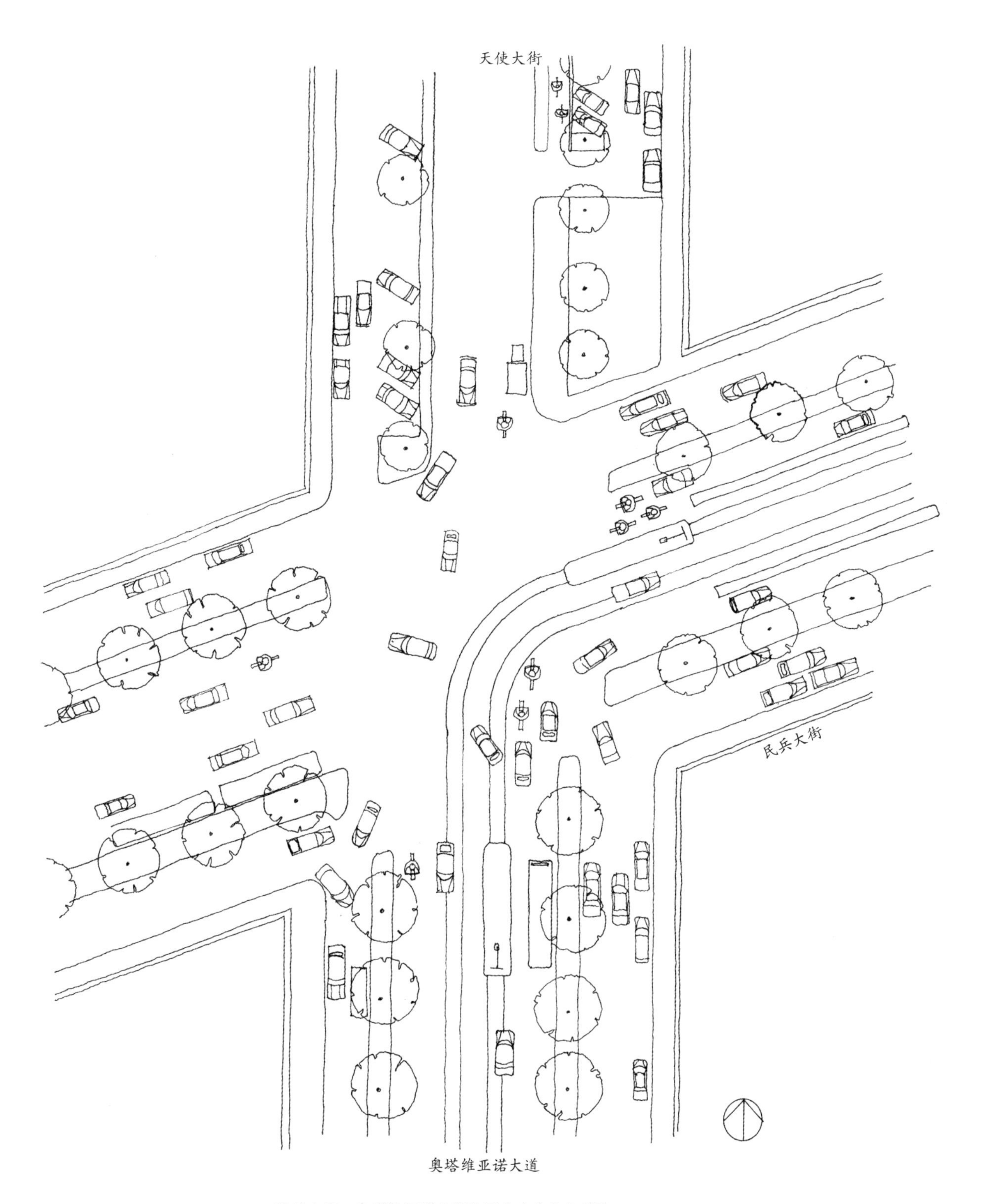

民兵大街、奥塔维亚诺大道和天使大街交汇的路口

大致比例：1 英寸 = 50 英尺或 1:600

葡萄牙 | Portugal

里斯本 | Lisbon

里斯本不仅拥有世界上最杰出的林荫大道，还同时拥有问题最严重的林荫大道。其中的杰出代表——自由大道如同公园一般，而且在很多方面与马德里市内的林荫大道很像。而那些相较之下略逊一筹的林荫大道，尽管更多地迎合了车辆而非行人，但仍具备成为伟大街道的潜力。

自由大道（Avenida da Liberdade）

- 自由大道是里斯本 19 世纪城市由旧城中心向北扩张的两条轴线中最重要的一条，大道长约 0.75 英里（1.2 公里），从复兴广场（Praca das Restauradores）一直延伸至庞巴尔侯爵广场（Praca Marques Pombal）。
- 中心主干道相对较窄，仅有 48 英尺宽，设有 5 条车道，包括公交车道和出租车道。两侧的辅道也较为狭窄，只有 20 英尺宽，设有 2 排停车位以及 1 条车道。
- 大道最令人过目不忘的便是两条如公园般的宽敞分隔带。每条分隔带都由 3 部分组成：中间的景观带分别为 18 英尺和 24 英尺宽，大片的草坪上种着各类异域植物，景观带中设有水池、雕塑和地铁出入口；景观带两侧均是 27 英尺宽的人行道，人行道上铺有黑白相间的小石块。
- 各街区的分隔带上均种有 4 排规则的行道树，树间距在 18 至 25 英尺之间，被移走的树木似乎也被替换成了新的行道树。
- 在其中一处街区，两个咖啡店的室外桌椅占据了靠近辅道的分隔带中的铺地。
- 大道上的部分相交道路禁止通行。因此，车辆必须使用辅道并右转变道。这里通常设有公交换乘中心以及附加停车位。
- 沿街两侧的建筑层数多在 5 至 10 层之间。
- 统计数据表明，司机使用中心主干道的概率是使用辅道的 3 倍，而且辅道上的大量交通并非过境交通。中心主干道和辅道在路口都设有交通信号灯。由于车辆只能在辅道上左转弯和掉头，因此需要设置两处交通信号灯。
- 通常，行人更愿意沿人行道而非分隔带前行，而分隔带更适宜悠闲漫步。行人通常会在路口横穿林荫大道。沿分隔带行走的行人通常会在路口直接走进下一段分隔带，而非转入人行道。
- 行人通常会无视交通信号灯而随意地横穿辅道。在中心主干道与辅道完全分离的独立路段设有自动感应的行人信号灯，但仍有大量行人在此横穿马路。
- 浓密的树冠彼此交错，在分隔带上空形成绿色的顶棚，造就了自由大道上最美的风景。或许是因为分隔带过于宽敞，相比之下，这里更像是一处公园而非街道，也更像地处不同街区间的边界而不是位于马路的中心。

A median on Avenida da Liberdade

自由大道上一侧分隔带的沿途景象

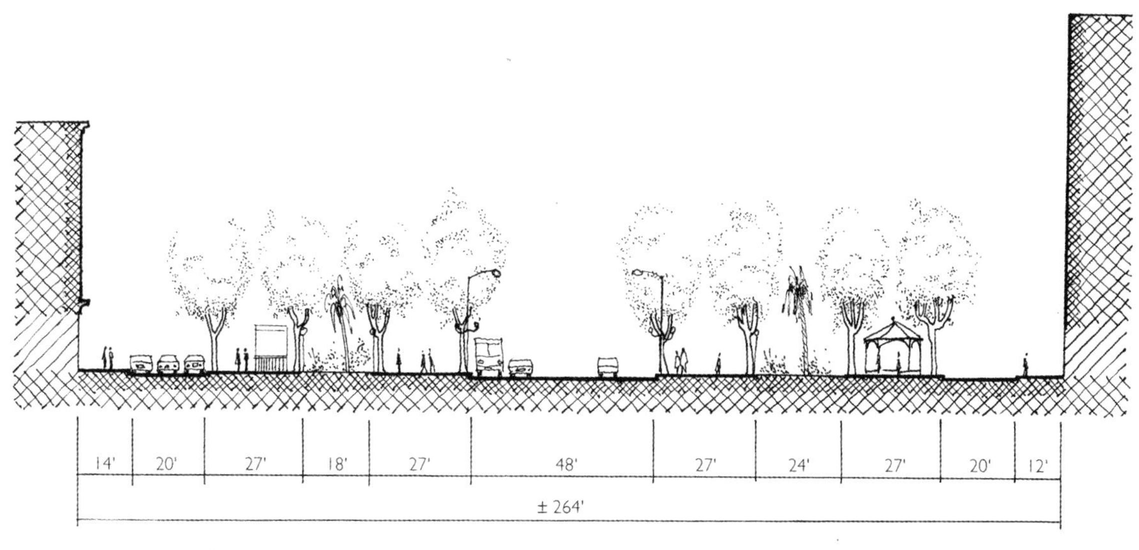

自由大道：剖面

大致比例：1 英寸 = 50 英尺或 1:600

共和大道（Avenida da Republica）

- 这条长约 0.75 英里的大道是市中心北达大坎波公园（Campo Grande park）的一系列连续的林荫大道中的第三条。
- 中心主干道宽达 69 英尺，上下行部分的宽度不同，其中一个方向设有 3 条车道，另一方向则设有 4 条车道，但两侧均设有 1 条公交专用车道。
- 狭窄的辅道在大部分路段均设有 2 条车道。
- 尽管分隔带只有 20 英尺宽，却依然设置了斜向停车位，但辅道对行人的吸引力则明显削弱。
- 人行道宽 15 英尺，设有地铁出入口、电话亭，甚至在局部路段还设有平行停车位或斜向停车位。
- 分隔带中的行道树体型较小，种植间距在 21 至 33 英尺之间。由于分隔带需退让交叉路口 45 至 60 英尺，因此行道树交织的枝丫并未在中心主干道与人行道间形成连续的绿荫带。
- 沿街两侧原本是四五层高的 19 世纪建筑，但如今已被 10 层多高的公寓和办公楼取代。
- 尽管实际上共和大道和自由大道长度相近，但前者却显得更长且不宜步行。
- 共和大道给人们的总体印象是一条穿过富人区的中心道路，但其行人区域不尽如人意，亟须改善。大道越靠近北端越为混乱，车辆也更多。

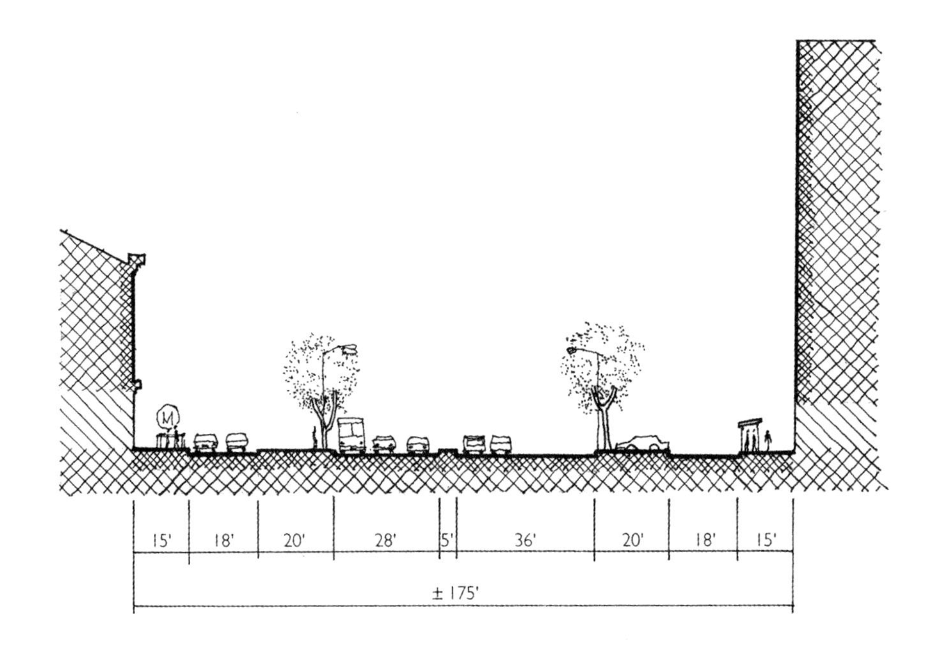

共和大道：剖面

大致比例：1 英寸 = 50 英尺或 1:600

七月二十四日大道（Avenida 24 da Julio）

- 七月二十四日大道邻河而建，长约 1.5 英里（2.4 公里）。相比之下，它更像是一条由不同交通区域构成的多功能大道而非林荫大道。
- 中心主干道为单向 3 车道，其中心是一条种植稀疏的分隔带。靠河一侧的辅道设有 2 条公交专用道，公交车道与中心主干道间设有分隔带。河岸附近设有高大的安全护栏将狭窄的人行道与轨道分隔开来。
- 靠近城市一侧的大道上设有 33 英尺宽的辅道，人们可以在此出入沿街的仓库和新建建筑。其中部分仓库被改造为办公区和俱乐部，还有的仓库则被改造为更为新颖的办公建筑。
- 辅道采取斜向停车的方式，但仍为快速通行留出了足够的空间。
- 在部分街区，人行道上密集地种植着高大的行道树。
- 七月二十四日大道本是一条荒芜、凄凉的街道，在休息日更是如此。更新改造后，旧仓库被改造为办公区、饭店以及俱乐部，这为大道带来了新的发展机遇，大道有望因此发展为充满活力的工作街区并重焕活力。但首要任务则是拓宽、突出分隔带的部分并栽植行道树。

西班牙 | Spain

巴塞罗那 | Barcelona

罗马大道（Avinguda de Roma）

- 罗马大道沿着城市街区格网的对角线斜穿过了10条街区。大道始于城市中心火车站，并直达市中心。
- 这是一条非对称的复合型林荫大道，其中一侧的分隔带宽达42英尺，而另一侧则仅有10英尺宽。较宽一侧的分隔带中曾铺有铁轨，但在20世纪60至70年代之间，随着宽阔的分隔带被改造为休闲步道后遭到弃用。
- 在局部路段，较宽一侧的分隔带充当了街区公园的角色，这里设有健身娱乐设施，小狗可以在此随意奔跑。
- 中心主干道为单行道，最多可以同时容纳4股来自市区的车流。
- 较宽一侧分隔带边的辅道上，车流方向与中心主干道保持一致，另一侧辅道上的车流方向则相反。
- 沿街两侧几乎全是7层高的较新的公寓建筑，在其底层设有部分小商铺。
- 大道上树木的种植方式不同寻常但也充满趣味：人行道沿途种着悬铃木；分隔带中种有松树和白杨；道路交叉口处的分隔带中则种着广玉兰。

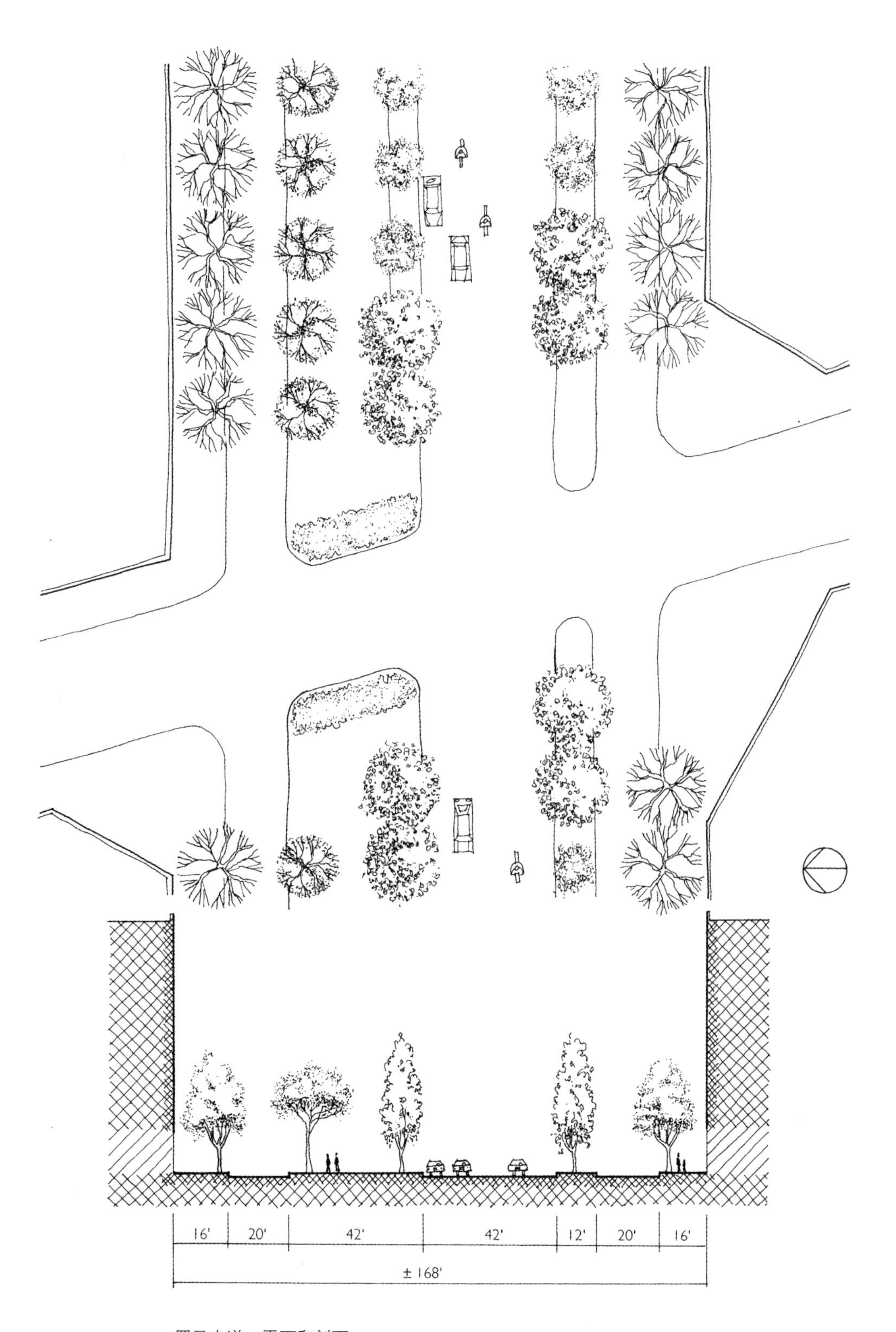

罗马大道：平面和剖面

大致比例：1 英寸 = 50 英尺或 1:600

马德里 | Madrid

马德里市内的两条林荫大道向我们形象地展示了早期林荫大道和晚期林荫大道间的差别。这两条街道都是为方便通行而设计的，但建造较早的雷科莱托斯大道更为关注行人的通行、沿街的日常活动以及城市的街区生活。雷科莱托斯大道还是马德里市内重要的线形开放空间。而建造较晚的启蒙大道则更多地考虑了快速交通的通行，而且在设计过程中似乎并未考虑快速交通整合的可能性。

启蒙大道（Avenida de la Ilustración）

- 启蒙大道位于城市北部 1.5 英里（2.6 公里），宽约 380 英尺。大道为东西向街道，起始于卡斯蒂利亚大道（Paseo de la Castellana）的尽端附近，直达曼萨纳雷斯河（Rio Manzanares）与市内一条主要的环形高速公路。大道本身也属于市内一条主要的环形高速公路（the M-30）的一部分，尽管启蒙大道经过人流密集的住宅区地段，但并不作为高速公路使用。
- 与地处市中心的雷科莱托斯大道不同，启蒙大道更像是在市郊各街区之间的边界，而非更大层面的城市系统的骨架。不过，仅就交通而言，称之为“骨架”（spine）则毫无疑义。
- 大道上相邻路口的间距通常在 1000 至 1600 英尺之间，路口多为环形交叉口。这种路口设计在欧洲十分常见。由于街区过长，因此街上横穿马路的现象很常见，安全隐患明显。

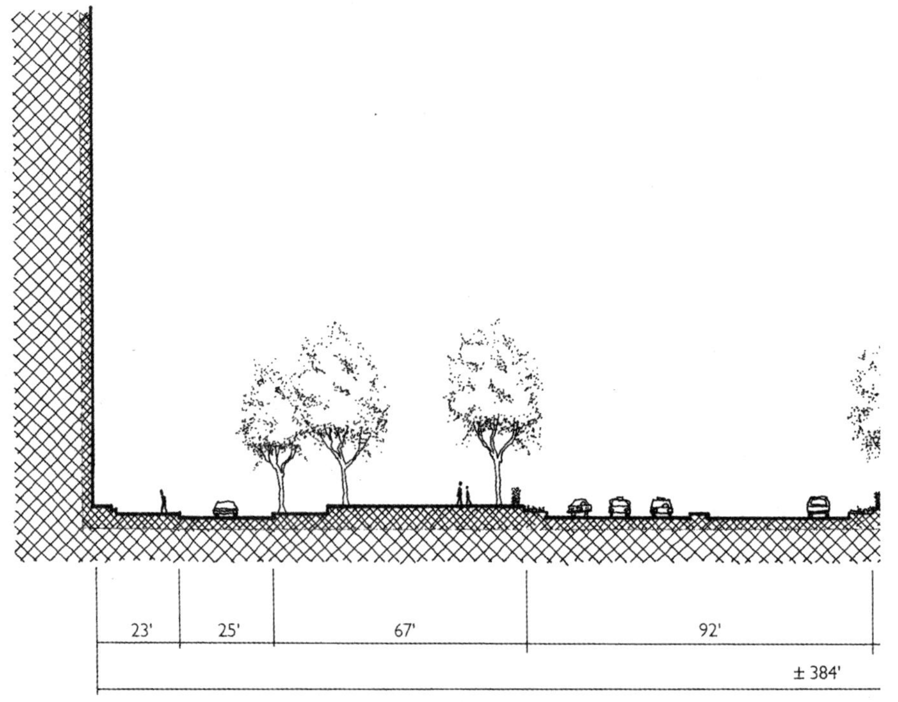

启蒙大道：剖面

大致比例：1 英寸 = 50 英尺或 1:600

- 如今，在启蒙大道南侧辅道上行驶的车辆不断增多。或许是因为相对中心主干道，车辆在南侧辅道上行驶的路程更短，而且周边居民的使用频率不及北侧辅道。南侧辅道设有 2 条车道，相比之下，只设有 1 条车道的北侧辅道更显狭窄。
- 北侧辅道上的车辆行驶的平均速度（30 公里 / 小时）明显低于南侧辅道（50 公里 / 小时）和中心主干道（70 公里 / 小时）。
- 由于街道的设计尺度过宽，人们很容易误以为这里有 3 条并排的街道而非一条完整的林荫大道。而且由于中心主干道上车水马龙，分隔带中行道树遮天蔽日，街道两侧又相距甚远，所以人们在大道一侧的人行道或者分隔带中很难看清中心主干道另一侧的情况。
- 每条分隔带都种有 3 排行道树，人行道上同样种有行道树。
- 分隔带表面上看很像是一座简易的线形公园，几乎所有的行人都将之视为人行道使用。
- 总而言之，这是一条令人惊叹的街道。

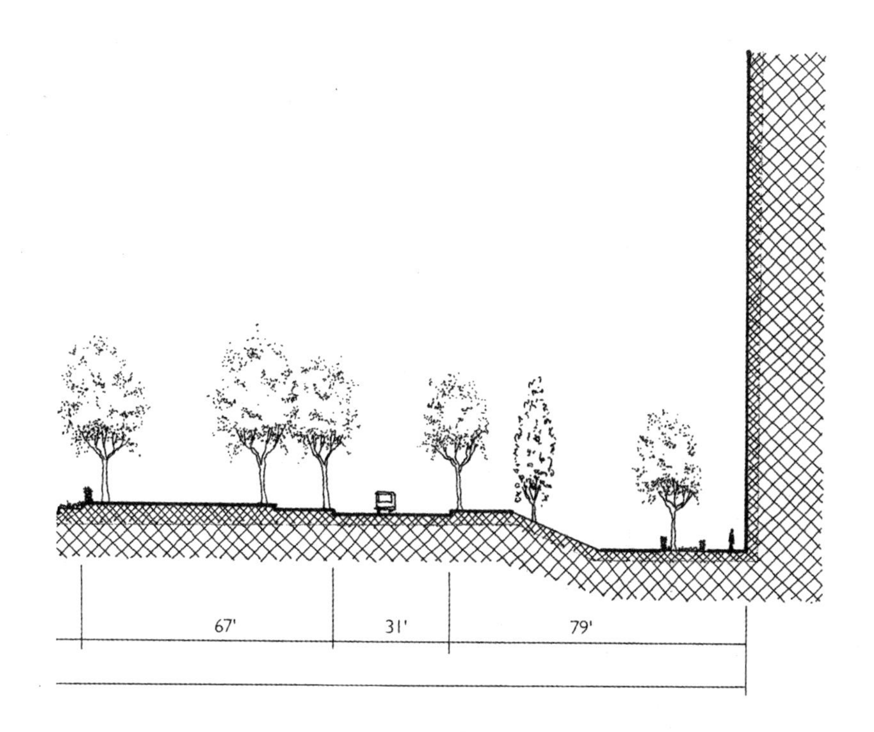

雷科莱托斯大道（Paseo de Recoletos）/ 卡斯蒂利亚大道（Paseo de la Castellana）

- 卡斯蒂利亚大道是马德里市内的中心主干道，林荫大道长 4 英里，穿过市中心区之后与高速公路相连。
- 马德里市中心的居民将这条宽敞的大街命名为雷科莱托斯大道，大道途经许多重要建筑，其中包括著名的普拉多博物馆。
- 大道在不同路段的街道格局并不相同。靠近普拉多博物馆的路段采取的是中心分隔带型的街道形式，而在其他路段，大道则以复合型林荫大道的形式出现，但在细节设计方面因街区而异。
- 部分街区较长，路口又是宽敞的环形交通枢纽，因此行人很难穿过。这意味着对行人来说，各街区似乎彼此独立，即便视觉上看大道仍是完整的。
- 位于主要环形道路交叉口的喷泉令人印象深刻，其他路口则种着大量树木。
- 大道上有一处街区，其两侧分隔带彼此不同，其中一侧的宽度达到了另一侧的 3 倍。较宽一侧的分隔带沿途设有几处室外咖啡店。每当举办书展之类的户外活动时，分隔带中心步道的两侧便会被各类摊位占满。
- 许多公交路线沿途都经过雷科莱托斯大道。在大道的尽端还设有一个区域公交换乘中心，在大道部分路段的分隔带边缘还设有公交专用道。
- 大道沿途行道树随处可见。部分街区种有 5、6 排连续的行道树，甚至还有街区种有 10、11 排。行道树多为种植紧密的、高大的悬铃木。而在公交车道沿途等处所种的则是体形较小的椒状树木。
- 闲暇时沿着分隔带悠闲漫步无疑是一种享受，尽管其两侧中心主干道和辅道上飞驰而过的车流会破坏这一气氛。
- 中心主干道上各方向都至少设有 3 条车道，外加公交车道。辅道通常设有 2 条车道以及 1 排停车位，局部路段的分隔带上还会增设 1 排停车位。在设有停车位的分隔带中种有两排行道树，树间距为两个车位。
- 沿街建筑的高度因街区而异。部分街区的沿街建筑高 5 至 7 层，而在其他街区沿街建筑则高达 10 至 17 层。

Fountain and Book Fair Along Median on Paseo de Recoletos
沿雷科莱托斯大道分隔带的喷泉和书市

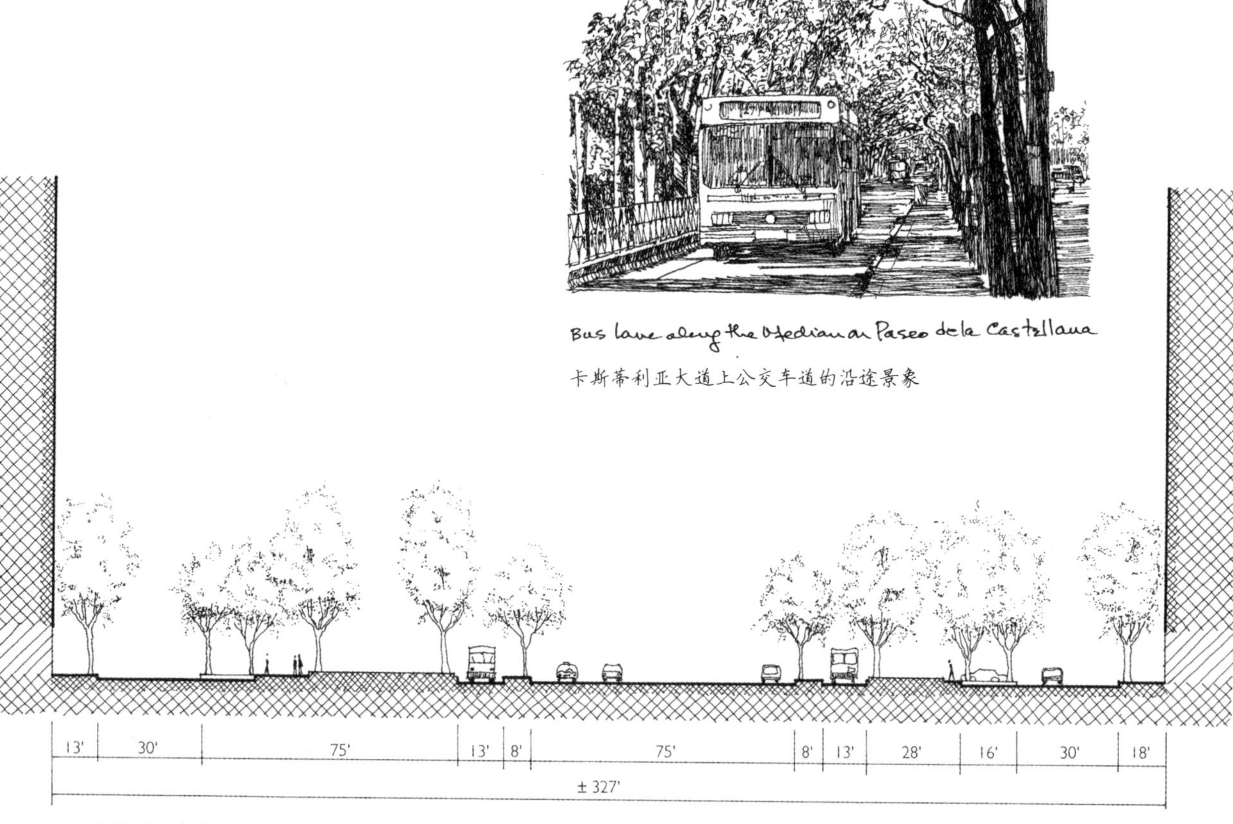

Bus lane along the Median on Paseo de la Castellana

卡斯蒂利亚大道上公交车道的沿途景象

卡斯蒂利亚大道：剖面

大致比例：1 英寸 = 50 英尺或 1:600

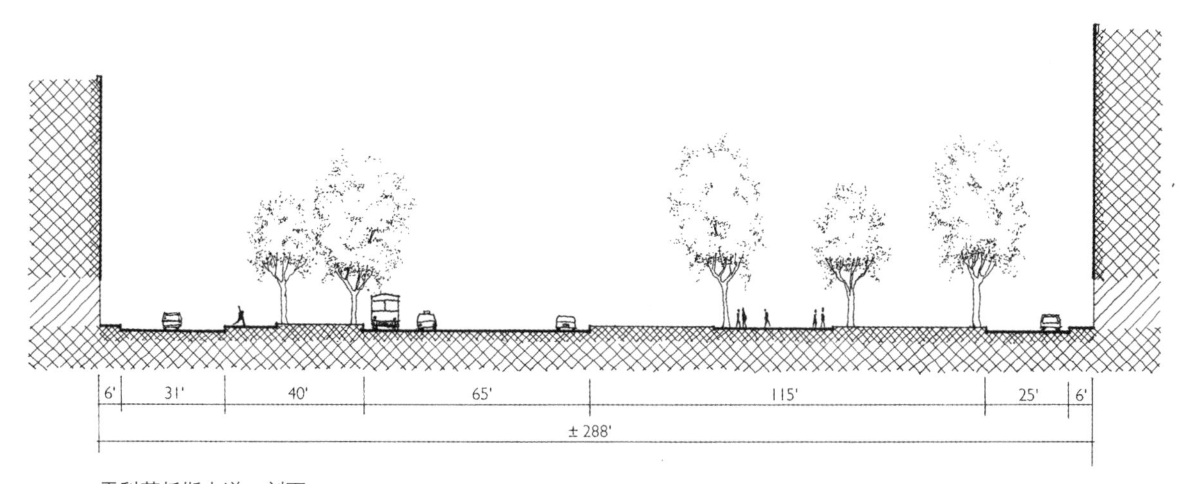

雷科莱托斯大道：剖面

大致比例：1 英寸 = 50 英尺或 1:600

南美洲 | SOUTH AMERICA

阿根廷 | Argentina

布宜诺斯艾利斯 | Buenos Aires

七月九日大道（Avenida 9 de Julio）

- 这条宽达 450 英尺的大道是我们见过最宽敞的林荫大道。为了修建这条大道，一整片的城市街区于 1936 至 1937 年间被夷为平地。
- 相比而言，大道更像是一条城市快速路而非林荫大道。工作日的正午时段，会有超过 10000 辆汽车从大道上经过。
- 大道北端的路段，中心主干道的尺度大到了令人瞠目的单向 8 车道，两侧辅道各设有 3 条车道，即大道上总共设有 22 条车道。而大道南端的路段，中心主干道为单向 5 车道，即共有 16 条车道。在某些路段，辅道上的 1 条车道会被用于停车，以方便出租车等候乘客。
- 北侧的分隔带异常宽敞，其中部是大片的草地，两侧则是狭窄的人行道。南侧的分隔带也很宽敞，中间同样是大片的草地。
- 大道两侧的巨幅广告遮住了沿街建筑顶部的三四层部分，这一尺度对城市街道而言显然过大，它更适合于出现在高速公路的沿途。
- 对行人来说，步行穿过如此宽阔的大道显然十分危险。因此，大道沿途设有多处地下通道方便通行。而街上的行人如果想在一个绿灯停留时间内穿过路口，步行速度必须足够快。通常，成群结队的行人很难一次穿过路口，他们必须在仅有 6 英尺宽的安全岛上等待绿灯再次亮起，而两侧的车辆几乎就在他们身边呼啸而过。

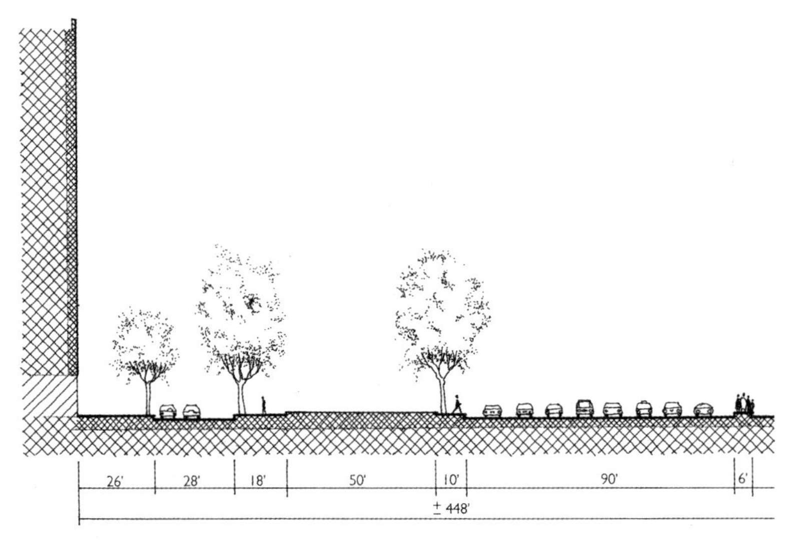

七月九日大道：剖面

大致比例：1 英寸 = 50 英尺或 1:600

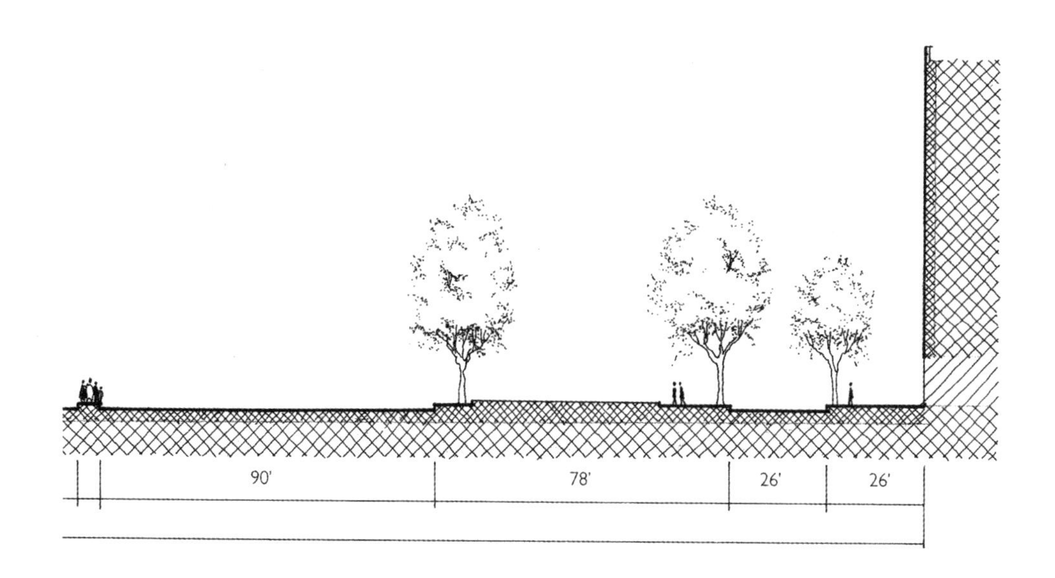
90'
78'
26'
26'

- 令人好奇的是，横穿马路比走斑马线会令行人感觉更安全。这源于路口独特的交通信号灯设置。整条大道上的信号灯会同时变红灯或绿灯。因此当红灯亮时，所有车辆都会停在路口，大街上此时没有任何车辆行驶。这时，人们在停靠的车辆背后横穿马路显然感觉安全，毕竟下一路口驶来的车辆还有一段距离。而路口走斑马线的行人面对身边随时可能启动的车辆，多少会感觉不安。
- 尽管沿街两侧都有商业活动，但似乎都不成规模，尤其是远离主要路口的地段。在部分街区还有许多空置的房产待售。
- 尽管许多咖啡店都在人行道上摆有室外桌椅，但几乎无人光顾。而在店内，客人也多愿意远离入口而坐。
- 分隔带上漫步、逗留的行人并不多。尽管分隔带十分宽敞并种有大片草坪，但两边车流的车速仍然很快。而且，空气、噪声污染严重。
- 大道上公共设施的维护不尽如人意。这里的人行道不平整，长椅损坏严重而且指示牌大多老旧不堪，不过人行道却保持着清洁。
- 许多主要路口的侧边分隔带中都设有喷泉。在与科连特斯大道（Avenue Corrientes）相交的路口中间还设有一座巨大的方尖碑。
- 这条林荫大道的尺寸突破了复合型林荫大道的尺寸限制。由于街道尺度过宽，同时街上车道数量过多，七月九日大道不如城市街道般宜人。同样，巨大的交通噪声使得分隔带无法如城市线形公园般宁静。

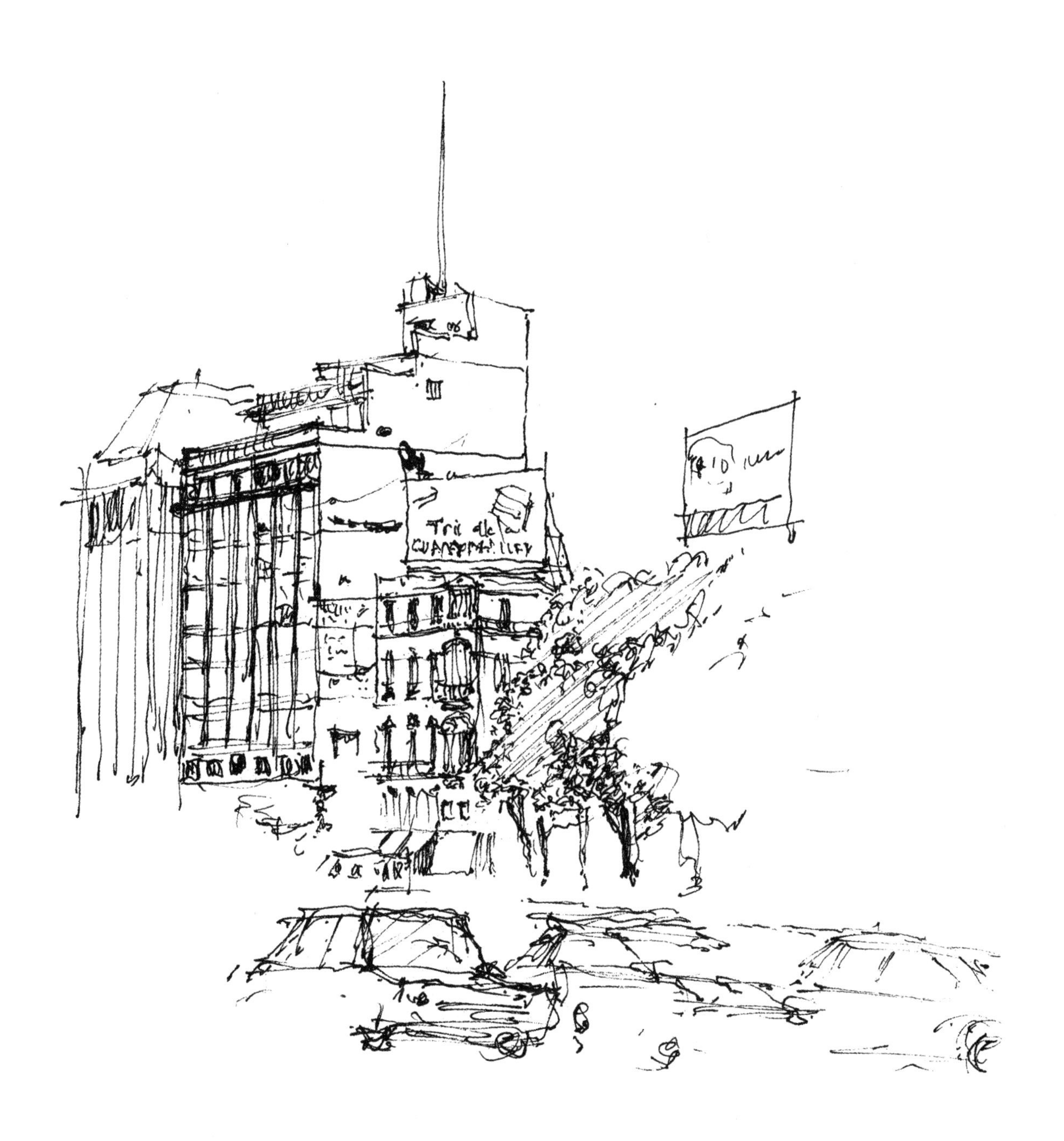

巴西 | Brazil

里约热内卢 | Rio de Janeiro

通常，人们会想当然地认为沿着里约热内卢美丽的海滩肯定能找到复合型林荫大道的踪影。这种街道形式无论是从适应性、功能性，还是从美观性来看，都更加适合滨海地区。然而，我们在里约热内卢发现的林荫大道却都不在海边。相反，其中一条位于高密度的居民区中心；另一条则位于居民区的边界；第三条则属于中心商业区的一部分。虽然林荫大道在滨海地区可能更加舒适，但它们都避开了滨海地区。

奥斯瓦尔多·克鲁兹大道（Avenida Oswaldo Cruz）

- 这条大道很短，其南侧路段仅跨越一处街区而北侧路段跨越了三处街区。它位于弗拉门戈区，并连接着两条交通主干道——弗拉门戈海滩大道（Praia do Flamengo）和博塔福戈海滩大道（Praia de Botafogo）。
- 这是一条单侧林荫大道，仅在街道的一侧设有辅道。
- 街上所有的车辆都同向行驶。中心主干道设有 4 条车道，其中一条用于停车和公交停靠。
- 辅道设有 3 条车道，其中两条用于停车。反常的是，中心主干道上的车道窄于辅道，但辅道的两侧各设有一排停车位，暗示这里属于慢速区，而且行驶于此的车辆的确速度更慢。并排停车或是货车装卸货物在此十分常见。
- 中心主干道和辅道上的交通都受交通信号灯的控制。
- 沿街两侧都是高达 12 至 18 层的公寓建筑，依据建筑风格判断，它们建于 20 世纪 50 年代。
- 人行道和仅有的分隔带中紧密排列着高大的行道树，正是它们的存在使得街道不因沿街建筑过于高大而尺度失真。而临街公寓的屋前花园中还种着不同种类的热带植物。这些植物和屋前花园中精致的铁质低矮栅栏吸引着人们的注意，也装点、美化了街道。人们行走于此会感觉自己已经融入了宜人的街景之中。在街道北侧，由于没有辅道，人们不会有这种感觉。这里植物茂盛，行道树下种有许多低矮的灌木，强化了与快速车道的分隔边界，令人更感安全。
- 由于街上最高的公寓建筑底部架空用于停车，因此在其底部沿街看不到窗户等能体现日常生活的建筑元素。不过，停车场中种植箱内生长茂密的蔓生植物和藤本植物削弱了这一影响。

奥斯瓦尔多·克鲁兹大道上的景象

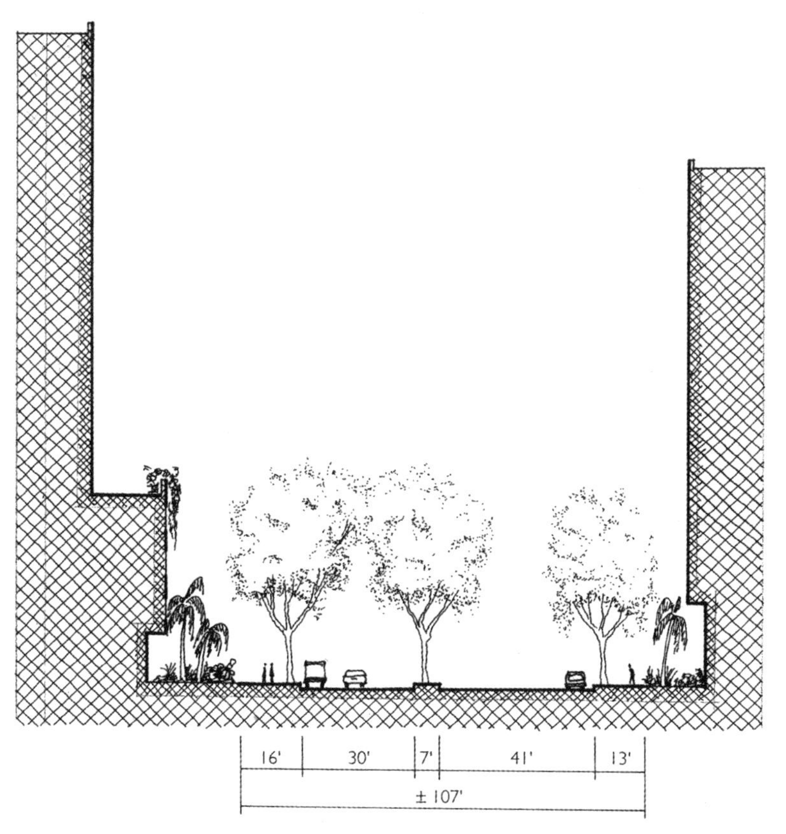

奥斯瓦尔多·克鲁兹大道：剖面

大致比例：1 英寸 = 50 英尺或 1:600

弗拉门戈海滩大道（Praia do Flamengo）

- 这是一条沿着弗拉门戈区的边界延伸的交通主干道。
- 同奥斯瓦尔多·克鲁兹大道一样，弗拉门戈海滩大道也是一条单侧大道。中心主干道是双向六车道。辅道上设有 1 排停车位和 1 条车道。
- 同样和奥斯瓦尔多·克鲁兹大道一样，街道沿途是 12 至 14 层高的公寓建筑，但只有一侧的街道上建有公寓。而街道的另一侧则面向一座开敞的线形公园敞开，公园位于居民区和弗拉门戈海滩之间。尽管公园中设有部分娱乐设施，但由于两条快速路将其一分为二，公园并不适宜行人休闲娱乐。
- 大道上的树木不多。侧边分隔带中的棕榈树既高大又细长，种植间距达 45 英尺。位于侧分隔带和靠公园一侧的行道树也都种植稀疏，而且数量不多。
- 不同于奥斯瓦尔多·克鲁兹大道，弗拉门戈海滩大道上并未形成行人区域，场所感也不强。街上缺少引人注意的设计细节，而且在炎炎夏日，沿街没有树荫区供人行走。

巴尔加斯大道（Avenida General Vargas）

- 尽管大道的设计意图明显，即建造一条可与布宜诺斯艾利斯的七月九日大道相媲美的宏伟林荫大道，但大道只在其与里约市内主要街道 —— 里奥·布兰科路（Rio Branco）相交路口附近的 3 至 4 处街区以林荫大道的形式出现。
- 街上设有多条车道 —— 中心主干道为单向 4 车道，局部路段甚至达到了单向 5 车道。两侧的辅道各设有 4 条车道。街上不允许停车。
- 由于车道过多，因此街上的分隔带尺度狭窄，仅有 17 英尺宽。因此，并未形成延伸的行人区域。矮小且种植稀疏的行道树因此显得可有可无。
- 沿街两侧是高大的办公建筑。大道与里奥布兰科路相交路口附近的建筑高达 22 层且经过统一设计。
- 办公建筑的底层内凹形成 18 英尺至 27 英尺深的拱廊，这极大地增加了步行空间，因为人行道仅有 9 英尺宽。在里奥布兰科路的街角，拱廊中摆满了书报摊，小贩们在此大声叫卖。在夜晚高峰期，这里多是匆忙赶向辅道乘车的行人。拱廊曾被短暂用作公交终点站。

弗拉门戈海滩大道上的景象

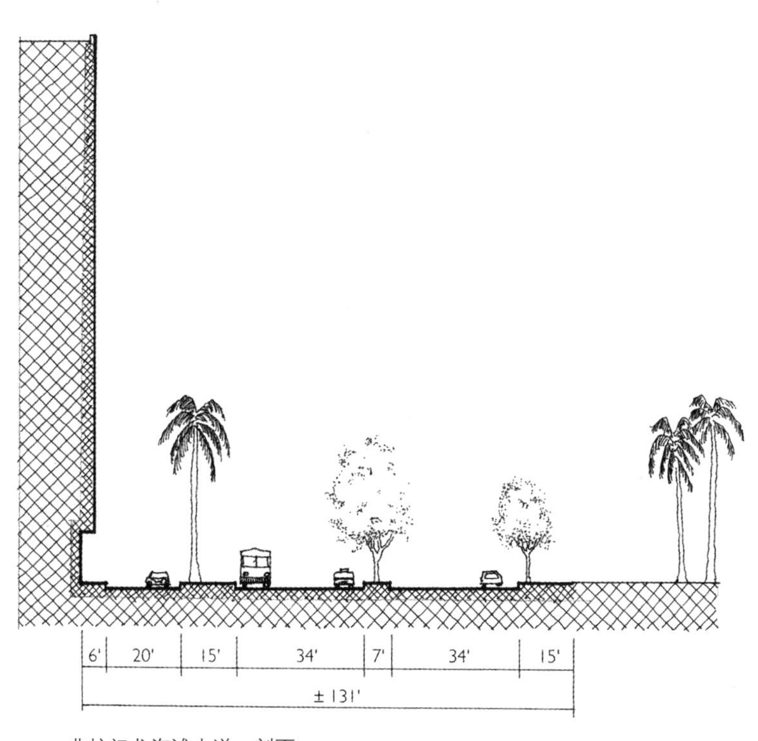

弗拉门戈海滩大道：剖面

大致比例：1 英寸 = 50 英尺或 1:600

北美 | NORTH AMERICA

美国 | United States

伯克利，加利福尼亚 | Berkeley, California

沙特克大道（Shattuck Avenue） 沙特克大道在过去很长一段岁月中都是伯克利市中心的主要街道，周围各类百货公司、办公楼、图书馆、电影院、银行以及消费机构云集，但自 20 世纪 70 年代伊始，一度是城市中重要地标的大道却逐渐衰落。21 世纪来临时，大道沿街出现了新的多层居住单元和商业建筑，预示着街道迎来了复苏的契机。

沙特克大道上曾建有通往旧金山和奥克兰的主要通勤铁轨路线，路线的终点站位于市中心。不过在 20 世纪 60 年代铁轨路线被公交路线取代，后者紧接着在 70 年代又被地下的湾区捷运取代。在湾区捷运建设期间，沙特克大道被同时设计改造成了一条复合型林荫大道。

- 这条宽阔的大道宽约 160 英尺。宽敞的辅道上设有斜向停车位，狭窄的分隔带（5 英尺宽）中并未种植任何行道树，13 英尺宽的人行道尺度适中，其中稀疏地种着行道树。
- 辅道的起止点均恰好位于道路交叉口前方，因此每处的街角都形成了一个“迷你广场”。
- 由于辅道很宽而且分隔带中并未种植行道树，因此大道上并未形成行人区域。机动行驶区占据了大部分的街道宽度，约有 130 英尺宽。
- 植被几乎对街道上的氛围毫无影响：分隔带中行道树种植稀疏，并且似乎从未长至合适的尺寸；人行道上的行道树则参差不齐，即便在大道的一两处密集地种植着新的树木，但仍让人感到十分随意。
- 如果拓宽现有的分隔带并且紧密种植高大的行道树，同时保留现有的斜向停车位或是设置 2 排平行停车位，沙特克大道的情况将会大为改善。

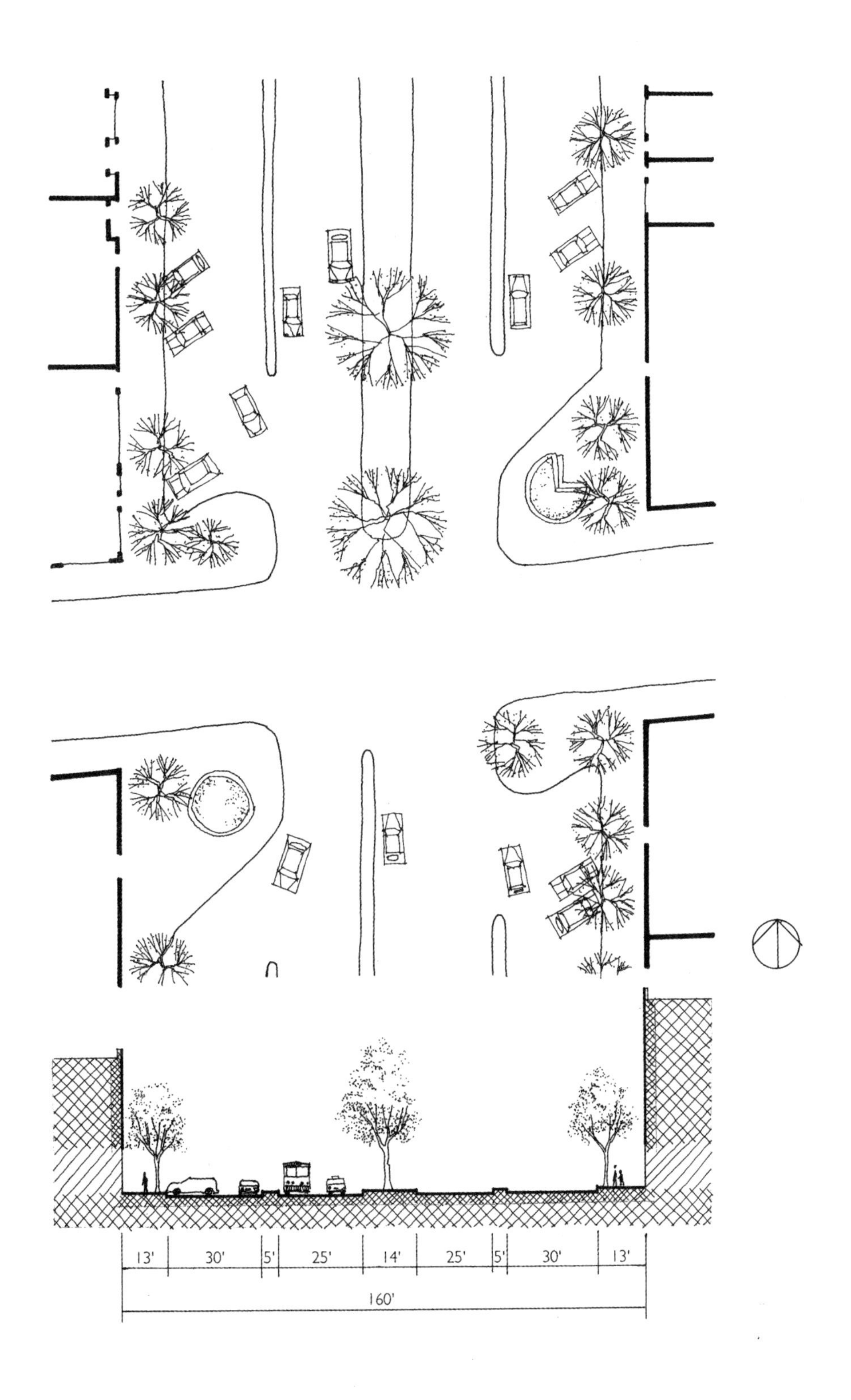

沙特克大道：剖面

大致比例：1 英寸 = 50 英尺或 1:600

波士顿，马萨诸塞州 | Boston, Massachusetts

联邦大道（Commonwealth Avenue） 这是一条蜿蜒于波士顿西南部、形式多变的复合型林荫大道。联邦大道在道路断面设计、街道宽度以及街道各元素的组织方面的变化令人惊叹。

- 联邦大道上设有一条主要的有轨电车道。通常，电车轨道与机动车道相互独立，但在不同路段，两者所占街道宽度的比重不同：在很长的路段，电车轨道位于中央分隔带内，而在另一较长路段，轨道则位于中心主干道与一侧辅道之间。轨道变道的位置位于道路交叉口。
- 轨道沿线外侧的围栏有效地阻止了行人乱穿马路并保证了公共交通的高速通行，但是围栏也在视觉和功能上将大道分为几段而非一个整体。
- 就规模而言，联邦大道显然属于庞然大物。大道总宽约 200 英尺，很有美式林荫大道的感觉（区别于英式）—— 因为大道蜿蜒曲折，更像是美式的公园大道，而非规则的、轴线形车道。
- 联邦大道上的大部分路段，辅道一侧是 3 至 5 层的居住建筑（多数是砖楼）。建筑大多都沿人行道退让一定距离。沿着大道远离市区，大道两侧的建筑体量逐渐变小，同时渐为稀疏。而在街道地势较为陡峭的地段，建筑同样如此。除此之外，沿街两侧还有许多大型的独栋别墅，别墅都退让街道一定的距离，与街道的空间关系良好。但总体而言，联邦大道上的独栋别墅并不占多数。
- 尽管联邦大道在周边环境中鲜明突出，沿途环境良好，行驶于此令人心情愉悦，但总体而言，大道仍令人感觉维护不佳，道路的状况理应更好。
- 大多数路口都最大限度地保证了车行路线的可能，无论开往哪里，司机都几乎不受阻碍。
- 不同路段的辅道宽度差别明显：最窄的辅道宽 20 英尺，设有一条车道和一排停车位；适中尺度的辅道宽 33 英尺，设有一条车道和类似于哈佛路路口的购物区内的斜向停车位；而在有轨电车主要站点等重要路段，辅道宽达 57 英尺，两侧各有一排斜向停车位。相比之下，设有两排斜向停车位的辅道更像是停车场而非街道，而且不及只设有一排斜向停车位的辅道吸引人，而后者又不及只设有一排平行停车位路段的辅道宜人。
- 栗子山（Chestnut Hill）和水库路段的街道并未设置辅道，这一路段的中心为有轨电车轨道，轨道两侧各设有两条车道和一排停车位。
- 在奥尔斯敦大街（Allston Street）附近的辅道宽 24 英尺，设有 2 条车道和 1 排停车位。
- 就地形而言，局部路段的辅道足以满足车辆的双向行驶。外侧的辅道到街上的某一段便消失了，而另一条辅道的两边则比中心主干道明显高出一截，两者间设有木质坡道相连。

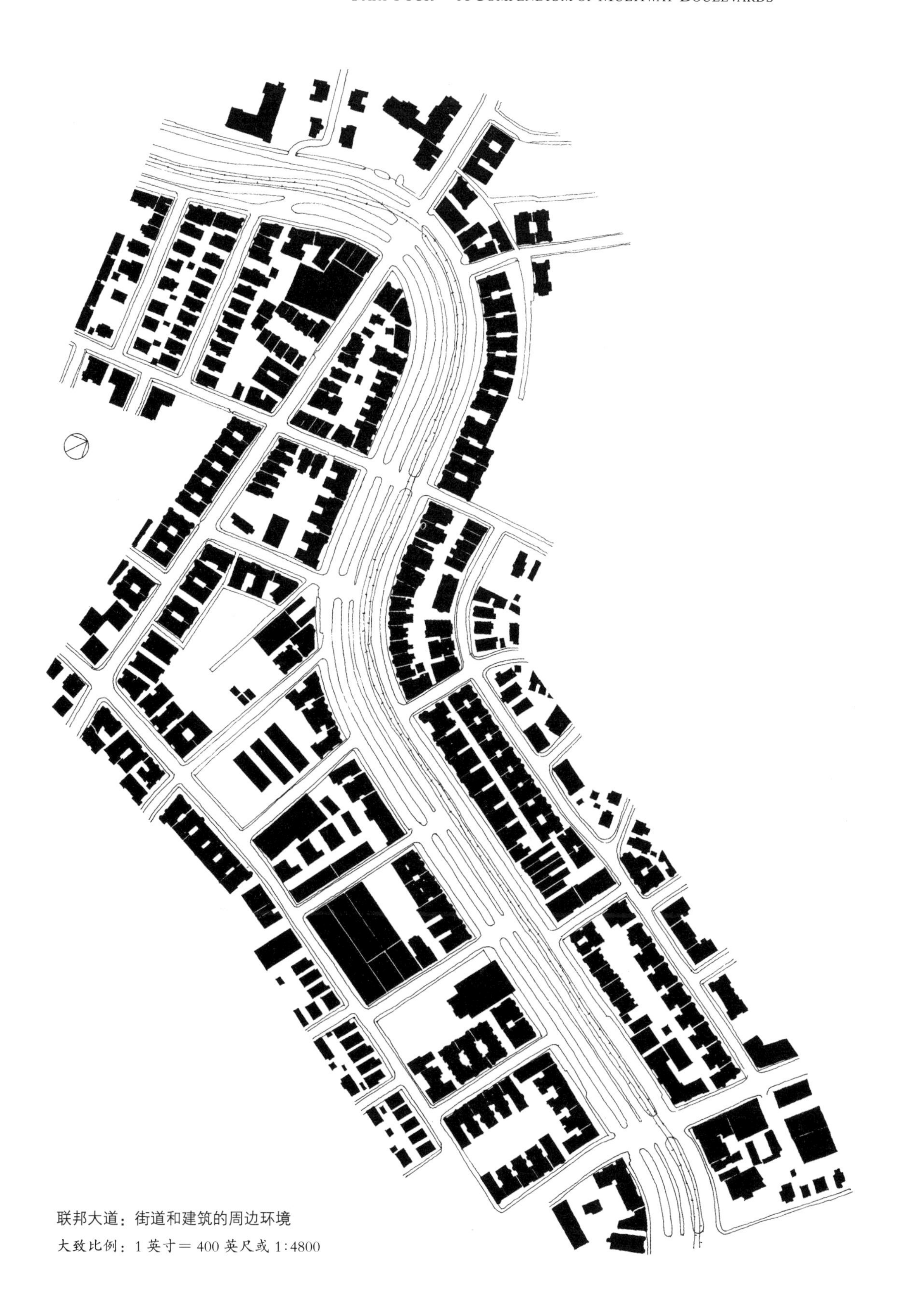

联邦大道：街道和建筑的周边环境
大致比例：1 英寸＝400 英尺或 1:4800

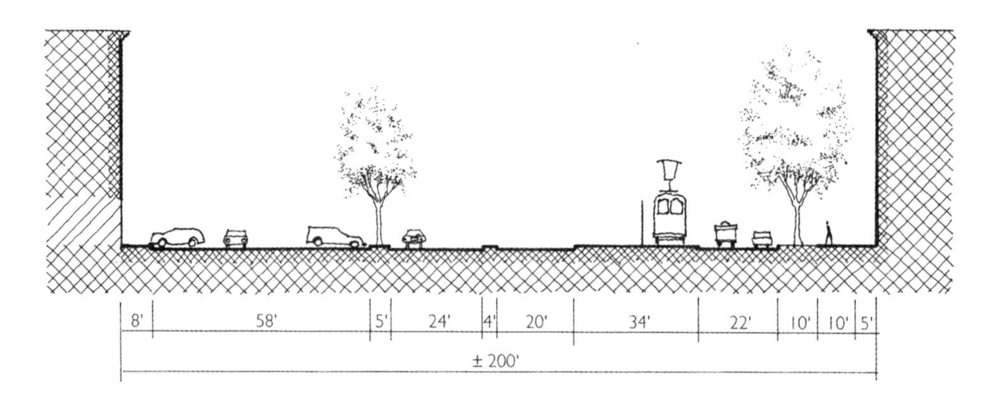

联邦大道：剖面

大致比例：1 英寸 = 50 英尺或 1:600

Streetcar Line on Commonwealth Avenue

联邦大道上的有轨电车道

- 总的来说，联邦大道上行人区域不甚明确。大道上的这一区域被限定在人行道和绿化带之间，部分路段的这一区域宽 20 英尺，种有高大的行道树。
- 人行道上的行道树比分隔带中的行道树长势更好。不同路段行道树的种植间距差别明显：局部路段的种植间距甚至达 45 至 60 英尺。部分高大的行道树长势良好，因此即便树间距达 45 英尺，树冠仍能彼此相连。
- 联邦大道上分隔带的尺寸因所处路段、辅道的宽度及停车方式而异。宽阔大气的街道、沿街两侧优美的建筑以及尺度宜人的辅道，某种程度上弥补了大道分隔带中行道树的缺失。但在分隔带种有行道树的局部路段，能明显感觉到街道环境品质的提升。
- 分隔带沿途不时可见一些树龄较大的古树，表明这里曾经绿树成荫。
- 联邦大道令我们受益良多，正反两方面的启示均有，而最积极的启示或许便在于大道所体现出的复合型林荫大道这种街道形式的内在灵活性和强大适应力。

Commonwealth Avenue
联邦大道上的景象

纽约，纽约州 | New York, New York

皇后大道（Queens Boulevard）：对一条危险的林荫大道的重新设计 皇后大道是一条长约6英里的东西向街道。大道横架东河之上，并与范威克快速路（Van Wyck Expressway）相连。皇后大道建于20世纪初期，旨在开发仍是乡下的皇后区以满足城市的扩张需求。沿街两侧多为五六层高的公寓建筑，底层多为店铺等商业用房。街上还有集中的低端购物区和沿途的带状发展区。皇后大道沿途充满危险。

- 根据纽约市交通运输局的记录，在20世纪90年代中期，大道的日均交通量便达到了38000车次。而之后的观察和统计发现实际流量可能高达60000车次。皇后大道不仅是城市交通主干道，也是街区生活的中心。
- 皇后大道的部分地下路段有地铁路线经过，因此街道沿途设有地铁站。
- 主要的公交路线同样途经皇后大道。公交在辅道上行驶，但公交站台和地铁楼梯则位于人行道上。
- 中心主干道为双向6车道，其中心设有16英尺宽的中央分隔带。
- 商业聚集区除外的大部分路段上，行人活动都很少。
- 辅道很宽，设有两条车道，而且辅道上的车流量和车速都与中心主干道相差无几。
- 沿街的行道树长势一般，不甚突出。
- 除了沿街建筑前方的人行道外，街上没有其他的集中步行区。

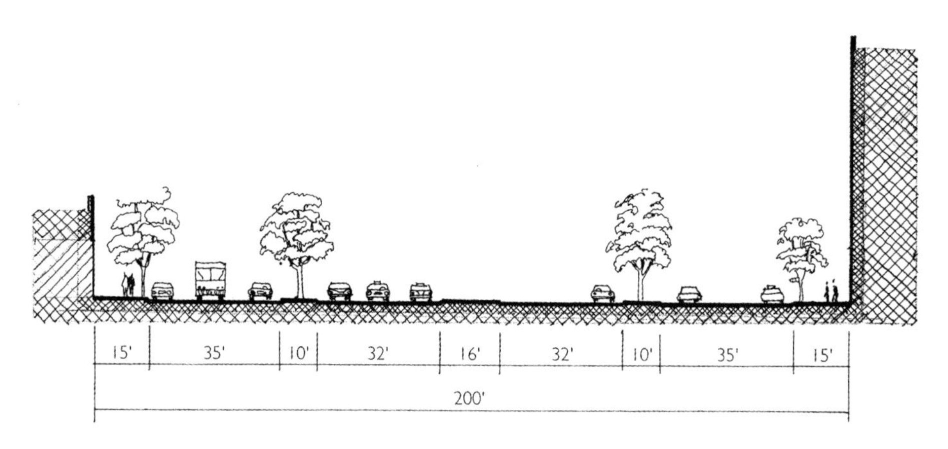

皇后大道：现状的剖面

大致比例：1英寸 = 50英尺或1:600

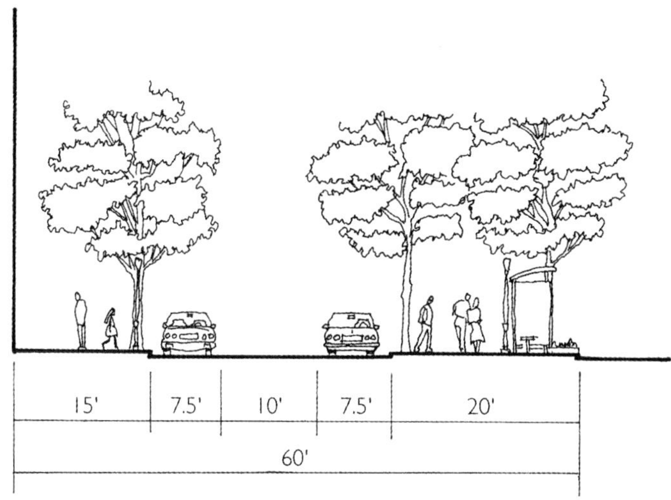

一种在皇后大道上形成延伸的行人区域的改造可能性

重新设计的可能性　如果改变街道现有的格局，形成明确的行人区域，皇后大道将变得更加安全、宜人。

- 利用拓宽的分隔带为社区提供开放空间存在可能。大道现有的路权宽度达200英尺，这意味着有足够的空间能用于拓宽人行区域。
- 在众多杰出的改造方案中，这里所介绍的方案对街道的干预最少：方案完整地保留了原有的中心主干道，但拓宽了分隔带，而收窄了辅道。
- 20英尺宽的分隔带中种有两排间隔为25英尺的行道树，其中可以增设铺装，并增加行人尺度的路灯和长椅，吸引行人在此行走、休息。分隔带外侧高起的种植池可以防止行人横穿马路。设置长条高椅背的长椅也可以起到同样的作用。
- 辅道被收窄至25英尺宽，只能设置一条车道和两排平行停车位。
- 现有的人行道可以保留但应同分隔带一样种上行道树。
- 这一方案的优点在于减缓了辅道上的交通，现有的4条车道被完整保留并且最大限度地满足了停车需求，同时还形成了宽敞的行人区域。

萨克拉门托，加利福尼亚州 | Sacramento, California

旧金山大道（San Francisco Boulevard） 这条端庄的居住区林荫大道位于萨克拉门托市内的一片中低收入区，沿途共穿过了5条街区。大道始建于1910年，属于市内早期建造有轨电车项目的核心部分。

- 旧金山大道及沿街建筑尺度宜人、优美端庄：中心主干道宽20英尺，仅设两条车道，上下行方向各有一条；16.5英尺宽的辅道上设有一排停车位和一条车道；大道沿途的街区尺度不大，只有200英尺长；沿街两侧是一二层高的平房，平房退让人行道10至15英尺。
- 尽管作为复合型林荫大道，旧金山大道略显小气，但其100英尺宽的路权宽度仍大于市内的多数街道。
- 沿着林荫大道的每个街区区块由四座住宅组成，通向主干道辅路的小路将各片区块一分为二。
- 沿分隔带种植的凤凰海枣十分高大，高达40至50英尺，间距则在40至80英尺之间。但部分树木看起来已经坏死或是被移走还未来得及补种。尽管如此，沿街的树木仍十分引人注意。
- 屋前草坪中混合种着落叶树、常绿树以及不同种类的灌木。
- 某种程度上说，旧金山大道是其所在区域内的一条"独特"的街道：它的设计包括了一系列特点，如房产价值更高、相比其他大道更好的建筑维护、安全性、社区感以及周边居民的街区互动参与度[6]。
- 虽然街道所处区域明显不是富人区，但旧金山大道却声名在外——1994年《萨克拉门托蜜蜂报》(*Sacramento Bee*)的一篇文章将之列为杰出的街道，称其为"沙漠中的宝石"（a gem in the rough）。

San Francisco Boulevard, Sacramento

萨克拉门托旧金山大道的沿途景象

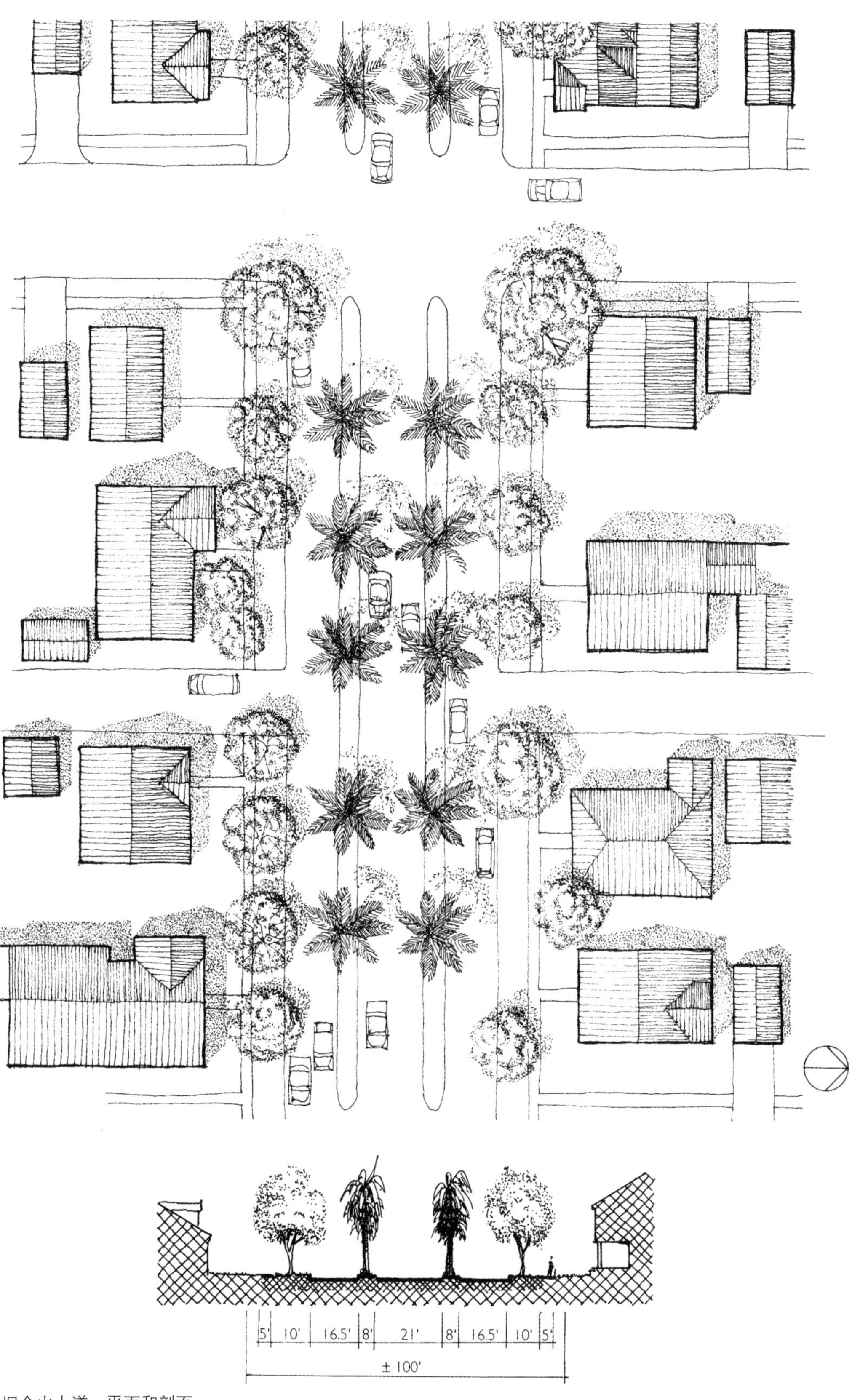

旧金山大道：平面和剖面

大致比例：1 英寸 = 50 英尺或 1:600

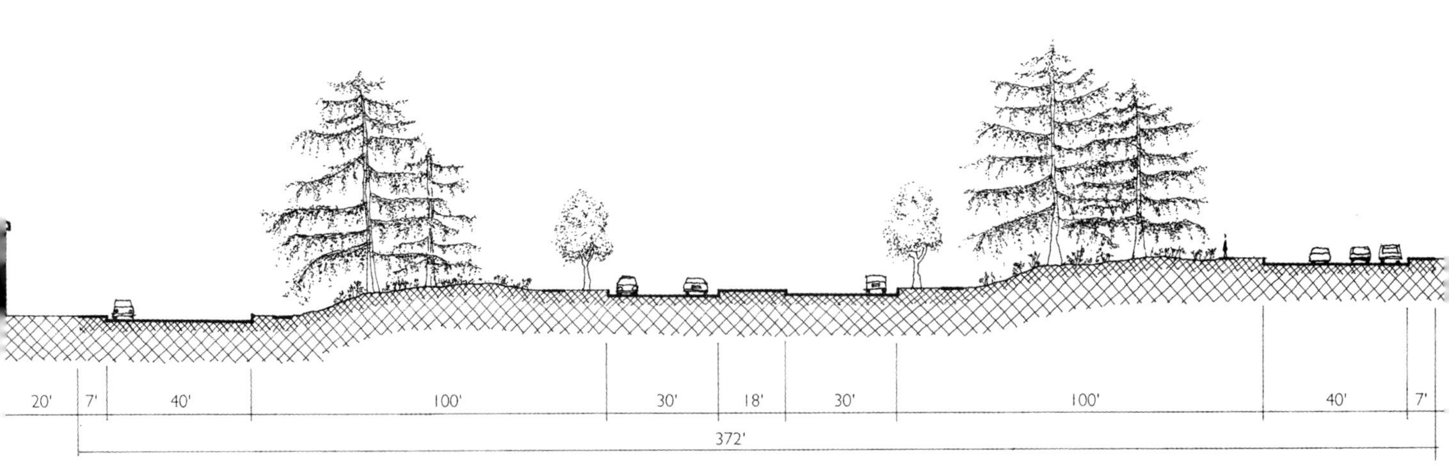

日落大道：剖面

大致比例：1 英寸 = 50 英尺或 1:600

旧金山，加利福尼亚州 | San Francisco, California

日落大道 (Sunset Boulevard)

• 作为旧金山日落区内的重要街道，日落大道位于金门公园和城市最南端之间，全长 2.25 英里。

• 其中心主干道作为旧金山西部的主要交通通道，联系着城市南北间的交通。这里川流不息，车辆疾驰而过。

• 沿街的分隔带尺度异常宽阔，因此整条大道看起来更像是 3 条彼此独立的街道，而非一个整体。事实上，中心主干道两侧所谓的"辅道"都有各自不同于前者的街道名称。

• 分隔带中风景如画，大片的草坪上种着各类落叶植物和常绿植物；从作用上看，分隔带更接近观景公园而非适宜悠闲漫步的街区公园。沿着辅道一侧的分隔带上设有狭窄的人行道，而沿着中心主干道则是窄窄的土路，行人可以沿此步行前进。

• 联排的独户平房正对着辅道。平房在形式特征、大小、朝向等方面与周边社区内的建筑并无差别。

• 日落大道在沿街和道路断面两个方向上，地形变化都很大。大道上的许多路段都有起伏，在部分路段，大道的一侧会明显低于另一侧，但这一问题可以通过大道上宽阔的分隔带巧妙解决。

• 日落大道是展现复合型林荫大道这一街道形式如何被 20 世纪早期美国的交通工程师设计出来的绝佳案例。

华盛顿哥伦比亚特区 | Washington, D.C.

K 大道（K Street）

- K 大道是华盛顿市内一条重要的商业街，沿东西向共穿越了白宫北侧的 3 条街区。K 大道中心部分以复合型林荫大道的形式穿越了 11 至 12 条街区，并连接着弗农山广场（Mount Vernon Square）和华盛顿圈（Washington Circle）。
- 沿街两侧是 8 至 12 层的办公楼和一些公寓楼。在这些楼房的底层，则是各类大大小小的不同公司。
- 人行道尺度适宜，沿着其边缘种有一排小树。
- 48 英尺宽的中心主干道在道路交叉口缩为 5 条车道，以满足车辆左转的需求。
- 两侧的分隔带中种植稀疏，行道树尺度适中，树间隔在 30 至 40 英尺之间。分隔带对行人而言吸引力不足；不过看起来它们也不希望吸引行人。司机们只能在街区中段分隔带中的大型车辆掉头口进出辅道。通常一个街区设有两个 30 至 50 英尺宽的缺口。
- 中心主干道上的车辆不许右转，而辅道上行驶的车辆也不许在路口驶入中心主干道。
- 迄今为止，街上的主要交通车辆都集中于中心主干道上，通常约占街上总流量的 70% 以上。辅道上则有多达 60% 的车辆都会在路口准备右转。

Median "Sleeve" on K Street.
K 大道分隔带上的车道

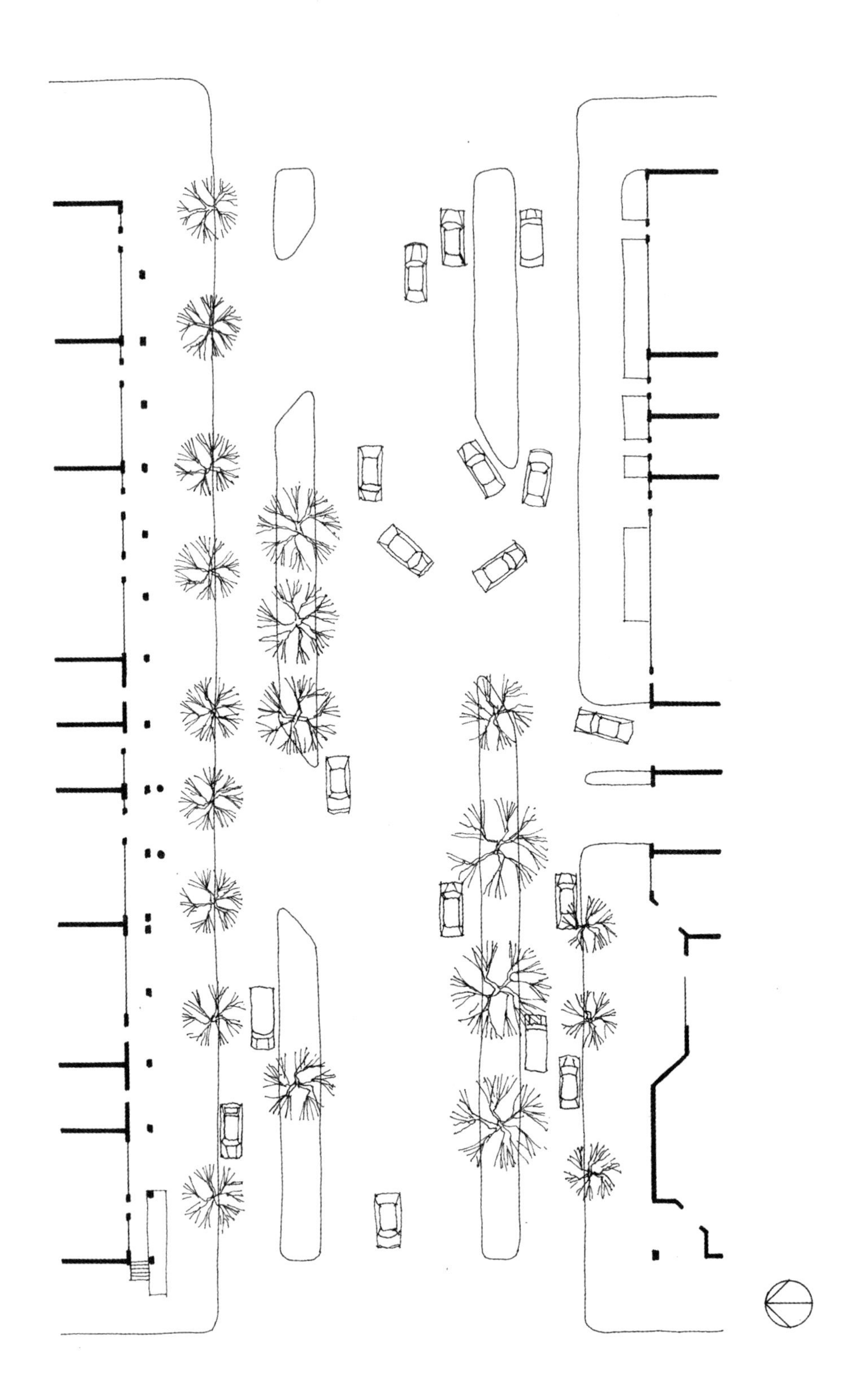

K大道：平面
大致比例：1英寸 = 50英尺或1:600

- 尽管在分隔带中的车辆掉头口与道路成一定的角度，却仍不时有司机在此违规反向掉头，而且司机还常利用这些分隔带的断口横穿中心主干道违规掉头。
- 人行道上的行人和过马路的行人都很多：我们在一个寒冷的一月份的周一统计发现，在一小时内有 2500 人次的行人路经于此，而同一时段过马路的行人为 1940 人次。
- 行人通常会闯红灯横穿辅道走到分隔带中，等待绿灯亮起才穿越中心主干道。
- K 大道具备巨大的提升空间。只需对行人区域的营造投入更多的关注，如在分隔带中种植间距更小、尺度更大的行道树，增加更多能吸引行人的户外设施或是消除分隔带中的车辆掉头口，整条街道的空间品质便能大幅度地提升。提升街道品质的关键在于注重街道的整体性而非仅将之视为交通通道。

K 大道与第十六大道（*16th Street*）交口路段的景象

第五部分　建造林荫大道

PART FIVE　BUILDING BOULEVARDS

修建海洋公园大道，*1902*年

第五部分　建造林荫大道
PART FIVE　BUILDING BOULEVARDS

Via Cavour

加富尔大街

我们已经了解了许多复合型林荫大道现存的相关案例，并对其运作模式进行了观察研究。在我们看来，不仅运行不佳的林荫大道存在改造提升的希望，而且因为这种街道形式本身的适宜性，建造全新的林荫大道也存在可能。

为达成这一目标，需要制定设计指南指导林荫大道的提案、设计、规划以及报批等各环节。我们所制定的设计指南源于我们对林荫大道的安全性和实用性的观察以及我们与相关的林荫大道设计专业人员的细致讨论。这些讨论既包括与周边同行的日常交流，也包括正式场合的会议讨论。

在制定设计指南之前，我们决定通过一系列的案例研究来测试专业人士对新兴理念的反应。我们挑选了位于旧金山湾区不同城市内有潜力改造为复合型林荫大道的部分街道，并做了相应的改造方案。这些街道所在的周边环境迥异，其中既有都市区内的主干道，也有地处小城市的商业街，还有市郊商业带内的主干街道以及居住区内的主街道，街道的尺寸则在 125 到 300 英尺不等。我们同样对纽约市内两条既有的设计不佳的林荫大道（大广场街和皇后大道）进行了重新设计（改造内容可参考第一部分的第四章以及第四部分的介绍）。之后，我们将这些重新设计的方案提交给街道所在城市的交通专业人士，他们对此反应不一，有些人对此十分热情，但也有人抱有怀疑态度。在此过程中，我们逐步意识到哪些是相关专家对复合型林荫大道的关注要点，并决定在设计指南中给出解决方案。由于专家和学者都倾向于关注个体元素会对街道整体性的损害，因此强调林荫大道的整体性显然非常重要。

现有林荫大道的文献资料和研究成果可以帮助我们分析、理解这些街道，但将之应用于其他街道并归纳出普遍性的概念却是另一回事。试错法在设计的过程中必不可少，我们需要依据知识和经验不断地检验方案，然后改进、微调，直至其与成功的林荫大道案例相类似。现实中良好的街道原型对不同环境的适应性则是这一过程的基础。对设计过程的反思和相关案例的研究，有助于我们在设计指南的制定过程中发现问题并找到相应的解决途径。

随着案例研究过程的深入，设计需遵循的指导规范会得到深化。这一过程也有助于我们准确找出那些渴望建造林荫大道的人们多半会遇到的问题。对这些问题的讨论研究，结合我们对建造林荫大道的进一步反思，最终形成了这一部分的内容。

第一章 设计指南和政策指导

CHAPTER ONE DESIGN AND POLICY GUIDELINES

在我们之前的介绍中，我们将复合型林荫大道视为城市交通系统设计中另一类范式的组成部分，无论街道规模和大小均保证了街道便捷可达性以及多变的功能。

许多复合型林荫大道的成功都离不开“恰当的设计”（appropriate design）。只要设计得当、适度，复合型林荫大道便能成为伟大的街道。而若设计不当又存有缺陷，各种问题便会随之而来。这一章节的内容便是关于如何做出“恰当的设计”。

因此，制定设计指南的首要目的便是确立复合型林荫大道的设计标准和规范以使其成为多种功能均衡发展的街道。林荫大道的独特性在于它能够平衡街道的多种用途，而不会出现某一用途或出行模式占据街道主导地位的情形。

第二个目的则在于提供认识林荫大道的新视角。作为一个复杂的整体，林荫大道所能提供的出行方式、用途、活动方式以及社会互动都是多元化的。社会互动和作为公共环境存在的城市街道，既是人们日常活动的媒介，也是人们日常活动的结果。

林荫大道不仅自身便是一个系统，而且还是更大层面的城市街道和空间系统中的重要一环。因此，在林荫大道的选址和设计中应考虑到它能在日后有效改善其所处地段街道系统的结构组织和清晰度。

这些设计指南受众广泛。无论是城市设计师、建筑师、城市规划师、景观设计师、交通工程师，还是负责街道设计和整治的城市官员、开发商、公民团体甚至一般市民都能从中获益。设计指南旨在提供一种途径引导人们来看待并分析现存街道的问题，或为建造新的林荫大道提出建议，同时直接关注为改善城市主要街道所需做出的改变。

设计指南的构成 | ORGANIZATION OF GUIDELINES

林荫大道是一个集合体。我们必须避免失去街道的整体性而将之简化为一系列的独立问题来给出特定的指导方针和解决方案，同时也应意识到各不同部分间的相互联系。因此，我们在此列出一系列的要点，它们对建造杰出的林荫大道至关重要。但相比之下，这些要点彼此间的联系更为重要。任何具体问题的解决方案，或是在林荫大道的设计中达到某一要点，都需深化并完善前一阶段的设计结果，反过来前一阶段的结果则通过后续的决策得到贯彻和实施。

为便于设计工作的进行，我们将这些设计指南分为 16 个部分加以阐述。前两部分内容是关于林荫大道在城市中所处的位置、所扮演的角色及其基地周边适宜的环境发展。第三部分至第六部分则涉及林荫大道的整体设计、其主体部分以及其他各部分的作用等问题。第七部分至第十四部分则将介绍各类要素中特殊且关键的设计环节。最后两部分将讨论改善林荫大道的各种措施，这些措施同样有助于解决具体问题。

如何使用设计指南 | HOW TO USE THE GUIDELINES

如何使用设计指南取决于不同情境下的预期干预结果。它们既能够用于指导在新的城镇或城区中设计全新的林荫大道，也适用于对存在设计缺陷或运行不佳的既有林荫大道进行修复革新，还能为将既有的宽敞街道改造为林荫大道提供借鉴。这些设计指南还适用于对既有街道进行微小的改进。

前八部分的设计指南综合阐述并强调了设计林荫大道的基础。它们均是构成林荫大道这一整体的重要部分，因此无论面对何种具体的设计问题，读者都应仔细阅读这部分内容。这样在集中思考某一特定的问题时，读者便会避免犯不顾全局的错误。

1. 林荫大道的地理位置、背景和用途
The Location, Context, and Uses of Boulevards

复合型林荫大道本身便存在矛盾，这或许也是它们为何并不总受待见的原因之一。它们既稀松平常同时又杰出非凡。它们所承载的功能，沿街两侧的建筑以及街上川流不息的交通都在日常生活中随处可见。但在那些运行良好的林荫大道上，同样是这些元素的组合，外加街道营造出的纯粹空间和提供的便利设施，却令街道变得壮观、独特且令人难忘。

Eastern Parkway in Winter.

冬日东公园大道上的景象

在美国，至少在以下 7 处不同的环境中可能会出现林荫大道的踪影。

1. 现有的建于 19 世纪末和 20 世纪初的林荫大道。现有的这类林荫大道运行情况并不理想。其原因既可能是源于设计的疏忽，也可能是为了使街道的交通承载力更强或形式更简洁而人为错误地重建了街道。这类街道上不时便会有行道树被随意地移植。而部分这类林荫大道在最初也并未经过精心的设计。
2. 现有的城市内部主要街道。这类街道通常起始于旧城中心的边缘地段，并联系着旧城中心和外围居民区。历史上，这类街道可能曾在 20 世纪 20 年代至第二次世界大战结束的第一次城市郊区化浪潮中充当着城市交通主动脉的角色。它们往往构成城市主要实体结构的一部分，而在局部路段街道上的人行道可能会变窄以加宽车道，便于车辆通行。如今，这类街道上的车流量很大，车速很可能从早些时候便减缓了。
3. 现有位于“发展带”上的街道。 通常来说，这类街道均是乡村道路，而随着周边区域的城市化发展，它们在 20 世纪 40 年代后期和 50 年代初期逐渐转变为机动车时代的商业街。这类街道沿途商业用房的密度很低，而其前方通常设有停车场。由于沿街两侧的商铺间距过大，因此并不适宜行人来回闲逛。遗憾的是，这类街道本是为更需要公共交通和步行通道的行人而建的；但实际上街道往往被需求相对次要的人群使用或占据。而这类街道沿途及周边的居住模式的改变同样普遍：多户住宅、租赁房屋、公寓住宅以及老年住宅逐渐代替了原先的私人独栋住宅，随之而来的则是住宅密度的提高。
4. 现有的快速路和高速公路。这些出入受限的车道往往会在城市中形成明确的分界线。如果哪座城市希望减少或者消除这种分隔，重新设计这些街道的路权宽度，使之成为林荫大道不失为一种可能。
5. 现有的市郊居住区干道。部分早期的郊区街道与快速干道建造于同一时期。这类快速干道的道路断面与林荫大道的道路断面相似，不同之处在于前者以宽敞的车道、双向行驶的辅道以及种植稀疏的分隔带为特征。而随着部分这类街道沿途土地价值的下降，可能会产生一些问题。其宽敞的双向行驶辅道并不能为行人提供舒适的步行环境，而且分隔带几乎无法为沿街建筑隔绝中心主干道上快速交通产生的碾压声和噪声。而对街道进行重新设计不仅可能提高沿街两侧的土地价值，还能同时在沿街的富足空间中建造便民的街区公共设施。
6. 现有的市郊商业干道。这类街道是依据现代交通工程的标准所设计的。其中的某些变化彰显了林荫大道所具特点的相关性和发展前景。例如，随着公共交通系统扩展至郊区，非机动交通的数量可能有所增加。而房地产经济的变化也可能会带来街道沿街及周边的多元发展。工作场所近郊化可能会带动周边相关服务业，如小咖啡馆和午餐馆等需要临街经营单位的发展，林荫大道应该反映出这些挑战。

7. 新城区域或市郊开发区中的主要交通道路。开发区内的部分街道可能比其他街道的交通承载力更大。相对于标准主干道或高速公路，林荫大道更适宜满足这一需求。

林荫大道能适应如此众多的不同环境并能继续发挥作用意义非凡。这一事实表明了这种街道模式的适用广泛，而且当周边环境发生变化时，它能通过相应的改变适应这种变化。

林荫大道的选址指南
Guidelines for Choosing the Location of a Boulevard

- 对过境交通和街区交通都有需求的街道，适宜采取林荫大道的形式，过境交通理应比街区交通流动更加快速；抑或是这两种交通方式间存在实际或潜在冲突的街道，也适宜采取林荫大道的形式。
- 尺度巨大或地理位置优越的街道适宜采取林荫大道的形式，通常这类街道会成为城市中的显著要素，而采取林荫大道的形式会使之有潜力成为城市中的独特场所。
- 穿行人流或潜在穿行人流巨大的街道适宜采取林荫大道的形式。商业街、高密度居住区中的街道、混合有公共交通的街道，或是公共机构林立的街道都适宜采取林荫大道的形式。

2. 面向街道的沿街建筑 | Buildings that Face the Street

在沿街建筑不面向街道的地段建造林荫大道毫无意义。事实上，林荫大道和普通的城市主干道间的主要区别就在于林荫大道上沿街建筑完全可达，而且未对

Boulevard de Courcelles, Paris
库尔塞勒大街，巴黎

相邻两处道路交叉口的距离做出规定。而城市主干道的通行标准则建议道路交叉口的间距应尽可能大并且不提倡沿街建筑直接可达，而是建议在其背侧的街道进入建筑。这直接带来了城市主干道背侧地段的大规模发展。

临街建筑不仅为行人提供了方便，保障了他们的安全，也有助于行驶于此的司机更加熟悉城市的结构。位于主要居住区内的林荫大道上，临街建筑为小空间商业的发展提供了可能。这是因为这些商铺直接与城市网络相连，不像大型购物中心需要依靠规模来吸引顾客。

如今，针对不同程度的噪声，法规会不时要求在交通繁忙的道路沿线设置隔音墙。林荫大道的分隔带和辅道为沿街建筑隔离了噪声和中心主干道上的汽车尾气；此外，步行环境的改善通常能有效降低交通对人们心理造成的消极影响。林荫大道沿街适宜布置多层住宅和底层为商铺的写字楼，前者受交通负面影响较小，后者可因底层商业界面获得更多的关注度。当然，独户住宅同样适合。

街道上的建筑出入口

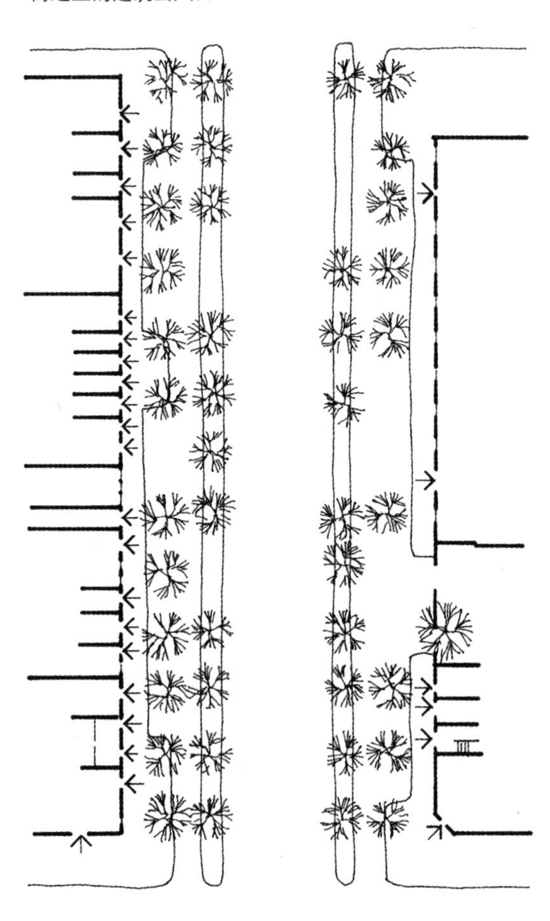

面向街道沿街建筑的选址指南
Guidelines for Buildings that Face the Street

- 只要有可能，沿街建筑都应尽量面向街道并应有步行通道与人行道直接相连[1]。林荫大道的街道格局有助于消除过境交通对面向街道的建筑和街区的负面影响。而对于那些背朝主干道的沿街建筑，在其外侧重新建造面向街道的建筑则为将现有停车区域转化为用途更广的发展用地提供了契机。
- 当林荫大道毗邻公园或类似博物馆、市民中心之类对停车需求不大的公共建筑时，可以只在大道上普通建筑的一侧设置辅道。而在公园和公共机构的前方可以设置步行广场，以突出其重要性[2]。
- 当城市街道只有一侧沿街建筑面向街道，而另一侧的商业地段周边都是停车位时，适宜采用单侧林荫大道的街道形式。而在停车位一侧设置人行步道能够减轻开放的停车空间对城市界面的消极影响。而随着沿街的发展，人行步道也可能最终被沿街建筑和辅道取代。

3. 林荫大道的总尺度和各个区域
Boulevard Realms and Overall Size

复合型林荫大道由两类区域构成：车行区域和行人区域。中心主干道主要服务于相对较快的车行交通，在其中部可能会设有分隔带以区分上下行的交通。而从中心主干道的外侧直至沿街建筑的边界的区域便是行人区域，这一区域包括一条连续的绿化分隔带以及一条较窄的辅道和人行道。行人和车辆在此都以步行的

周六上午的海洋公园大道

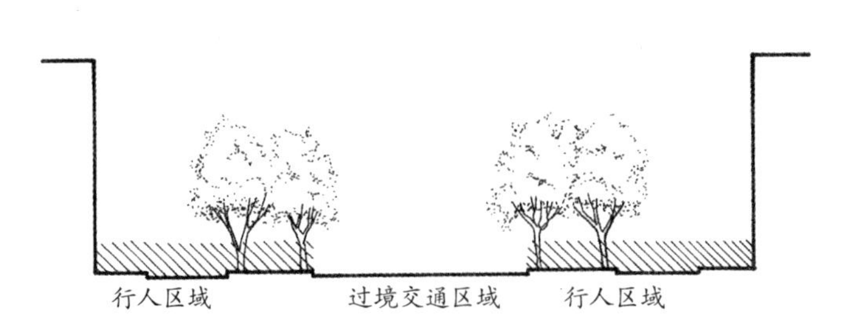

林荫大道上的不同区域

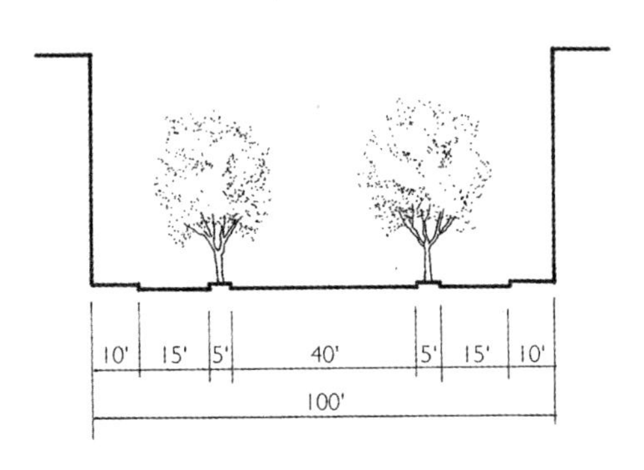

假想的最小尺度的林荫大道

速度缓慢移动。林荫大道的这一部分主要是为了保证沿街建筑的可达，并为缓慢的街区交通提供场所。

种植行道树的分隔带尺度可以灵活多变。作为行人区域的边界，它将这一区域与中心主干道上的快速交通区分开来。它是两侧行人区域与中心车行区域的分界面。

通常在一条运行良好的林荫大道上，行人区域与车行区域所占街道的比重至少相等，至少有一半的街道宽度会用于分隔带、辅道和人行道，而如果可能，这一区域甚至应占据街道总宽度的2/3[3]。（表5.1列举了几条现有林荫大道及部分重新设计方案的街道总宽度和各区域的宽度。）

对于需要承载大量的过境交通的林荫大道而言，100英尺几乎已是道路宽度的最低要求[4]。其中一种可能的街道格局是中心主干道宽42英尺，设有4条车道；辅道单向行驶，宽16英尺，并设有1条车道和1排停车位；2条侧分隔带各宽5英尺，而人行道则只有8英尺宽。事实上，这一格局下的街道十分紧凑。而各个城市中更为常见的则是路权宽度在125至140英尺之间的林荫大道，通常这种尺度的街道更便于使用。当然，当中心主干道无须设置4条车道时，林荫大道也可以窄于100英尺。虽然这种街道并不常见但并非不存在。

表 5.1　林荫大道各区域宽度表

街道	总宽度（英尺）	行人区域（英尺）	过境交通的中心区域（英尺）	行人区域 / 中心区域（比值）	行人区域 / 总街道宽度（比值）
大军团大街（巴黎）	230	70+70	89	0.70	0.61
蒙田大道（巴黎）	126	42+42	42	1.00	0.67
格拉西亚大道（巴塞罗那）	200	70+70	60	1.17	0.70
对角线大道（巴塞罗那）	165	57.5+57.5	50	1.15	0.70
海洋公园大道（布鲁克林）	210	70+70	70	1.00	0.67
K 大道（华盛顿）	150	51+51	48	1.06	0.68
滨海大道（奇科）	165	40+63	64	0.62 和 0.98	0.62
基利大道（Geary Boulevard，旧金山，重建）	125	33+33	60	0.55	0.53
西国会大道（West Capitol Avenue，萨克拉门托，重建）	134	42+42	50	0.84	0.63
大广场街（布朗克斯，重建前）	172	20+20	135	0.15	0.23
大广场街（布朗克斯，重建后）	172	61+61	50	1.22	0.71

林荫大道的路宽是否存在上限呢？或许这个问题并不容易回答，但它也可能并不那么重要，因为有很多经济压力限制街道的路权宽度。经验表明，宽达 230 英尺的林荫大道仍能运行良好（布鲁克林的海洋公园大道和东公园大道宽 210 英尺；巴黎的大军团大街宽 230 英尺）。有担心称过宽的林荫大道无法保障良好的运行。对于一条出色的林荫大道而言，其辅道不应宽于 25 英尺，因为这一尺度足以设置 1 条车道和 2 排停车位。宽于这一尺度的辅道，不仅能同时容纳两股车流而且会诱发车辆提速，而这将破坏行人区域的慢速特征。其他拓宽街道的方式还有加宽中心主干道、人行道或分隔带等。为保证街道各区域间的平衡，拓宽街道必须从全局出发，以避免产生潜在的问题。如果人行道过宽，则需要大量的行人来活跃其氛围，不然会令人行道因显得过于空旷而不宜步行。很少有街道能吸引大量的行人，而巴塞罗那的格拉西亚大道应算是例外。如果大道上的分隔带过宽，会破坏大道的整体感，使之变为三条彼此独立的街道。

如果街道中部的中心主干道过宽、车道数量过多，会令行人过马路变得困难且危险。商业街的两侧也会因此彼此失去联系，成为两条相对独立的单侧商业带。布宜诺斯艾利斯的七月九日大道便是如此。大多数过宽的街道都会因自身区位优势不够明显，或是影响力和发展后劲不足而无法在不影响沿街商业的情况下解决七月九日大道所面临的问题。

林荫大道总尺度和不同区域的设计指南
Guidelines for Boulevards' Overall Size and Realms

以下是关于林荫大道总尺度和各区域相对比重的要点。

- 如果中心主干道上需设置 4 条车道，那么相应的林荫大道最低设计宽度为 100 英尺。
- 路权宽度在 125 至 230 英尺之间的林荫大道，在设计上拥有更灵活的可能性。行人区域能更为宽敞，中心主干道的交通承载力也相对更大。这种街道格局能更灵活地适应各类出行模式的需求。
- 对于一条安全且运行良好的林荫大道而言，其首要关注点即在于如何在街道上形成明确的行人区域。街道上各区域之间的平衡至关重要。在最杰出的林荫大道案例中，行人区域从未低于总路权宽度的 50%，甚至经常会达到 70%。

4. 中心主干道上的车行区域
The Through-going Central Realm

作为相对快速的交通及过境交通的载体，林荫大道的另一重要任务是为其街区居民和行人提供通道。复合型林荫大道不仅在整体上为城市提供了联系，而且相对于可以直达沿街建筑的城市街道，过境车辆的行驶更加安静、方便，因为在其中心主干道上行驶时遇到停车及服务车辆的干扰概率较小。

当某一方向车流量较大时，至少需要设置两条车道。单向 3 车道的设置便于提高车辆交通布局的灵活性，且为设置一条公共交通专用道提供可能性。如果中

Central Realm on Ocean Parkway
海洋公园大道的中央区域

Paris: standard bollard for traffic diversion and a pedestrian haven

巴黎：用于交通指向及行人道路的标准护柱

心主干道上设有6条以上的车道，林荫大道可能会因为过宽而不便于行人过马路。

中心主干道上的交通组织方式灵活多变：既可以设置相同数量的上、下车道；也可以只设置单一方向的车道，或是在其反向设置一条公共交通专用道；还可以采取其他非对称的车道设置方式。

应劝阻在分隔带中心区域的边缘停车，虽然这在一些林荫大道上发生过，尤其是巴黎。这种情况降低了通道所带来的益处，即促进不间断的交通流。在中心区域停车也会压坏作为步行区域组成部分的分隔带，被汽车包围会使分隔带几乎不能将旁边的区域供给公共交通使用。

中心区域的设计指南 | Guidelines for Design of the Center Realm

- 中心区域的总宽度的制定应综合考虑有效的路权宽度、预期的交通承载力、行人过街的安全保障等多方面的因素。
- 虽然会稍显拥挤，但50英尺的宽度足以在车辆的上下行方向都设置2条车道及1条左转/直行车道。而70英尺的中心区域则足够满足单向3车道外加1条左转车道的宽度要求。
- 公共交通最适宜被安排在中心主干道上，以保证车行速度且大型车辆可以通行。外侧车道可以略宽于内侧车道，以便于大型运输货车通行。
- 在林荫大道的中心区域应设置能保护行人安全的设施，即便只是类似巴黎街头常见的简单的护柱，都能发挥作用。当中心主干道的各向设有3条以上的车道时，设置这类设施尤为必要。

科尔索·伊松佐大道，菲拉拉

5. 行人区域 | The Pedestrian Realm

在沿街建筑的外界面至中心主干道上分隔带边缘间的区域内能否形成一个安全、舒适的行人区域，是决定林荫大道成败和其运行安全的关键。这一区域涵盖了辅道，因为经过设计的辅道能确保车辆行驶缓慢且司机会有意识地避让行人。

林荫大道既是一条主要的交通干道，又要满足周边居民需求及商业需求。为了使其不同的作用能够均衡发展，必须形成一个“宽敞的行人区域”。车辆可以在此停靠或是缓慢行驶，行人也可以在此悠闲漫步，路人过马路也因此变得更方便、容易。这一区域提供的开放空间不仅为周边居民提供了活动场所，也为城市增添了更多的活力。而且作为沿街建筑与中心主干道上车流的缓冲地带，它还为周边居民减轻了车辆产生的污染、噪声和消极的心理影响。

相比传统的街道设计，试图创建一个行人区域的随意尝试可能会将行人置于更加危险的境地。在辅道允许快速交通通行的林荫大道上，由于行人区域遭到侵占，行人事故率可能会高于普通格局的其他街道。而对于街上形成了慢速区域但其边界没有明确的物理隔断，如分隔带中的行道树长势不佳的林荫大道而言，这一区域并不能完全发挥出其作用，而是更像交通车辆的行驶区。

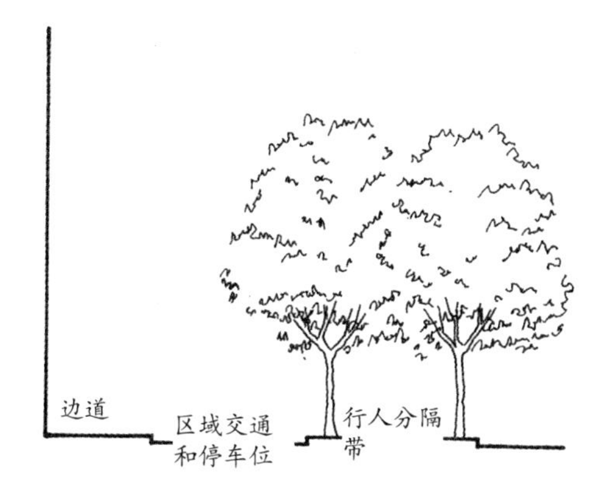

行人区域的各组成部分

行人区域的确定规范
Guidelines for the Establishment of a Pedestrian Realm

• 作为行人区域边界的分隔带应连续且足够突出，其中应至少种有一排排列紧密的行道树。

• 允许在辅道上停车充满争议。由车辆出入、寻找停车位所引起的摩擦，不仅减缓了辅道上的交通速度，也避免了追求速度的司机进入辅道。而停车位的设置也为沿街建筑的出入提供了便利。

• 在行人区域中，只设置 1 条车道十分重要。设置 2 条车道虽然能令在辅道行驶的车辆提速并在至少一个街区内避开中心主干道上的大量车流，但这也可能会令行人更加危险，大广场街的教训仍在眼前。在街道设计中还要避免设置过多的停车位，因为当整排的停车位空置时，在司机眼中它可能就是 1 条车道。

• 道路交叉口是机动车辆出入这一区域的最佳位置。在分隔带的中部设置车辆掉头口也能使车辆自由出入（巴黎的玛索大道和华盛顿的 K 大道便是如此），不过尽管这种处理方式意在减少路口的车流交叉，但实际上却可能使出入车辆与通行车辆间的交叉更多。而且这会影响行人沿着分隔带行走。

行人区域可以通过一定的设计手段加以强化。

• 分隔带中的便民设施，如公交站台、地铁出入口、公用电话亭、长椅、喷泉、花架等会令更多行人往返于人行道和分隔带之间，这会令行人成为辅道的主要使用者。

• 分隔带和人行道上的路灯在设计上应考虑行人的需要：间距应紧密（约 50 英尺为宜），高度应宜人，同时以暖色光为宜。

• 人行道可以相对较窄。当林荫大道的路权宽度受限时，人行道可以只有 5 英尺宽。尽管这一尺度并不适用于普通的街道（普通街道上仅有人行道是供行人使用的

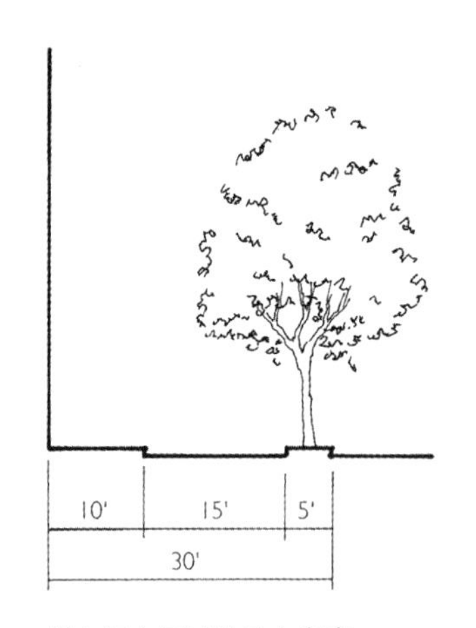

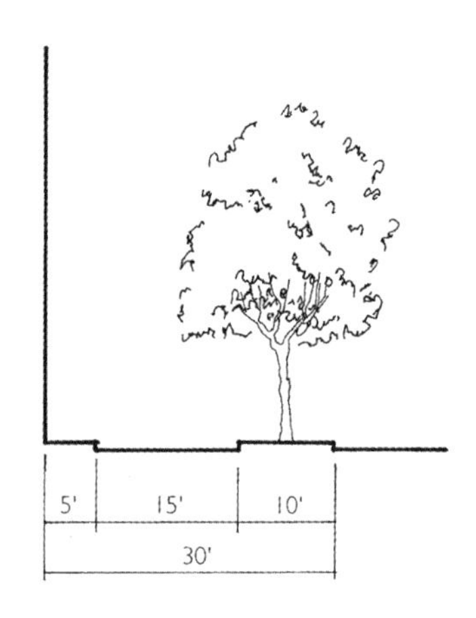

假定行人区域的最小宽度

区域），但林荫大道却完全可以，因为当人行道人满为患时，行人还可以使用辅道和分隔带。

- 辅道具有慢速的特征属性，可以通过其与街道中心区域的细微高差变化以及不同的或是更为粗糙的表面材质将两者予以区分。

6. 绿树成荫的连续分隔带 | Continuous, Tree-lined Medians

林荫大道上的连续分隔带界定了中心主干道和行人区域的边界，使得两者既相对独立又彼此联系。分隔带是林荫大道的设计中最为灵活的要素，很大程度上正是它决定了林荫大道的形式和特征。

分隔带的主要功能即在于限定行人区域，保护这一区域的行人不受中心主干道上过境交通的干扰，而相应的它也为过境交通隔绝了停靠车辆和街区交通的干

海洋公园大道的分隔带

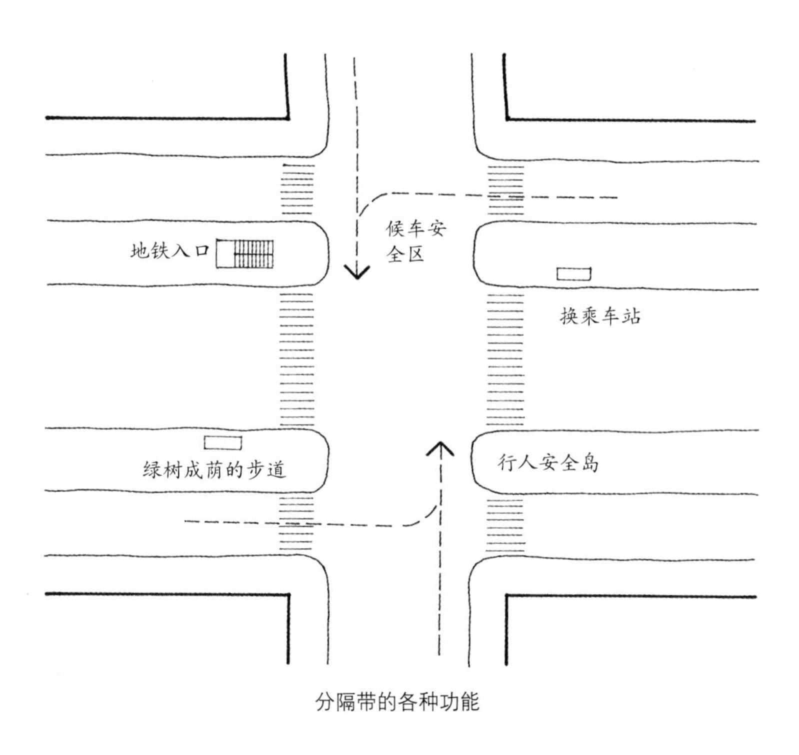

分隔带的各种功能

扰。观察表明，相对于普通街道，在林荫大道的中心区域上车辆行驶得更加顺畅，突然变道、掉头、转向的车辆也更少。

分隔带也为行人进入不同的区域提供了场所：行人可以在此换乘公交，也能在等候交通指示灯期间随时避开变道的车辆。

与其他城市主干道一样，横穿林荫大道这一巨大的障碍物并不容易。可以分步骤进行，经过两步甚至三步来完成穿越：先到达分隔带的边缘，接着穿越大道的中心区域，最后再穿过街对面的行人区域。分隔带为等候的行人和车辆提供了避开车流的场所。普遍的情形是，当辅道空无一人时，行人从人行道走到分隔带时不会在意此时是否为红灯，之后才会等候绿灯横穿中心主干道。这种通行方式对于上了年纪和行动不便的人来说极其便利。

连续分隔带的设计规范
Guidelines for the Design of a Continuous Median

- 依据林荫大道道路等级的不同，分隔带的尺寸从 5 到 50 英尺不等，很大程度上这取决于街道的总路权宽度。当路权宽度紧张时，分隔带的尺寸趋向尽可能小；而当路权宽度充裕时，其尺寸也会更加宽敞。
- 分隔带中最重要的元素，即其核心特征便是沿途的一排或多排行道树：间距紧密、连续不断，并一直延续到道路交叉口。
- 分隔带还应通过精心设计吸引行人使用。

- 如果林荫大道沿途有公交或有轨电车路线经过，站台应设置在分隔带中。同样，地铁出入口也应设置于此。
- 大多数优秀的林荫大道会在分隔带沿途等距离地设置长椅。
- 为行人设置的路灯，考虑到其尺度，其间距不应超过50英尺，而且通常会成为林荫大道分隔带中的主题元素。
- 当分隔带足够宽敞且沿途人气旺盛时，可以设置喷泉、公用电话亭、公用厕所、室外咖啡厅、花架美化分隔带并完善其功能。
- 分隔带可以铺设铺装，也可以没有；树木可以种在连续的种植带中或是树池中，这取决于预期的行道树数量以及行人的使用方式。较宽的分隔带通常会局部铺设铺装，用作休闲步道。

7. 行道树和种植密度 | Rows of Trees and Tree Spacing

行道树是林荫大道设计中必不可少的要素。或许各类林荫大道的气质特征正是由它们所决定的。此外，它们还承担着三种功能。

首先，它们限定了林荫大道上的不同区域。分隔带将林荫大道划分为中心快速通行区域和慢速行人区域。很难设想，如果分隔带中没有行道树，何以形成界限分明的“宽敞的行人区域”。而且行道树还从视觉上消解了街道的巨大尺度。通常来说，在行道树长势良好的林荫大道上，人们感受到的街道尺度小于其真实尺度；而未种植行道树的城市干道上的情况恰恰相反。

其次行道树为行人和司机创造了同样舒适的环境。在炎炎夏日，它们为行人

Avenue Grand Armée, Paris
大军团大街，巴黎

提供阴凉，消除眩光，避免强烈的视觉反差。它们看上去赏心悦目，阳光婆娑地透过枝叶照在地上，仿佛和人们玩着游戏。树影下的行人区域与中心区域带给路人的感受截然不同。最后，行道树还成为了一类明确的城市要素，人们可以利用它来辨别方向，还可以借助对它的印象在城市中寻找目的地[5]。

行道树作为一类资产需要定期维护。在巴黎，人们会定期移植林荫大道上的行道树，以维持其 15 至 25 英尺之间紧密的树间距。巴塞罗那格拉西亚大道上的行道树近期就因过度修剪而失去了曾经浓密的树荫，而这一度是其主要特征。而华盛顿 K 大道的老照片则向人们展示了它远胜今日的风采，照片拍摄于沿街大量行道树惨遭砍伐的 20 世纪 50 年代之前。

行道树的设计指南 | Guidelines for the Design of Tree Rows

- 保证行道树间距紧密并一直延续至路口十分重要。其最大间距为 35 英尺——以 25 英尺为宜。依据树种的不同，最小间距可以做到 12 英尺。行道树的间距应紧密到足以确保其枝干能形成连续的遮阴带。
- 种植的树种无须一致，可以交替种植两种或者三种不同的行道树。
- 落叶林通常更为合适。因为它们在夏天可以遮阴蔽日，而在冬日又能令阳光直射街道。在气候温暖的地区，它们的主要作用是为行人庇荫。
- 为使街道两侧建立视觉上的联系，保持街道的完整性，在视平线以下部分不宜栽植较为茂密的树木。
- 行道树的种植方式可以灵活多变：

——在 5 至 10 英尺宽的分隔带中，行道树适宜种植在其中部，以使其获得充足的生长空间；

——在 10 至 20 英尺宽且只种植一排行道树的分隔带中，行道树应离中心主干道较近，以使分隔带上的大部分区域都远离快速过境交通的干扰，交错种植两排行道树可以达到同样的效果；

——在 20 英尺以上的分隔带中，种植两排行道树或许最为合适。

尽管内侧行道树的选择相对更为自由，但是保证行人区域边缘起限定作用的一排行道树一致非常重要。经验表明，对于装点林荫大道优雅、轻快的特质，简单的、有层次的种植方式比复杂的种植方式更为有效。

8. 公共交通 | Public Transport

复合型林荫大道注定为公共交通而生。公共交通鼓励行人使用街道，这契合了林荫大道的优势。与此同时，公共交通要求行人能方便到达且会产生大量的街道穿越，林荫大道由此成了公共交通路线的理想选择。

滨海大道，奇科市

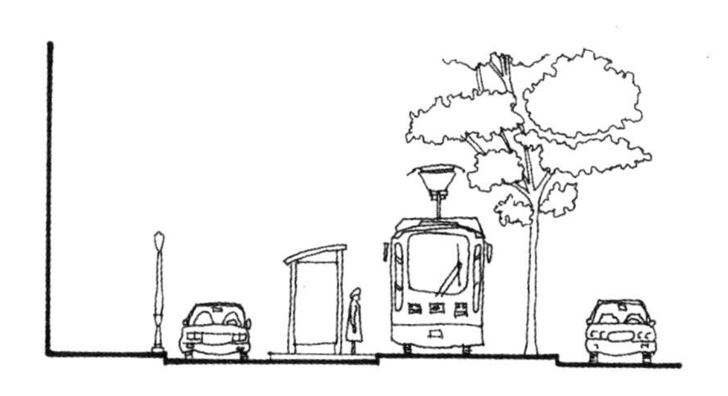

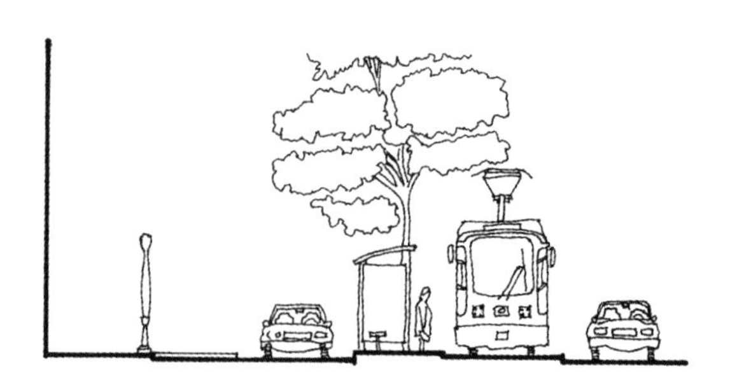

分隔带沿途设置轻轨路线的可能方式

通常，无论是已经建成还是尚在筹备的地铁或轻轨系统，都可以纳入林荫大道之中。大量的地面交通可以通过公交专线解决。通常在分隔带中，便于快速换乘和无障碍通道的设计代替了运输站台的设置[6]。

最近，公共运输通道所具有的高密度土地利用潜能成为人们关注的焦点[7]。林荫大道既可容纳高密度的城市干线又可容纳公共运输干线，并保留优雅的街道气质[8]。

整合公共交通的设计指南
Guidelines for the Incorporation of Public Transport

如果林荫大道沿途有公交路线经过，公交应使用中心主干道而非辅道。或许可以将中心主干道的外侧车道设为公交专用道。

- 如果林荫大道沿途有轻轨行驶，它可以占用中心主干道的外侧车道，或者如果有城市希望将之与其他车辆隔开，可以将轨道设置在分隔带靠大道中心区域的边缘部分。而如果林荫大道的路权宽度富裕，还可以在大道中部设置轻轨专用道。
- 将公共交通换乘站台设置在分隔带中会为该区域带来更多人气。
- 沿途有地铁路线或尚在筹备的地铁路线经过的林荫大道上，宜将地铁出入口设置在分隔带中。

9. 停车 | Parking

辅道上设置停车位对形成“宽敞的行人区域”至关重要。尽管现行的街道标准和设计指南中均不提倡沿主要街道设置停车位，但是仍有充分的理由说明允许

Side Access Road - Eastern Parkway
东公园大道辅道上的景象

在林荫大道及其他道路上停车十分必要[9]。由于汽车进出、寻找停车位需减速，因此允许在林荫大道上停车减缓了辅道交通的速度。通常在允许路边停车的街道上行人更多。同样，在这些街道上进出沿街建筑的行人更多。这在带动沿街为主的商业带发展的同时也可能促进了小商铺的发展，因为在这些商铺外不得设置过多的停车位。

而且，停靠的车辆在行人与行驶的车辆间形成了一种物理屏障，这令行人感觉安全。它们形成了车辆与行人间的界面，使街道充满活力。在各地杰出的林荫大道上，随处可见从卡车上卸货、开车前道别的人群之类的日常情景。

无论停车如何重要，它都不应在行人区域占据主导，而是应与行人的其他需求处于平衡。例如在巴黎的部分林荫大道上，中心主干道的路边便增设了第三排停车位。这种设置除了影响中心主干道上车辆的快速通行，还令这一地段颇像停车场，削弱了分隔带的行人区域特征。

停车的规范 | Guidelines for Parking

- 辅道可以依据富余的空间，设置 1 排或 2 排平行停车位。
- 停车位不宜过宽。6 英尺或 7 英尺较为适宜，最宽不应超过 8、9 英尺。超过这一尺寸，会增加行驶车道的宽度，会诱发司机提速。
- 如果林荫大道的设计中同时要求分隔带宽敞而且空间利用率高，可以考虑在分隔带中设置斜向停车位。
- 当辅道设有两排停车位时，通常分隔带或人行道会在道路交叉口局部加宽以便于行人使用。这些局部区域的收放不仅便于行人通过分隔带，而且减缓了车辆出入辅道时的速度。
- 如果林荫大道周边的停车位紧张，可以考虑在其中心主干道的地下设置停车库，并在辅道上设置车行出入口，而在分隔带中设置人行出入口。但是，这些出入口不得破坏所在区域的行人空间。

10. 车道宽度 | Lane Widths

在路权宽度受限（100 至 140 英尺之间）的路段建造林荫大道取决于可接受的车道最小尺度——辅道上的车道仅为 7 至 9 英尺宽，而中心主干道上车道则为 9 至 11 英尺宽。研究表明，林荫大道上狭窄的车道也能运行良好。而且由于车道狭窄，行人能更迅速地穿过街道而车辆在辅道上行驶时需减速慢行，这使行人更为安全[10]。但当辅道上的车道宽达 12、13 英尺时，形成“宽敞的行人区域”的难度也随之增加。因此，我们不仅规定了车道的最小尺寸，而且规定了其最大尺寸。

当然，人们会关心应急车辆的行驶，尤其是消防车、垃圾车和废品回收车。当辅道上的车道过窄时，这一问题会不时被提及，但实际上问题并没有想象中严重。

绝大多数辅道都不比常见的居住街道窄，因此消防车显然可以通过。而消防云梯从中心主干道穿过狭窄的分隔带到达建筑外界面的距离也不会明显增加。尽管通行的规范要求紧急车道应明显宽于其他车道，但仍有必要研究紧急车道的宽度是否存有弹性。通常情况下是可以灵活应变的[11]。

辅道、中心主干道上的车道宽度应实行不同的标准。辅道更多是作为街区街道使用，应限制其车道的宽度以使车辆减速慢行。而中心主干道上的车道则可以适当放宽，但也不能过宽，否则会诱发车辆提速并给行人通过造成困难。

车道宽度的设计指南 | Guidelines for Lane Width

- 辅道上的车道宽度应在 7 至 11 英尺之间，而停车位的宽度应在 6 至 9 英尺之间。不过，即便辅道设有两排停车位，其总宽度也不应超出 24 英尺。
- 中心主干道上靠分隔带边缘的车道宽度不得小于 9 英尺，最大宽度则为 13 英尺（当该车道为公共交通专用道时）。
- 中心主干道上的内侧车道宽度应设置在 9.5 至 12 英尺之间，宽于这一尺度的车道会诱发司机提速。
- 中心主干道上的左转车道（如果设有左转车道）应设置在 9.5 至 12 英尺之间。

11. 自行车道 | Bicycle Lanes

毫无疑问，林荫大道可以容纳自行车出行。越来越多的声音呼吁在城市道路中设置自行车专用道。呼吁声源于两方面的考虑：一方面，如果自行车与机动车

Ho Chi Minh City : Ton Duc Thang
胡志明市：孙德胜大道

辆共用车道，骑车人会处于危险之中；另一方面若与行人共用步行道，他们又会给行人带来危险。

然而，需要对两类骑行方式加以区分：第一类是日常骑行，骑车人既可以是成人也可以是小孩；第二类属于通勤或公路运动类骑行。第一类骑行包括差遣、娱乐、休息或日常的市内出行，骑车人通常速度较慢且只有短途骑行。而第二类骑行通常速度更快且可能会有长途骑行。这两类骑行的特征有所不同，或许应在林荫大道上设置相应的不同车道。

林荫大道上的骑行规范 | Guidelines for Bicycles on Boulevards

- 日常骑行可以很容易地在行人区域中的辅道上解决。观察显示，这一区域的骑车人与行人数量相当，而且骑车人并不在意骑行方向是否与机动车辆的行驶方向一致，但他们能保证自身的安全。
- 可以在宽敞的分隔带中或是中心主干道上靠分隔带的车道中设置专门的通勤自行车快速道。

Bicycle Path on Ocean Parkway

胡志明市：孙德胜大道

12. 人行道与分隔带间步行空间的分配
Distribution of Pedestrian Space between Sidewalk and Median

杰出的林荫大道因布局紧凑而充满活力。在路权宽度仅有 100 至 140 英尺的地段，如果不减小人行道、车行道和分隔带的尺寸，便无法建造林荫大道。但这并不意味着会随之产生问题。当人行道上行人拥挤时，赶时间的行人可以使用辅道。当沿着辅道行走时，人们会习惯性地驻足停留。而当人们在人行道上遇见室外咖啡厅、自动售货机或是前方的路人突然弯腰时，同样会驻足停留。街区之外的人来到此处，则会观察辅道上的行人活动并予以效仿。这里成为一个共享的空间。

对于较宽的林荫大道，街道设计者需面临选择：行人区域上富余的空间究竟是分配给人行道还是分隔带呢？

这两类空间的服务对象和功能不尽相同。人行道在视觉上和实体上都联系着沿街建筑。人们可以在此悠闲漫步，或是有目的地活动。不过相比之下，分隔带则完全是行人消遣、打发时光的好地方，即便这里也有长途步行的行人。

而且，将行人区域上富余的空间附加在其中任一处都会产生不同的结果。过度拓宽人行道，其结果有可能不尽如人意。除非人行道上人气兴旺，否则过宽的人行道会给人荒凉、冷漠的感觉。而拓宽分隔带，则可以获得更多有吸引力的、适宜悠闲漫步的空间，当分隔带中种有两排行道树时尤其如此。

如果在人行道的地下铺有城市公共管线，狭窄的人行道可能会出现问题。事实上，林荫大道的街道格局为城市地下管网预留了充足的空间——整个行人区域的地下部分均可用于布置管网。这样，在管网修理时便不会妨碍交通通行。

人行道 / 分隔带的组织方式

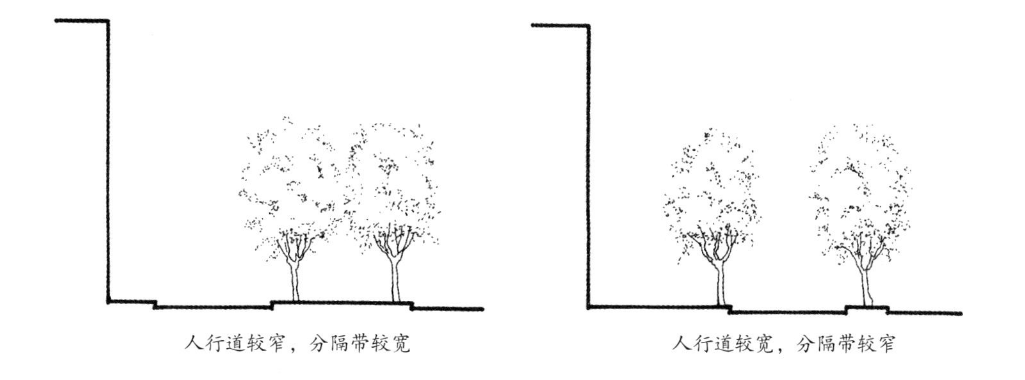

步行空间的分配指南
Guidelines for Distribution of Pedestrian Space

- 人行道上行人略微拥挤，优于人行道空旷、荒凉。通常，林荫大道上人行道较为狭窄不会产生问题，因为辅道和分隔带可以轻易地分散多余的人流。
- 当街道的宽度有所富余，可以拓宽分隔带或人行道时，宜考虑设置采取“人行道较窄，分隔带较宽”的处理方式。

13. 道路交叉口设计 | Intersection Design

在路况复杂、分岔道路较多的道路交叉口，司机驾驶谨慎。精心设计的路口不会预先设定好司机和行人的所有路径，也不会将可能的路径彼此隔开。林荫大道的路口应被设计得能帮助人们避免潜在的冲突并弄清各种流线的最佳路径，而且应将行人的安全考虑在内。由于熟知林荫大道上路口的路况复杂，大多数司机在接近路口时便十分谨慎，尤其是在出入承载主要车流的中心主干道时。

道路交叉口设计指南 | Guidelines for Intersection Design

- 除了明令禁止，林荫大道口应准许所有的转弯和穿梭行为。
- 路口车辆的行驶顺序依次是中心主干道上的通行车辆、转弯车辆，最后才是辅道上的行驶车辆。
- 转弯半径和分隔带的设置主要取决于能否让行人更便捷地穿过路口。减少机动车辆和大型车辆的转弯则是其次考虑的内容。

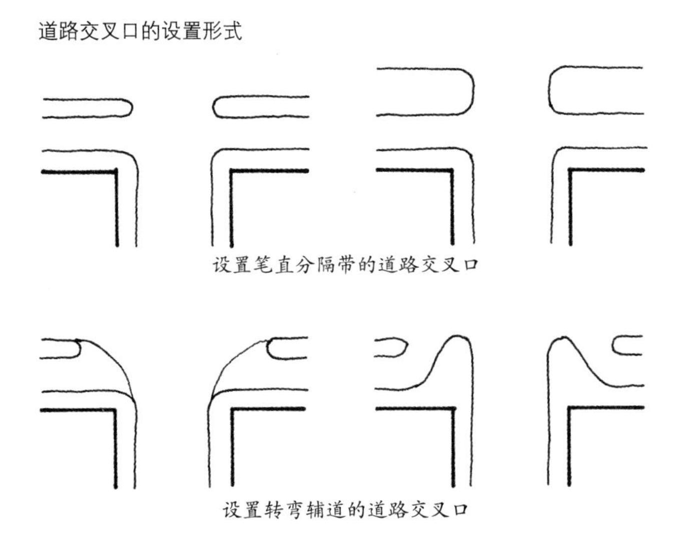
道路交叉口的设置形式

设置笔直分隔带的道路交叉口

设置转弯辅道的道路交叉口

林荫大道上道路交叉口可能的设置形式繁多。最终的选择取决于分隔带的宽度以及街道的特质。

- 最简单的一种路口设置就是分隔带笔直地延伸至路口，与人行道的边缘基本保持一致。斑马线位于分隔带的尽头，这种处理方式强化了分隔带作为行人区域的特质（可以设置斜坡作为无障碍通道）。这种设置方式对分隔带的宽度没有要求。沿着辅道设置的停车位在路口处形成局部加宽的人行道，使得通过辅道更加容易。
- 可以将道路交叉口附近路段的辅道直接与中心主干道相连（即分隔带在还未到达路口的路段便终止），具体案例可以参照伯克利的沙塔克大道。这一设计的优势在于路口得以简化，路人可以在此直接穿过街道，而无须穿过分隔带。不过，它同样存在缺陷。当中心主干道上交通拥挤时，进入其中十分困难，而且辅道上的车辆不能左转。这种设置方式迫使街区交通在各街区都需进入中心主干道，这不仅影响了辅道车辆的正常行驶，而且可能同时影响中心主干道上车辆的正常行驶。除此之外，这种设置方式还缩短了各路口处的分隔带，破坏了行道树和人行步道的延续性。
- 分隔带还可以止于距离路口尚有一段路程的地方（可通过设计使分隔带的末端离路口尚有一段路程）并通过缓坡与人行道相连，大多数巴黎的林荫大道上会采取这种处理方式。这种方式强化了行人区域与中心主干道间的差异，使辅道得以独立。辅道的弧形边缘和略有缩短的分隔带迫使车辆要以一定角度行驶出辅道，这样有利于他们了解中心主干道上司机的意图。这一设置也令司机驶向任意方向更加容易。但不足之处在于缩短的分隔带意味着行人穿越中心主干道时享有的树荫也变少了。

14. 交通管制 | Traffic Controls

交通管制应使车辆的行驶顺序更为明确。林荫大道上的交通管制应同时令司机和行人的活动更为便捷。林荫大道上的司机希望在中心主干道上行驶得相对较快，路口转弯方便，而当到达目的地时，能直接转入辅道。而相交道路上的司机可能希望在路口可以任意驶入林荫大道上的中心主干道和辅道，或是不经冲突地穿过林荫大道。辅道上行驶的司机则可能希望沿着同样的或相反的方向，在路口转弯进入相交道路不受限制，或是继续沿辅道驶过一个街区。通过交通管制可以安全满足所有这些需求，但首先需要意识到存在潜在的车流冲突，再通过清晰的、安全的方式协调这些冲突。

Intersection Controls on The Esplanade
滨海大道上的交通管制

交通管制指南 | Traffic Control Guidelines

- 通常，中心主干道上的通行车辆优先行驶，其次是相交道路上的车辆，最后则是辅道上的车辆。为保证林荫大道路口的过境交通顺畅，中心主干道上的车辆通常不受管制或红绿灯控制。
- 在一些林荫大道上，如奇科市的滨海大道，每隔一个路口就会设置信号指示灯。在未设置信号指示灯的路口，相交道路和辅道上的车辆应受停车指示标志指示。因此，当中心主干道上的车辆径直通过路口时，辅道和相交道路上的车辆确保不会占道。在设有信号指示灯的路口，只有中心主干道和相交道路上的车辆受其控制，而辅道上的车辆则受停车指示标志控制。停车指示标志和信号指示灯

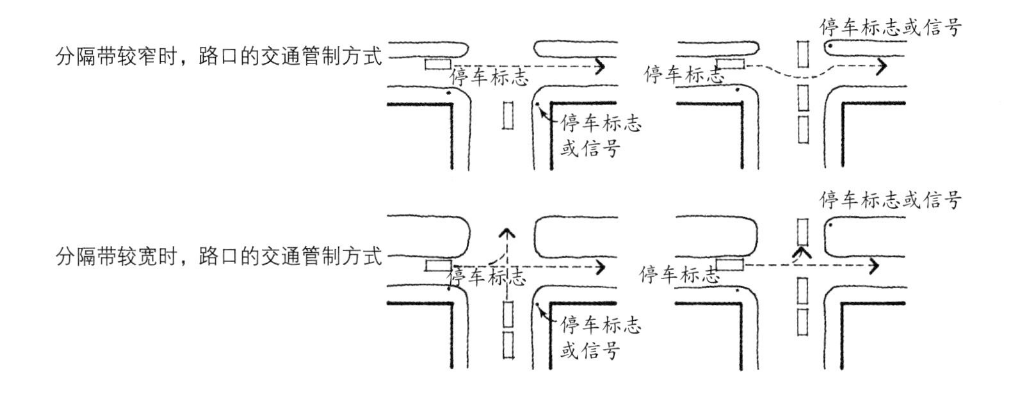

的位置通常由分隔带的宽度决定。

- 在分隔带较窄的林荫大道上，控制相交道路上交通的停车指示标志或信号指示灯会设置在人行道的端头或分隔带上。当管制装置位于人行道（例如位于道路交叉口前方）时，等候的车辆会停在路口，而辅道上的车辆可以继续行驶。但是当控制相交道路上交通的装置位于分隔带中时，路口会因等候车辆过多而局部堵塞。不过，观察表明在后一种情况下，辅道依然可以通行，因为相交道路上的车辆会在路上留下缺口，或是掉头行驶留出空间让车辆通过。
- 在分隔带较宽且设有信号指示灯的林荫大道上，相交道路的信号指示灯通常设置在路口人行道的边缘。辅道上的车辆在进入或穿过中心主干道前，需先驶入位于分隔带端头的待行区。在受停车指示标志控制的相交道口，指示标志位于分隔带的外侧边缘，这令在此等候出入或穿越主道的司机对路况更加清楚。此时视线不受分隔带中的行道树阻挡，而当人行道上交通受阻时，司机的视线则可能受到影响。而辅道上的车辆需要右转时，必须做两次停留，先是沿着辅道，接着是在分隔带边。这种交通管制方式突出了辅道和中心主干道功能的不同。
- 在分隔带较宽的林荫大道的人行道边缘设置停车指示标志或信号指示灯，不仅可以满足分隔带中大量行人的穿行需求，还突出了分隔带的连续性，并有利于吸引行人在此漫步、骑行。当分隔带作为行人步道使用或设有自行车专用道时，这种方式或许最为适用。合流车辆和转弯车辆会不时堵塞人行横道，但时间很短，而不会影响行人穿越人行横道。
- 在部分林荫大道上，控制辅道和中心主干道上交通的信号指示灯的设定时间相同。这种设置方式与辅道缓速慢行以及服务街区的内在特质相违背。
- 如果辅道为单行道，交通管制方式便能大为简化：在同一方向上只有来自辅道的左转车辆和来自中心主干道的右转车辆。两者可以很轻松地完成转弯。

15. 禁止横穿马路 | Discouraging Jaywalking

在较长的街区或是街道两侧商铺林立的路段，大量的行人横穿马路，安全隐患明显。原因在于尽管这一行为十分危险，但在设有信号指示灯的路段，尤其当车流较小时，车辆会有规律地通过，而在两股车流通过的间隙街上并无车辆。这时，行人便会认为横穿马路毫无危险。

部分街道通过在道路中间设置高护栏阻止人们横穿马路。但是，这会在视觉上令街道的两侧看起来失去联系，而且不时会被执意横穿马路的行人无视、破坏。在不被破坏街道景观的前提下阻止行人横穿马路是可能的，而且能使街道更加宜人、便民。在分隔带中设置连续的长椅或密植植物，既可以对行人横穿马路形成障碍，又能加强对行人区域的保护，使之不受中心主干道上车流的干扰。

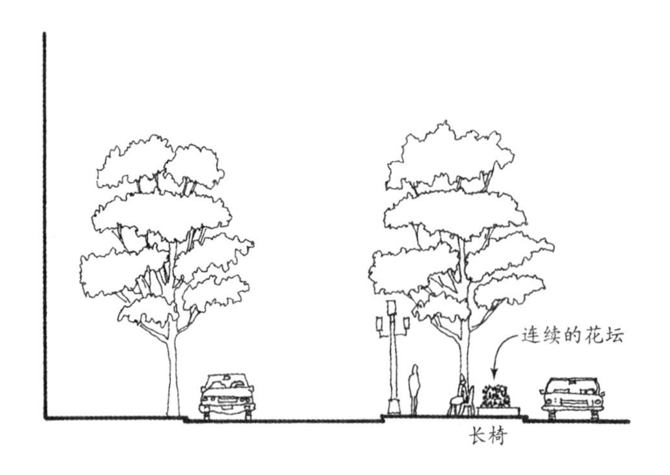

分隔带中为阻止行人横穿马路而设置的障碍

阻止横穿马路的设计指南
Guidelines for Discouraging Jaywalking

- 在路口靠中心主干道一侧的分隔带中应设置连续的长椅或是种植植物。长椅应面向辅道。
- 植物需保证一定的高度和密度，以阻止行人横穿马路。
- 如果采用花坛种植，形成的植物墙可以兼作座位的靠背。

Avenue George V : Raised access lane

乔治五世大道上抬高的辅道

16. 车行道的区分 | Differentiating the Roadways

在行人区域和通行区域间形成明确的边界是林荫大道取得成功的必备条件。边界的界定主要依靠种植行道树的分隔带，而通过区分车行道的额外的设计细节要求司机在辅道上保持平缓的车速则能进一步强化这一边界。

车行道的区分指南 | Guidelines for Differentiating the Roadways

- 在辅道的入口处设置局部缓坡（大约1英寸）的设计细节能使行人区域更加清晰、明确。这一做法在配有额外保护措施的行人区域尤其管用。铺装的细微差别会提示司机在出入这一区域时减速慢行、谨慎驾驶。这会令辅道上的司机产生离开行驶道并进入街区的感觉。司机似乎会意识到在此谨慎驾驶是他们的责任，而且应该避让行人。
- 在辅道和中心主干道间运用不同材质的铺装，同样能将两者加以区分。如果辅道与人行道、分隔带的材质相近，会给人这三部分区域并无本质不同的明确暗示。
- 同样的道理，应将辅道的人行横道路面稍许抬高，并用不同材质的铺装，如砖块加以突出。

这些设置方式及其他可能的方式，遵循的基本原则都是为行人区域形成明确的边界，并通过明确的区分和限速慢行保障这一区域的安全。

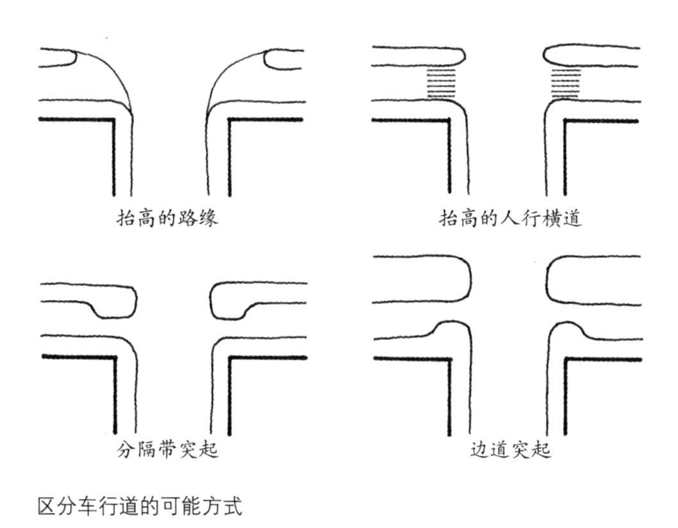

区分车行道的可能方式

第二章 CHAPTER TWO

结语 CONCLUSIONS

写作此书源于个人看法与普遍观念间的不同。就个人经历而言，笔者认为复合型林荫大道是伟大的街道——它充满活力、适合休闲娱乐，而且并不危险；但是在交通运输专家的眼中，它们充满危险而且是旧时代的产物。很遗憾，绝大多数的群众都倾向于支持后一种观点。基于这一观点的不同，我们从两个基本问题入手进行了研究，即林荫大道是否真如人们所说，天生便不安全；如果民意支持，在今天是否有可能依照成功的案例建造新的林荫大道。但不久我们便发现，或许比第二个问题更为重要的问题是——复合型林荫大道在如今是否还适用，或它能否适用于未来的发展？

事实上，提倡建造林荫大道贯穿于我们调研的始终。起初，在我们看来精心设计的复合型林荫大道理应属于最杰出的城市街道。在其首次大规模运用的150年之后，它们似乎依然能够在保持街道优雅迷人的同时满足各类需求。我们认为，复合型林荫大道所受的批评毫无依据，而且对于当代的城市而言，它仍是一种适宜的街道形式。因此，我们希望将相关的数据直观地罗列出来，如果事实证明我们的想法正确，便能在城市环境中适度推广。此外，无论是否在城市中重新引入复合型林荫大道，了解这种街道形式的一些设计特点和其发展历史都有助于人们了解城市的复杂性及演变过程。

我们的研究并非只对这种街道形式做简单的探究，因此我们的成果也绝非仅对之做简单的描述。在研究中我们无法回避所谓的街道功能性分类问题，这是通行的街道设计基础。真实的城市环境复杂、多元，因此我们需要街道设计的全新方法。而充满活力的城市由各种不同尺度、不同用途的区域构成，因此能同时满足不同行人和车辆使用并承载过境交通和街区交通的街道不仅存在建造的可能，也是城市中受欢迎的场所。关键问题在于如何设计这类街道使得各方面的需求都能得到满足。

来自专业人士和官僚的束缚并不容易改变，从某种程度上来说，是因为历年来所信奉的理念：在于街道设计和交通类型分选有关的一切都坚持宽阔广博这一原则。而且这些约束涵盖于颁布的专业标准和规范之中，这反过来强化了它们的地位[1]。因此，需要审视街道设计的全新视角，这一视角应从全局出发，整体把握。街道设计不单要考虑机动车的数量和速度，行人和司机的行为、需求以及他们之间的各种冲突也都是设计中需着重考虑的内容。

在写下这段文字之时，我们对林荫大道的研究已经进入第九个年头，对于它的未来我们充满了信心。新兴的街道研究方法方兴未艾，因此有理由对复合型林荫大道的未来抱有乐观的态度。事实上，在本章讨论的末尾，我们会对一条新建的林荫大道加以介绍，以说明这些可能性。这条林荫大道的建造通过了市民的投票。但首先，让我们重新回顾我们的研究所得。

安全性和行人区域
SAFETY AND THE PEDESTRIAN REALM

相比承载力相近的普通格局的街道，复合型林荫大道在安全方面并不逊色。这一发现很有价值。长期以来，人们之所以认为复合型林荫大道很危险，很大程度上是因为各方向的车流在其十字路口造成很多潜在的交叉冲突点。但现有资料并未表明这种街道形式本身存有严重的安全隐患。如果有，或许是因为研究得出的结论并非建立在包括现场观测在内的严密分析之上。

事实上，设计才是决定街道是否安全的关键因素。复合型林荫大道的安全很大程度上与“宽敞的行人区域”息息相关。在这一区域，所有的行为活动都以行人的节奏进行，这里属于慢速区。相关的交通管制——如中心主干道和相交道路上的车辆享有优先行驶权——同样重要。但设计才是决定性要素。在杰出的林荫大道案例中，中心主干道两侧行人区域总共占据了至少50%，甚至更多的街道空间。

林荫大道的作用 | USEFULNESS

复合型林荫大道之所以值得关注，源于它在塑造优美的城市环境中所起的重要作用。如果说以高速公路为代表的、限制出入且功能单一的车行道曾经是城市内部车辆交通的合理解决方案，人们很难想象没有这些公路，英国伦敦、巴西库里提巴这类伟大的城市如何运转。而如今情况发生了变化，高速公路不再适合于解决城市内部交通，旧金山市便在近年来减少了市内的公路里程数。事实上，无论从任何案例看，高速公路都无法在今后的城市环境中获得生存空间。它们的建造耗费巨大，而且会造成空间的浪费。由于出入受限，高速公路途经的城市路段通常支离破碎，街道两侧失去了应有的联系。而且进入21世纪后，市民团体反对在其生活的街区新建高速公路的浪潮愈发高涨。与此同时，许多美国的城市工作者逐步意识到他们生活的区域正日趋复杂、多元，土地的使用方式也不应简单地局限于某一类功能。城市功能的粗略分区时代已经过去，或至少是正逐步成为历史。

同时，也有必要留心有着多重用途的公共街道。并非所有的街道都能够或理应如此，但有些街道可以且必须如此。而区位合理且精心设计的复合型林荫大道尤其适合于承载不同模式的出行交通并服务于周边地段。最为重要的是，它能在承载大量过境交通的同时满足街区出行和周边到达的需求。而且，与高速公路和快速路将周边街区彼此隔开不同，林荫大道能够将之联系在一起。

复合型林荫大道理应宽于大多数的街道。因此，这类街道极少与其他类型的街道相似。同时，由于其尺度巨大、特点突出，它们在带动城市发展方面发挥着积极作用，并为之创造了绝佳的机遇。而且由于它们便于识别和记忆，因此可以作为城市中的地标。

建造的可能性 | BUILDABILITY

时至今日，在美国建造一条全新的、尺度宜人的复合型林荫大道存有可能，但可能性也微乎其微。尽管已被列为历史景观，我们仍不免为布鲁克林的东公园大道以及海洋公园大道的未来担忧。如果不彻底废除现行的车行道规范和标准，复合型林荫大道难言未来。看起来，对大广场街和皇后大道的改造，更有可能是将现有的复杂功能加以整合以满足车辆行驶的需要，而非适度改造、增加绿化以保留复杂的多重功能。

由于在公路和街道的设计中，功能性分类法占据主导地位；而且出于车辆行驶速度和安全考虑，街道的设计尺度不断增加，这些都严重威胁着复合型林荫大道的发展。由于复合型林荫大道需要承载多重功能并满足不同人群的使用要求，因此用主流的设计手法很难理解、处理相关问题。而且，如今的车道（即便是慢车道）过宽、停车位也被加宽、转角处的转弯半径更大、对行道树不友好的态度以及颁布的专业规范和标准（即非法定的标准）都使得保留这些街道更加困难，更不用说建造新的街道。这些标准和规范不论是概念上还是实际中都是反城市的，而复合型林荫大道刚好与之相反。

群众对林荫大道的偏见与专业人士对其看法息息相关，而更糟糕的是，它的发展前景也受限于这一偏见。受认可的道路交叉口设计的抽象逻辑认为，车行道上的潜在车流冲突越多意味着车行道越不安全。而这一观点被奉为真理，没有学者对此进行验证或进一步的观察研究。我们惊奇地发现相关的调查研究少得可怜——事实上几乎一片空白，这导致了现行的街道设计规范对林荫大道的偏见。我们在向交通运输工程的师生陈诉我们的研究发现时吃惊地发现，我们的听众对这一缺乏证据的观点欣然接受。

如前文所提及，制定之前章节指南内容的部分研究，包含了一系列林荫大道的设计和改造案例，这些案例旨在了解专业人士对此的反应[2]。在案例涉及的各个社区都会产生问题，通常是在讨论进行的后半段，这些问题集中于方案实施中可能受到的政治、社会和官僚方面的约束。推卸责任相对较为容易，这样可以避免对林荫大道的提案给出明确的反对或赞成意见。在这些会议中，专家可能会被说服，继而支持新建林荫大道；但是在同一层面或更高层面的会议中，他们会指出必须说服一些其他机构，否则它们便会成为建造过程中的绊脚石。这些“其他机构”主要是当地或州立的消防局以及联邦财政机构。最后，评论者指出真正有影响力的是相关部门和主管单位的领导，而非制定政策的当地专家。这一观察很细致，但这并不意味着除此之外，没有其他阻力。林荫大道需要承载许多不同功能，因此想要将之付诸实践不仅需要不同机构和部门的共同合作，而且还需要得到当地社区的支持。

避免控诉和承担责任是当地专家首要考虑因素。出于这一考虑，他们不愿过多关注车行道设计的新方法，尤其当其对现行的规范和标准提出质疑时。尽管现行的标准有其合理性，但它在优点和公众认可度方面仍在退步。对它的质疑则在于新的设计指南与一系列增加机动车和货车行驶空间的标准相抵触，这可能会带来麻烦。专家则与其他人一样，以固有的工作方式扩大既得利益并不断发展影响其决定和设计的标准、规范。即便身处的世界并不完美，我们仍完全认同自身一直从事的工作。了解人们这种思维方式后，便不难理解为何当地的专家会谨慎对待将当地街道改造为林荫大道的提议。

再次强调，现行的标准并不一定适用于未来的情形。在一些地方，包括大量交通运输工程师在内的专家，正在重新思考现行标准的合理性。位于俄勒冈州波特兰市的“廉价小路”项目值得关注[3]。为了以居民可接受并愿意承担的价格改善未建完的街道，波特兰市交通运输管理和发展部门设计了车行道仅有18英尺宽的狭窄“小街”，并通过了当地相关部门可以使用消防器材的测试。《做出抉择》（*Making Choices*）一书为安大略省的街道设计提供了一系列建议性指导。它旨在作为标准入门方法的哲学导论，而该方法可作为传统街道设计的替代物[4]。受荷兰乌纳夫模式的启发，美国人民逐渐接受了30公里/小时的交通分区和交通静化这一兴起于欧洲的方法。新城市主义运动的项目和设计理念与道路设计的实践息息相关，这些设计与过去50年及更早的传统以及由交通部门的工程师制定的尤其是针对“新传统”的发展的规范相违背。或许其中最重要的便是波特兰大都市区最近出版的一本名为《创造宜居的街道》（*Creating Livable Streets*）的规范。规范旨在令这一地区的交通干道更加宜居，并运用了“行人区域”这一概念。而交通工程专家和新型复合式林荫大道的倡导者之间，则不应是一种对立的关系。

整体的不确定性
THE ELUSIVENESS OF WHOLENESS

如书中前文多次所提及或暗示的，杰出的林荫大道运行良好并不仅仅依赖某一两点因素，而街道是否安全同样不由某一因素决定。事实上，林荫大道的成功是多重因素综合影响的结果，这些因素或与设计相关，或与交通管制共同作用——有时这些因素甚至与直觉相违背。街道两侧狭窄的辅道以慢速为特征，这意味着行驶于此的车辆在接近路口时会谨慎慢行，因而路口所允许的多方向的、复杂的车辆转弯更为安全。同样，当司机了解路口复杂的路况后，在通过路口时也会减速慢行。在所有的行驶道中，辅道需减速慢行且面临的路口路况复杂，因而过境交通对之使用甚少。而由于车辆在此行驶缓慢，又会诱发行人横穿辅道，甚至沿此漫步，这反过来要求司机驾驶时更加谨慎。分隔带中紧密种植的行道树作为行人区域与中心主干道边界的组成部分，不仅在行人区域中营造了舒适的步行空间，而且明确界定出了中部的车行空间。它们彼此依赖，密不可分。

专家和外行一样，似乎很难理解复合型林荫大道各部分间的相互关联。他们以孤立的方式看待林荫大道的各部分，显然会得出结论——林荫大道并不安全：转弯车辆会造成潜在的车流交叉、分隔带端头的转弯待行区不够宽敞、运货卡车无法并排停放、树间距过于紧密、行道树一直延伸至路口，等等。或许，他们会提出某一方面的改善方案；或是直接草率地下结论——设计存在缺陷。而虽然他们提出的绝大多数的改善方案旨在修正可见的设计缺陷，但是却需要更大的空间或是对路口的行为活动加以限制。但是这很可能会因为弱化了杰出林荫大道的重要特质，而令最终结果适得其反。而林荫大道的设计者也同样容易陷入对这些问题的孤立讨论之中。通常，从专家对林荫大道提案的反馈中可以明显看到，他们的讨论并非站在整体全局的角度进行。他们对细节的关注以及对日常交通正常运行的强调，都与杰出的林荫大道的实际运行方式背后的逻辑背道而驰。

虽然眼见为实，但是经验同样重要。如果评论家、专家或其他人的提案能结合个人亲身经历的成功案例，便会更有希望通过，即便其与现行的规范相冲突。个人的完整经历，无论来自回忆或发生在当下，都远比零碎的分析重要。

全新的林荫大道 | A New Boulevard

相对于其高质量的街道设计，人们提及旧金山的街道更多是为其险峻的地势和所营造的宏伟场景所折服。但是在 20 世纪 60 年代中期，旧金山市民却掀起了美国历史上首次“公路起义”——意在阻止在湾区建造由市中心经金门公园直至金门大桥的高速公路。这直接导致了这一路段内众多未完成的双层高架建设在随后陷入停滞。到了 20 世纪 70 年代中期，规划局最终同意以马路代替沿内河码头的滨河高速。而且尽管随后的拆迁并无专项资金，但市政府仍通过了这项决议。同样停工的还有在建的中心高速（Central Freeway），但是后者没有相应的替代方案出台。

这些干预究竟是好是坏取决于人们如何看待相关的事件。1989 年的美国洛马•普雷塔大地震（Loma Prieta earthquake）警示着世人：高速公路的桥墩存有安全隐患。地震给这座城市以及公路部门出了一道选择题，即对这两条高速公路（译者注：即滨河高速及中心高速）进行改造或是拆除。不过，随后便有联邦紧急事务资金支持这项工作的开展。内河码头的滨河高速无须按规划局之前的设想由其他马路代替。这项工作十分合算。

尽管社区积极分子和其他人士手头并无中心高速的替代方案，但是他们仍极